항공전자 하드웨어

DO-254 인증 실무 가이드

Airborne Electronic Hardware Design Assurance
A Practitioner's Guide to RTCA/DO-254

저자 **Randall Fulton, Roy Vandermolen**
역자 **정수영**

도서출판 청람

Airborne Electronic Hardware Design Assurance: A Practitioner's Guide to RTCA/DO-254
1st Edition by Randall Fulton and Roy Vandermolen

| 저자 서문 |

이 책은 워싱턴DC에 있는 RTCA에서 그리고 미국과 전 세계에 걸친 수많은 회사에서 DO-254를 가르치면서 우리가 얻었던 경험에서 영감을 받았고 그것에서 진화되었습니다. 어떤 면에서 이것은 우리의 DO-254 강의에 대한 논리적인 확장이며, 사실 이 책의 일부 자료는 공통된 유래를 가지고 있습니다.

하지만 이 책의 대부분은 DO-254가 적용되었던 바로 그 첫 번째 프로젝트의 일부를 포함하며, 또한 DO-254가 LRU 레벨에서 적용되었던 바로 그 첫 번째 프로젝트를 포함해서 설계, 검증 그리고 항공전자 기기 및 소프트웨어에서 많은 기간 동안 직접 경험한 부분으로부터 얻어진 교훈과 지혜의 증언입니다. DO-254의 초기에는 비즈니스를 수행하는 이러한 새로운 방식을 따르는 것은 말할 것도 없고 이해하는 것도 어려웠기 때문에 매우 한정된 대상에 DO-254와 같은 포괄적인 문서를 적용하는 것은 그 자체로도 어렵지만 업계 전반에 만연된 고질병을 고스란히 드러내는 것이어서 우리에게는 매우 중요한 시기였습니다. 고통은 힘들지만 유능한 스승이기 때문에 그러한 시기를 경험한 우리와 같은 이들은 어떤 면에서는 이제는 능숙해졌습니다.

우리들 그리고 나머지 산업계가 문서화와 그 세분화에 모두 적응되고, 마침내 마스터하게 되면서 DO-254에서의 프로세스들을 보완한 실천과 기술을 구분하게 되었고, 그래서 이러한 새로운 환경에서 가장 효과적으로 일할 수 있게 되었습니다. 이 책은 DO-254의 의도와 호환될 수 있을 것으로 우리가 식별하고 목격해 온, 그래서 가능한 한 직접적이고, 효율적으로 그리고 효과적으로 준수하고, 궁극적인 승인에 이르는 길을 만드는 실천과 기술들을 기록하고 있습니다. 이 책에서 내용의 대부분은 프로그래머블 로직 디바이스의 관점에서 작성되었지만(즉, FAA Advisory Circular 20-152), 사실상 DO-254가 사용되도록 의도했던 방식으로 전자 기기 시스템의 나머지 분야들도 포함하도록 쉽게 확장될 수 있습니다.

그렇기는 하지만 한 권의 책에는 가르치는 것은 말할 것도 없고, 문서화할 수 있는 것이 그 한 권으로 한정될 수밖에 없습니다. 우리가 여기에서 소개하는 개념과 기법들은 그것들의 가장 기본적이고 근본적인 형태로 표현되고 있습니다. 사실 어떤 주제를 마스터하는 것은 인증 프로그램 내에서 전자 기기 시스템을 개발하면서 직접 경험을 통해서만 이룰 수 있습니다. 이것은 DO-254 준수의 세계에 새로 온 사람들에게는 그들에 앞서 경험한 이들이 종종 견뎌왔던 어려운 시작을 경험하게 만들 수 있다는 것을 의미하지만, 그들이 비용을 최소화하기 위해 이 책에 있는 내용들을—글자 그대로도 그렇고 은유적으로도 모두—가능한 한 가장 낮은 수준으로 수용했으면 하는 것이 우리의 애정 어린 바람입니다. 결국, 현명한 사람은 자신의 실수로부터 배우지만 더 현명한 사람은 다른 사람의 실수로부터 배울 것입니다. 이 책은 전 세계 많은 사람들의 실수와 성공을 바탕으로 만들어졌기 때문에 경험, 고난 그리고 심지어 시행착오를 통해서 그 교훈을 배웠던 저명한 전문가 그룹의 실수로부터 배우기 위한 방법을 '더 현명한 사람'에게 제공합니다. 이 책을 통해서 독자는 관련된 고통을 직접 경험하지 않고도 엄청난 경험의 개요에 접근할 수 있습니다.

안전 필수 전자 하드웨어를 개발하는 모든 개발자들이 초기에 불필요하게 어려움을 반복하는 것을 최소화하기 위해 그러한 지혜를 활용할 수 있게 만드는 것 그리고 물론 현대의 항공기를 가능한 한 안전하고 신뢰할 수 있도록 만드는 것이 이 책을 쓰는 우리의 욕망이자 동기입니다.

| 역자 서문 |

'DO-178 인증 실무 가이드'를 출간하고 곧바로 이렇게 'DO-254 인증 실무 가이드'를 출간하게 되었습니다. 어쩌면 하드웨어와 소프트웨어라는 전혀 상반되는 대상이자 서로 독립적이라고 볼 수 있는 두 책을 연이어 출간하는 것은 결론부터 말씀드리면 DO-254 인증을 준비하는 분들 그리고 DO-178 인증을 준비하는 분들 모두에게 꼭 필요한 부분이라고 판단하기 때문입니다.

사실 이번 번역은 개인적으로는 그런 부분까지 고려하고 시작한 것은 아니었고 순전히 개인적인 욕심으로 시작되었습니다. 하지만 막상 번역을 시작하고 책에 담긴 모든 내용을 확인한 후에는 당시 먼저 준비하고 있었던 DO-178 인증 실무 가이드와 이 책을 반드시 함께 출간해야겠다는 결심을 하게 되었습니다. 그만큼 이 책의 내용이 DO-178 인증과도 상당 부분 연계되어 있었기 때문입니다. 특히, 이 책에서 소개하고 있는 요구사항(requirement)에 대한 실제 사례와 설명은 DO-254 인증의 관점에서 당연히 중요하고 핵심적인 내용이지만 DO-178 인증 관점에서도 당시 미처 제시하지 못했던 실제 예시를 생생하게 전해드릴 수 있는 내용들이라고 할 수 있습니다. 오히려 DO-254와 DO-178의 관점을 동기화시킴으로써 항공기에 탑재되는 하드웨어와 소프트웨어의 완전하고 일관된 개발을 가능하게 할 수 있는 통찰력을 제공한다고도 할 수 있습니다.

현재 시중에서 DO-254 인증에 대한 자료를 찾기가 쉽지 않습니다. 특히 DO-178과 비교할 때 상대적으로 자료도 별로 없지만 국내의 구체적인 인증(준용) 사례 역시 알려진 바가 없습니다. 이는 하드웨어 개발 자체의 복잡함, 광범위함과 함께 DO-254 인증을 적용하는 방법에 대한 노하우가 거의 없기 때문입니다. 그런 상황에서 이 책은 하드웨어를 개발하고 DO-254 인증을 적용하려고 하는 분들에게는 많은 시사점을 안겨줄 수 있으리라고 생각합니다. 특히, DO-254의 이론적인 면보다는 실무적인 관점으로 접근하면서 항공기 전체의 관점에서 하드웨어 개발과 인증을 설명하고 있기 때문에 현장에서 어떤 방향으로 접근해야 하는지를 아주 구체적으로 설명하고 있습니다.

물론 이 한 권으로 DO-254 인증에 대해서 모든 것을 이해하는 것은 쉽지 않습니다. 그런 의미에서 앞서 말씀드린 'DO-178 인증 실무 가이드'가 어쩌면 하드웨어 관계자분들에게 또 다른 도움이 될 수 있다고 생각합니다. 다만 그러한 좋은 의도와 장점에도 불구하고 두 책 모두 쉽게 접근하기 어려운 장애물이 많을 것으로 예상됩니다. 저마다 처한 상황과 이해의 정도, 무엇보다도 많은 내용을 담고 있는 책의 분량이 당장의 업무만으로도 바쁜 실무자분들에게는 선뜻 시작하기 어려운 부분일 수 있습니다.

저자의 말 중에 다음과 같은 부분이 크게 와 닿습니다.

"현명한 사람은 자신의 실수로부터 배우지만 더 현명한 사람은 다른 사람의 실수로부터 배울 것이다."

이 책은 바로 그 현명한 사람들이 그들의 실수로부터 배운 많은 것들을 담고 있습니다. 주로 해답을 이야기하지만 그 속에는 그들이 겪었던 많은 시행착오들과 그것을 극복한 과정이 녹아 있다고 할 수 있습니다. 그런 부분을 여러분이 직접 경험하는 것도 나름 의미가 있겠지만 적어도 이 책을 펼친 분들이라면 똑같은 실수를 되풀이하는 것보다는 이 책을 통해서 그 실수를 배울 수 있기를 바랍니다. 그럼으로써 시행착오로 소모되는 시간과 노력을 최소화하고 비용을 최소화할 수 있다고 생각합니다. 적어도 이 책이 그런 환경을 조성할 수 있는 배경을 만드는 데 조금이라도 도움이 될 수 있었으면 합니다.

'DO-178 인증 실무 가이드'에서도 인사를 드렸던 ConsuNova의 Reza Madjidi에게 다시 한 번 감사의 말씀을 드립니다(Once again, special thanks to Reza Madjidi!!). 소프트웨어 개발자였던 제가 DO-254의 세계에 겁 없이 뛰어들고, 쉽지 않았던 이 책의 번역을 포기하지 않고 끝까지 전념할 수 있는 동기를 마련해 주었습니다. 또한 이 책의 출간을 위해서 이번에도 많은 수고를 해 주신 도서출판 청람의 관계자분들에게도 다시 한 번 감사드립니다.

2021년 1월

정수영

| 감사의 글 |

이 책을 우리가 참여해 왔고 앞으로도 참여할 교육, 컨설팅, 개발 프로그램 그리고 인증 프로그램에서 마주치는 모든 엔지니어들, 매니저들 그리고 직원들에게 바칩니다. 안전 필수 시스템과 전자 기기 개발의 영역에서 설계 보증에 대해 우리의 더 많은 이해와 응용을 돕기 위한 시간을 베풀어 준 모든 분들에게 최고의 감사를 표현하고 싶습니다.

또한 이러한 노력에 대한 우리의 파트너들, 친구들 그리고 동료들의 지원에 대해서도 감사드립니다.

| 차 례 |

Chapter 01 RTCA/DO-254에 대한 소개

Chapter 02 규정에 대한 배경

Chapter 03 계획

Chapter 07 검증

Chapter 08 프로세스 보증

Chapter 09 형상 관리

[그림 차례]

[표 차례]

Chapter 01

RTCA/DO-254에 대한 소개

설계 보증 레벨

DO-254와 DO-178B

DO-254의 개요

나에게 의미하는 것은?

RTCA DO-254(EUROCAE ED-80으로도 알려진), Design Assurance Guidance for Airborne Electronic Hardware[1]는 RTCA Special Committee 180과 EUROCAE Working Group 46에 의해서 합동으로 준비되었고 그 후 2000년 4월에 RTCA와 EUROCAE에 의해서 출간되었다. 이들 산업계의 워킹 그룹들은 1990년대에 만들어졌으며 DO-254를 만드는 데 7년이 걸렸다.

DO-254는 기술적인 매뉴얼이 아니며 엔지니어링 해설서도 아니다. 전자 회로 혹은 컴포넌트들의 설계 특성을 규정하지 않으며 설계 표준을 포함하지도 않는다. 사실 DO-254는 엔지니어가 회로 설계를 가이드하기 위해 사용할 수 있는 기술적인 어떤 정보도 사실상 포함하고 있지 않다. 대신 최종 하드웨어가 정확하게 동작하고 감항 요구사항을 준수하는 것에 대해 받아들일 만한 수준의 확신을 얻기 위해, 전자 하드웨어의 개발 및 검증에 적용되어야 하는 프로세스와 방법론에 대한 지침을 제공한다. 일부 설계 특성들은 DO-254에 포함된 설계와 검증 방법론을 촉진하려고 하는 욕구에 의해서 영향을 받을 수는 있지만, 거기에는 오로지 그것을 따라야 할 필요성 때문에 존재해야만 하는 혹은 존재하지 않아야 하는 설계 특성이라는 것은 사실상 존재하지 않는다.

DO-254에서 지침은 전자 하드웨어가 Design Assurance Level(DAL) — 종종 "Level"로 줄여서 부르는 — 에 적합한 방법으로 개발되고 검증되는 것을 보장할 그리고 실질적으로도 안전하고 신뢰할 수 있는 제품을 보장할 모범 사례들에 대한 산업계의 컨센서스를 나타낸다. DO-254에 정의된 지원 프로세스들(형상 관리, 프로세스 보증 그리고 확인/검증)은 그것을 피하기 위한 최선의 노력에도 불구하고 불가피하게 주입되는 에러들을 식별할 뿐만 아니라 설계 에러의 주입을 컨트롤하는 데 있어서 특별히 효과적이다. DO-254는 전형적인 전자 하드웨어 개발 라이프 사이클의 각 단계에 대한 목표를 기술하고, 주로 그 라이프 사이클 단계와 관련된 활동들을 기술한다.

DO-254의 기원은 전자 기기 기술이 빠르게 발전하면서 시스템이 더 복잡해지고 더 많은 기능을 가지도록 만들면서 이러한 시스템들이 안전하고 신뢰할 만하게 되었다는 것을 증명하는 것이 점점 더 어렵게 되었다는 우려에서 기인한다. 현대 항공기에 사용되는 전자 기기 시스템과 프로그래머블 로직 디바이스(PLD)의 대부분은 정량적인 분석을 통해서 안전을 증명하는 것이 우리의 능력을 훨씬 벗어나 있으며 설계 보증에서의 이러한 방법의 부재에서, 필요한 설계 보증을 달성하는 다른 실행가능한 유일한 방법은 개발 과정에서 구조화되고 훈련된 프로세스와 방법론을 사용하는 것이다. 이러한 방법을 사용하는 장점은 첫째, 그 프로세스와 방법이 설계자들을 논리적이고 체계적인 (그리고 그렇게 함으로써 반복가능한) 방식으로 설계를 만들어내도록 강요한다는 것이고, 둘째, 비록 표면적으로는 불편하지만 오랜 기간의 설계 수명에 걸쳐서 그 가치가 반복적으로 증명되어 온 높은 수준의 문서화와 추적성을 강요함으로써 설계와 해당 프로젝트에 있어서 명백함의 하나의 유형을 만든다는 것이다. 특히 결국에는, 그것이 좋든 싫든 DO-254에서의 모범 사례들은 프로젝트의 가장 좋은 친구가 될 수 있다.

DO-254의 지침은 안전 필수 시스템 기능을 수행하는 모든 복합 전자 하드웨어에 적용하기 위해 작성되었다. DO-254가 PLD를 이야기하지만, 그것은 시스템과 장비 개발의 맥락 안에서 고려되며 그것만이 DO-254 내의 지침을 사용해야만 하는 유일한 시스템 측면은 아니다. FAA(Federal Aviation Administration)가 DO-254를 PLD에 대한 FAR(Federal Aviation Regulation)을 만족하는, 받아들일 수 있는 (하지만 유일한 것은 아닌) 방법으로 DO-254를 승인한 AC(Advisory Circular) 20-152**[2]**를 발행했을 때 그것은 원래 범위의 작은 부분으로 DO-254의 지침에 대한 적용을 근본적으로 축소시켰다.

DO-254의 초점을 시스템 레벨에서 컴포넌트 레벨로 좁히는 것은 시스템 내에서 전자 기기 시스템 지침을 단수의 컴포넌트로 해석하고 적용할 필요가 있기 때문에 문제가 될 수 있다. 잠재적인 문제점의 예에는 라이프 사이클 데이터의 범위를 결정하는 것, PLD 라이프 사이클 데이터에 DO-254 Table A-1을 어떻게 적용할지를 결정하는 것 그리고 시스템 레벨과 대조적으로 컴포넌트 레벨에 어떤 활동들과 특성들이 적용되는지 분류하는 것(수락 시험, 환경 시험, FFPA(Functional Failure Path Analysis) 그리고 하드웨어 구현에서 구성요소들로의 추적성과 같은, 이들 중 어떤 것도 컴포넌트 레벨에서는 전혀 실용적이지 않은)이 있다. 거기에는 또한 경계 이슈가 발생하게 된다. DO-254의 전체적인 유효성의 상당 부분은 하나의 시스템의 모든 레벨에 해당 지침의 모든 것을 구현하는 것에 달려 있다. 그것은 시스템(LRU[Line Replaceable Unit], 하부 어셈블리, CCA[Circuit Card Assembly] 그리고 컴포넌트[일반적으로 PLD])의 모든 레벨 사이에 프로세스와 데이터의 끊김 없는 상호 연결과 흐름을 만들어낸다. 시스템의 하나의 레벨이 DO-254의 분리된 적용을 위해 구분될 때, 그것이 적절하게 예상되지 않으면 프로세스와 데이터 모두에 잠재적으로 설계 보증 활동의 많은 부분이 효과가 없게, 혹은 의미가 없게 만들 수 있는 단절을 만들어내면서 다른 레벨로의 이러한 흐름을 잃게 된다. DO-254를 단지 PLD 레벨에만 적용하는 것은 신중한 이해와 조정을 통해서 작업이 이루어질 수 있지만, 결국 그 문서는 그것이 의도되고 작성되었던 그리고 궁극적으로는 그것이 적용되려고 의도했던 관점에 따라서, 다시 말해서 시스템 전반에 걸쳐서 가장 쉽게 이해되고 가장 효과적으로 적용된다.

설계 보증 레벨

DO-254는 항공전자 시스템의 설계 보증에 대해서 다섯 개의 레벨을 정의한다. 이들 다섯 개의 설계 보증 레벨은 레벨 A에서 E까지 정의되며 A는 가장 엄격하고 E는 가장 덜 엄격하다. 이들 다섯 개의 레벨은 항공기 시스템과 장비의 인증을 좌우하는 규정 자료 내에서 정의된다.

[표 1-1]은 다섯 개의 위험 구분을 식별하고 각각에 연계된 설계 보증 레벨, 각 레벨의 장비들에 대한 비행시간에 따라 요구되는 고장률 그리고 위험에 대한 설명의 배치를 보여준다. 위험 분류는 시스템 혹은 장비의 고장이 탑승자들, 항공기의 안전성 마진 그리고 승무

표 1-1 설계 보증 레벨과 위험 구분

고장 분류	하드웨어 설계 보증 레벨	비행 시간당 고장률	위험 설명
대재앙의 (Catastrophic)	레벨 A	10^{-9}	지속적인 안전 비행과 착륙을 막음
위험한/엄중한 (Hazardous/ Severe major)	레벨 B	10^{-7}	• 탑승자 중 적은 수의 사람에 위험한 혹은 치명적인 부상 • 불리한 운영 조건을 다룰 항공기의 능력 혹은 승무원의 능력 감소 • 승무원에 대한 더 높은 업무 부하 • 안전성 마진의 대규모 감소
중대한(Major)	레벨 C	10^{-5}	• 탑승자에게 부상의 가능성 • 불리한 운영 조건을 다룰 항공기의 능력 혹은 승무원의 능력 감소 • 승무원 업무 부하의 증가 • 안전성 마진의 상당한 감소
경미한(Minor)	레벨 D	10^{-3}	• 탑승자에게 불편함의 가능성 • 불리한 운영 조건을 다룰 항공기의 능력 혹은 승무원의 능력 감소 • 승무원 업무 부하의 약간의 증가 • 안전성 마진의 약간의 감소
영향이 없는 (no effect)	레벨 E	N/A	• 운영능력에 아무런 영향 없음 • 승무원 업무 부하에 아무런 영향 없음

원의 불리한 운영 조건을 다룰 수 있는 능력이 항공기에 미칠 영향에 대해서 설명하고 있다. 가장 심각한 구분은 catastrophic(레벨 A)으로, 사실상 레벨 A 장비의 고장이 항공기의 대재앙이 되는 기체 손실을 가져올 것임을 나타낸다. 가장 덜 심각한 것은 no effect로, 고장이 항공기의 운영능력 혹은 승무원의 업무 부하 어디에도 영향을 미치지 않을 것임을 나타낸다.

또한 DO-254에서 설계 보증 레벨은 개발 프로세스의 목표와 엄격함의 정도, 반드시 유지되어야 하는 개발 활동으로부터의 산출물의 유형과 양, 개발 활동을 수행할 때 유지되어야 하는 독립성의 레벨 그리고 설계에서 수행되어야 하는 검증의 양과 유형을 결정한다.

DO-254의 본문(챕터 1에서 11)에 있는 지침은 설계 보증 레벨 C의 전자 하드웨어에 대해서 작성되어 있다. DO-254는 Appendix B의 적용을 통해서 더 높은 설계 보증 레벨(A와 B)을 수용하는데, Appendix B는 10^{-7}보다 적은 시간당 고장률을 요구하는 장비에 적절한 보증의 추가적인 측정을 제공하려는 의도가 있는 추가적인 검증 관련 활동들을 포함하고 있다. 설계 보증 레벨 C 혹은 D를 가진 장비는 DO-254의 챕터 1에서 11을 따라야 하며 레벨 A와 B는 챕터 1에서 11 그리고 Appendix B를 따라야 한다.

일반적으로 반도체 컴포넌트의 내재된 고장률이 10^{-5}에서 10^{-6}보다 높지 않다는 것은 주목할 가치가 있다. 즉, 다시 말하면 반도체 장비의 내재된 신뢰도 제약은 전자 하드웨어가 레벨 A 혹은 B 시스템에 필요한 고장률을 얻는 것을 막고, 그래서 DO-254에 있는 개발 지침은 그 자체로는 필요로 하는 레벨 A 혹은 B의 신뢰성을 가진 설계를 만들어내지 못할 것이다. 하지만 필요한 신뢰성은 비록 하드웨어 자체는 레벨 C 하드웨어에 근접한 고장률로 제한되지만 SAE ARP4754[3] 혹은 SAE ARP4754A[4]에 기술된 아키텍처적인 완화 기법을 통해 시스템 레벨에서 달성될 수 있다.

설계 프로세스는 레벨 A 혹은 B 시스템을 위해 필요한 고장률을 스스로 만족할 수 있는 하드웨어를 만들 수 없기 때문에, 그러한 더 높은 레벨을 위한 설계 보증의 유일하게 남아있는 길은 모든 설계 에러가 검출되고 제거되는 것을 보장하는 추가적인 검증 관련 기법들을 적용하는 것이고, 그것에 의해서 그 하드웨어가 최고의 잠재적인 신뢰도를 달성할 것임을 보장하는 것이다. DO-254 Appendix B는 설계의 모든 기능을 완전히 식별하고 시험하는 것을 보장하는 검증 관련 기법에 중점을 두고, 가능한 한 모든 설계 오류가 감지되고 제거되도록 레벨 A 및 B 하드웨어에 적용된다.

DO-254와 DO-178B

DO-178B[5], Software Considerations in Airborne Systems and Equipment Certification은 전자 하드웨어가 DO-254를 따라야 한다는 것이 정해지기 몇 년 전에 발행되고 적용되었다. DO-178B의 유리한 시작은 전자 하드웨어 개발에 두 가지의 다소 이상한 영향을 주었다. 첫 번째는 DO-178B가 소프트웨어 개발에 부여하는 시간과 노력에서의 상당한 증가(인식되는 것과 실제 모두) 때문에 장비 개발자들이 그들의 시스템 기능을 소프트웨어로부터 하드웨어로 옮기도록 하는 유혹이 있었다. 물론, 그 아이디어는 만약 장비 기능이 전자 하드웨어로 옮겨질 수 있다면 DO-178B에 있는 비싸고 어려운 설계 보증 프로세스에 종속될 필요가 없었다. 두 번째 영향은 DO-178B로부터의 용어, 개념 그리고 프로세스가 항공기 설계 보증 커뮤니티 내에서 너무나 잘 형성되었고, 그것은 DO-254가 하드웨어에 어떻게 적용되고 구현되어야 하는지에 대해 여전히 상당한 영향을 미치고 있다는 점이다. 하드웨어와 소프트웨어가 근본적으로 다르고, 그래서 설계 보증의 목적에 대해서 다르게 취급되어야 하지만, 언뜻 보기에 자연적인 관찰로 보이는 이것이 때로는 DO-178 영향력의 순수한 관성에 의해서 완전히 무기력하게 압도되어 왔다.

그렇다면 DO-254와 DO-178B(혹은 DO-178C[6])는 어떻게 비교하는가? 그리고 그 차이점들이 그렇게 중요한가? 두 문서들이 모두 개발 프로세스에 대한 지침을 제공하기 때문에 그들의 내용과 철학에 상당한 유사성을 가지기 마련이다. 사실, 상위 수준 관점에서부터 그들의 접근과 근본적인 개념에는 상당한 유사성이 있다. 그 유사성은 다음과 같이 요약될 수 있다.

- 그들의 안전성 배경과 근거가 동일하다.
- 둘 다 프로세스와 설계 보증에 의존한다.
- 둘 다 개발을 관리하기 위해 라이프 사이클 단계를 사용한다.
- 둘 다 프로세스 보증(소프트웨어에 대해서는 품질 보증), 형상 관리 그리고 검증이라는 필수 프로세스들을 사용한다.
- 검증은 요구사항 기반이다.
- 둘 다 도구 인증을 포함한다.

그래서 넓은 의미에서 두 문서는 매우 유사하다. 하지만 그들의 설계 보증 개념과 프로세스의 상세한 부분을 검토할 때 많은 차이가 드러나며, 그들 중 일부는 DO-178 개념을 하드웨어 개발에 적용하려고 노력하는 것이, 요구되는 설계 보증을 만들어내지 못할 정도로 극적이다. DO-254와 DO-178 사이의 (그리고 어느 정도는 하드웨어와 소프트웨어 사이의) 차이점들이 [표 1-2]에 상세하게 포함되고 정리되어 있다.

표 1-2 DO-254와 DO-178B/C 사이의 차이점

주제	DO-254 하드웨어	DO-178B/C 소프트웨어
환경 시험	필요함	해당 사항 없음
부품 마모	고려할 필요 있음	해당 사항 없음
화이트박스 시험	테스트 포인트 및 시뮬레이션	에뮬레이터 그리고/혹은 심볼로 표시되는 디버거로 수행할 수 있음
구현	하드웨어 및 컴포넌트들	하드웨어 컴포넌트 내에 기계어 코드
디버깅	디바이스 핀 레벨	어셈블러 레벨
강건성 시험	선택적 혹은 프로젝트 의존적	필요함
객체지향 고려사항	해당 사항 없음	Ada95, C++, Java
준수할 목표	섹션 4.1, 5.1.1, 5.2.1, 5.3.1, 5.4.1, 5.5.1, 6.1.1, 6.2.1, 7.1, 8.1에 정의됨	부록 A 테이블
적용가능성	LRU, CCA, PLD, 복합 전자 하드웨어	소프트웨어만
도구 인증	Elemental Analysis 도구에 대해서는 도구 인증이 필요하지 않음	구조적 커버리지 분석 도구에 대해서 도구 인증이 요구됨
독립성	Appendix A에서 폭넓은 접근	소프트웨어 레벨에 따른 특정 목표
시뮬레이션	다른 독립적인 시뮬레이션이 필요할 수 있음. 시뮬레이션과 실제 회로상의 시험에서 동일한 시험 절차를 사용하기가 어려움	시뮬레이션과 타깃 하드웨어상에서 동일한 시험 케이스를 사용하기 쉬움
커버리지 분석	Elemental Analysis는 커버리지 기준 정의에 대해서 특정하지 않음	• 레벨 A에 대해서 Modified Condition/Decision Coverage가 정의됨 • 레벨 B에 대해서 Decision Coverage가 정의됨 • 레벨 C에 대해서 Statement Coverage가 정의됨
검증	요구사항의 시험 커버리지, 레벨 A 그리고 B에 대한 구성요소 커버리지	상위 레벨 및 하위 레벨 요구사항의 시험 커버리지, 데이터 및 컨트롤 결합도의 시험 커버리지
파생 요구사항의 정의	설계 결정사항으로 부모 요구사항을 가질 수도 가지지 않을 수도 있음	• 용어 사전: DO-254와 거의 동일 • Section 5에서 사용: 부모 요구사항이 없음
단순	철저한 입력 시험 그리고 감소된 문서화가 허용됨	해당 사항 없음

설계 접근법	• PLD의 경우, 하드웨어 기술 언어가 PLD 내에서 물리적인 하드웨어가 어떻게 구성될 것인지를 설명함 • 다른 전자 하드웨어의 경우, 설계 다이어그램과 같은 그래픽적인 기입	단계의 순서를 설명하는 절차적인 언어
프로세싱	PLD의 경우, 하드웨어 기술 언어(HDL)의 병렬 동시 실행, 즉 기능이 동시에 실행됨	명령어가 순서대로 실행됨
확인	파생 요구사항들이 정확하고 완전한지를 보장하기 위해 확인	소프트웨어의 영역에서는 적용되지 않음: 파생 요구사항은 정당한 이유가 있어야 하며 확인되는 것이 아님
적용 방법	레벨 C를 위해 작성되었고 레벨 A와 B에 대해서 추가적인 방법이 있음	레벨 A를 위해 작성되었고 레벨 B부터 D에 대해서는 목표, 활동 그리고 산출물에 대한 감소가 있음

차이점들의 일부는 사소하거나 하찮게 보일지 모르지만 대부분은 중요하며 만약 DO-254가 어떻게 하드웨어에 적용되는지에 대해서 DO-178이 영향을 미치게 되면 심각한 결과를 가져올 수 있다. 모든 차이점들은 DO-254를 적용할 때 모든 혼란이나 오해를 미리 막기 위해 조심스럽게 고려되고 이해되어야 한다. 일반적으로 소프트웨어에서의 정의, 기법 그리고 프로세스는 하드웨어와 함께 사용되지 않아야 한다.

아마도 가장 잠재적이고, 혼란스럽고, 지속적인 차이점은 파생 요구사항의 정의일 것이다. 설계 보증 분야에서 DO-178B의 오랜 기간의 권위는, 특히 소프트웨어 배경을 가진, 혹은 DO-178B의 언어를 사용해 온 사람들 사이에 DO-254의 정의가 DO-178B에서 발견되는 것과 같다는, 혹은 좀 더 흔하게는 DO-178B의 정의가 보편적이고 그래서 소프트웨어뿐만 아니라 하드웨어에 적용된다고 가정하게 되는 강한 경향성을 가져왔다. 하지만 양쪽 문서의 용어 사전은 파생 요구사항을 설계 프로세스로부터 나온 추가적인 요구사항이자 상위 레벨 요구사항으로 직접적인 추적이 가능하지 않을 수 있다고 (혹은 가능할 수 있다고) 정의하지만 DO-178B의 Section 5.0은 파생 요구사항의 정의를 상위 레벨 요구사항에 직접 연결되지 않는 것으로 제한하고 있다. DO-178B Section 5.0의 정의는 용어 사전의 정의를 대체해 왔고, 이번에도 DO-178B의 오랜 기간 동안의 권위 때문에 어느 정도 파생 요구사항의 보편적인 정의로 취급되어 왔다. 이것은 여러 가지 면에서 유감스러운데, 그중 중요한 한 가지를 들면, 나중에 좀 더 자세하게 설명하겠지만 DO-254에서 프로세스들(특히 확인 프로세스)이 DO-254의 정의에 따라서 수행되도록 설계되는 과정에서 만약 DO-178B의 정의가 DO-254의 프로세스와 구분 없이 사용된다면 문제가 발생할 수 있다.

DO-254의 개요

DO-254의 지침은 다음을 포함한 다양한 주제들을 다룬다.

- 하드웨어 표준
- 하드웨어 설계 라이프 사이클 데이터
- 설계 보증 레벨(DAL) A와 B 기능에 대한 추가적인 설계 보증 기법
- 이전에 개발된 하드웨어
- 도구 평가 및 인증
- 상용(COTS) 컴포넌트의 사용
- 제품 서비스 경험
- 하드웨어 안전성 평가
- DAL A와 B 기능에 대한 고려를 포함해서 설계 보증 전략
- 계획 프로세스
- 요구사항 캡처
- 개념 설계
- 상세 설계
- 구현
- 생산 전이
- 확인 프로세스
- 시험 및 리뷰를 포함하는 검증 프로세스
- 형상 관리
- 프로세스 보증
- 인증 교섭과 제안된 준수 방법

DO-254는 복합 그리고/혹은 고집적 디바이스 그리고/혹은 시스템에 대해서 달성하기 어려울 수 있는 장비 개발 및 준수 이슈의 여러 가지 핵심 측면들을 서로 결합한다. 이러한 측면들은 다음과 같다.

- 고장의 정량적 분석 대신 설계 보증의 사용
- 복합 전자 하드웨어에 의해서 수행되는 항공기 기능 측면을 포착하기 위해 요구사항을 사용
- 검증을 통해서 FAR에 대한 준수를 만족하기 위해 리뷰, 분석 그리고 시험을 사용

DO-254는 11개의 섹션(혹은 챕터)과 4개의 부록을 가지고 있다. [표 1-3]은 섹션과 부록을 구분하고 각각의 주제 분야를 요약하고 있다.

표 1-3 DO-254 콘텐츠의 요약

섹션	타이틀	주제
1	소개	목적/범위, 다른 문서들과의 관계, 관련된 문서들, DO-254를 사용하는 방법, 복잡도, 대체 방법, 개요
2	하드웨어 설계 보증의 시스템 측면	정보 흐름, 시스템 안전성 평가 프로세스, 하드웨어 안전성 평가
3	하드웨어 설계 라이프 사이클	라이프 사이클 프로세스, 전이 기준
4	계획 프로세스	계획 프로세스 목표와 활동
5	하드웨어 설계 프로세스	설계 프로세스 단계, 목표 그리고 활동
6	확인 및 검증 프로세스	• 확인 프로세스, 목표 그리고 활동 • 검증 프로세스, 목표 그리고 활동 • 확인 및 검증 방법
7	형상 관리 프로세스	형상 관리 목표와 활동, 데이터 컨트롤 분류
8	프로세스 보증	프로세스 보증 목표와 활동
9	인증 교섭 프로세스	준수 방법 및 계획, 준수의 입증
10	하드웨어 설계 라이프 사이클 데이터	계획, 표준, 설계 데이터, 확인/검증 데이터, 수락 시험 기준, 문제점 리포트, 형상 관리(CM) 기록, 프로세스 보증 기록, 하드웨어 완수 요약
11	추가 고려사항	이전에 개발된 하드웨어, COTS 컴포넌트, 제품 서비스 경험, 도구 평가 및 인증
Appendix A	하드웨어 설계 보증 레벨에 따른 하드웨어 라이프 사이클 데이터의 조정	라이프 사이클 데이터, 독립성
Appendix B	레벨 A와 B 기능에 대한 설계 보증 고려사항	FFPA(Functional Failure Path Analysis), 아키텍처적인 완화, 제품 서비스 경험, 진보된 검증 방법
Appendix C	용어 사전	관련된 용어의 정의
Appendix D	약어	약어의 정의

DO-254의 섹션들과 그들의 관계도가 [그림 1-1]에 보이고 있다.

그림 1-1 | DO-254의 구조

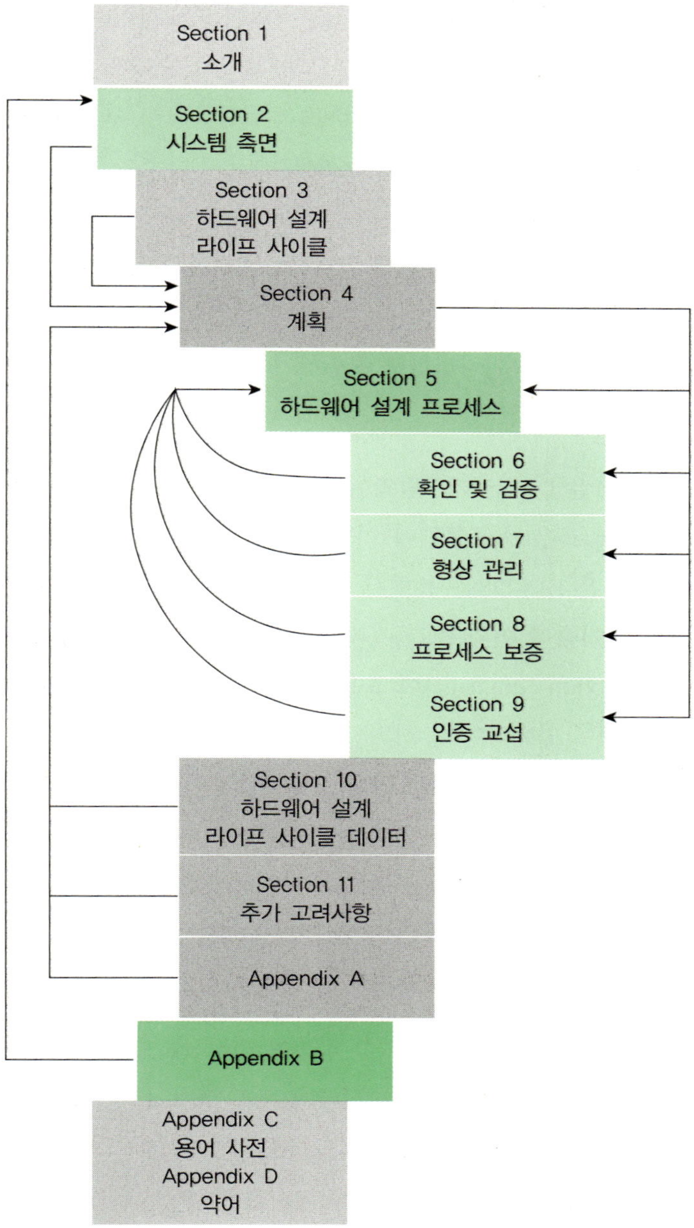

Section 1은 DO-254를 소개하고 그 범위와 적용가능성을 기술하며 "should" "may" 그리고 "hardware item"과 같은 특정 핵심 단어들을 정의한다. DO-254가 필수적인 행동 혹은 요구사항을 구분하기 위해 흔히 사용되는 "shall"이라는 단어를 정의하지도 사용하지도 않는 것은 여기에서 주목할 만하다. 이것은 DO-254의 역할이 요구사항(Requirements)이라기보다는 지침(Guidance)이라는 점에서 적절하다. DO-254로의 준수가 받아들여질 수 있지만 그것이 FAR을 준수하는 유일한 방법은 아니라고 언급함으로써 AC 20-152조차도 DO-254로의 준수를 강제하지 않는다. 인증업계에서 초심자들은 DO-254가 요구사항이 아니고 단지 지침이라는 것 그리고 FAA가 그것을 준수하도록 강제하지 않는다는 것에 걸려들기 쉽다. 하지만 그것은 일반적으로는 DO-254를 회피하려는 희망에서 이야기하는 것이고, 현실적인 말로 하자면, DO-254를 제외한 다른 준수 방법들은 그렇게 될 가능성이 희박하기는 하지만 인증 당국이 그것을 승인하더라도 구현하기에 훨씬 더 어렵고 비용이 많이 들 수 있다.

또한 DO-254 Section 1은 DO-254가 "펌웨어"의 성격 혹은 정체성을 정의하려고 하지 않고, 펌웨어가 하드웨어 혹은 소프트웨어 어떤 것으로든 구분되어야 하며 그런 다음에는 가능한 한 DO-254 혹은 DO-178을 통해서 적절하게 다루어져야 한다는 점을 분명하게 하고 있다. 하드웨어 기술 언어와 PLD 설계의 비즈니스에 경험이 부족한 사람들에게는 HDL(Hardware Description Language)이 소프트웨어와 유사하기 때문에 그렇게 분류하도록 시도하게 만드는 것이 일반적이다. 하지만 펌웨어에 좀 더 경험이 있는 사람들은, 겉으로 보기에는 소프트웨어 코드와 유사해 보이지만 HDL은 근본적으로 다르고 하드웨어와 더 공통점이 있으며, 그래서 하드웨어로 분류하고 다루어야 한다는 것을 깨닫는다. HDL 설계를 DO-178B 혹은 DO-178C에 있는 소프트웨어 프로세스에 종속시키는 것은 많은 문제를 드러낼 수 있고 일부 프로세스들의 경우 불가능하지는 않더라도 비현실적인 것으로 판명될 수 있다.

대단히 흥미를 끄는 DO-254 Section 1의 한 가지 측면은 "단순" vs. "복합" 하드웨어의 개념에 대한 소개인데, 특히 Section 1.6의 마지막 단락은 단순 하드웨어 아이템은 광범위한 문서화가 필요하지 않고 감소된 오버헤드로 DO-254를 준수할 수 있다고 언급하고 있다. 사실상 모든 장비 공급업체들에게는 단순 하드웨어의 개념 그리고 그것과 관련되어 노력이 감소된다는 것은 대단히 매력적인 것이고, DO-254의 완전한 준수를 피할 수 있는 방법으로 즉각적으로 받아들이게 된다. DO-254의 비용과 일정의 영향을 피하려는 이러한 욕망은 때때로 너무 강렬해서, 장비 공급업체들은 실제로 그렇지 않은데도 단순한 것처럼 그들의 하드웨어를 분류하는 데 너무 집착하게 될 수 있다. DO-254가 단순 하드웨어에 대해서 수행되어야 하는 시험과 분석의 "광범위한 조합"에 대한 정량화된 정의를 제공하지 않는다는 사실은 상황을 더 악화시키기만 하며, DO-254를 방해하는 이러한 활동들을 부추기게 되는 불확실성을 제공한다. 하지만 FAA Order 8110.105**[7]**는 복잡도에 대한 이슈를 설명하고, 단순 하드웨어에 필요한 시험의 광범위한 조합을 구성하는 것에 대해서 특별한 지침을 제공하며, 그 결과는 실제 단순 하드웨어가 아닌 것에 대해서 단순 하드웨어로 접근하는 것은 그 하드웨어를 복합 하드웨어로 다루고 DO-254의 모든 것을 따르도록 하는 것보다 더 비현실적이고 더 비용이 많이 들 것이다. 사실, 단순 하드웨어에 대한 8110.105의 검증 지침은 역으로 단순 디바이스의 정의에 대한 지침을 제공하는 데 사용될 수 있다. 만약 그것이 현실적이거나 혹은 심지어 8110.105에서의 지침에 따라 하드웨어 아이템을 완전하게 시험할 수 있다면, 그 하드웨어는 정확하게 단순한 것으로 분류될 수 있다.

DO-254 Section 2는 DO-254로부터 프로세스, 활동, 하드웨어 그리고 다른 데이터를 전체 인증 프로세스로 어떻게 조화시키는지를 설명한다. 하드웨어와 시스템 사이의 그리고 하드웨어와 소프트웨어 사이의 정보 흐름이 간략하게 논의된다. 또한 Section 2는 시스템 안전성 프로세스를 이야기하고 하드웨어 안전성 평가 고려사항뿐만 아니라 설계 보증 레벨과 그것들의 특성을 식별한다.

DO-254 Section 3은 하드웨어 설계 라이프 사이클 그리고 하나의 단계 혹은 프로세스에서 다음으로 라이프 사이클의 이동을 관리하는 전이 기준에 대한 매우 간단한 설명을 포함하고 있다. 이 섹션은 라이프 사이클 프로세스를 계획 프로세스, 설계 프로세스 그리고 지원 프로세서로 구분한다. 지원 프로세스는 확인, 검증, 형상 관리, 프로세스 보증 그리고 인증 교섭으로 좀 더 구분된다.

DO-254 Section 4는 설계 라이프 사이클 프로세스의 처음인 계획 프로세스의 목표와 활동을 설명한다. 다음과 같은 6개의 하드웨어 관리 계획과 4개의 표준이 하드웨어 개발을 위해 정의된다. 하드웨어 인증 계획(PHAC), 하드웨어 설계 계획(HDP), 하드웨어 확인 계획(HVP), 하드웨어 검증 계획(HVP), 하드웨어 형상 관리 계획(HCMP), 하드웨어 프로세스 보증 계획(HPAP), 요구사항 표준, 하드웨어 설계 표준, 확인 및 검증 표준 그리고 하드웨어 아카이브 표준이다. 표 [1-4]는 DO-254의 어디에 그것들에 대한 내용이 설명되어 있는지 그리고 DO-254의 목표 중 어떤 것이 충족되는지에 대해서 이들 계획과 표준을 열거하고 있다.

표 1-4 하드웨어 관리 계획

계획	내용이 설명된 DO-254 Section	충족되는 목표
하드웨어 인증 계획(PHAC)	10.1.1	4.1-1, 2, 3, 4
하드웨어 설계 계획	10.1.2	4.1-1, 2, 3, 4
하드웨어 확인 계획	10.1.3	4.1-1, 2, 3, 4 6.1.1-1
하드웨어 검증 계획	10.1.4	4.1-1, 2, 3, 4 6.2.1-1
하드웨어 형상 관리 계획	10.1.5	4.1-1, 2, 3, 4 7.1-3
하드웨어 프로세스 보증 계획	10.1.6	4.1-1, 2, 4 8.1-1, 2, 3
요구사항 표준	10.2.1	4.1-2
하드웨어 설계 표준	10.2.2	4.1-2
확인 및 검증 표준	10.2.3	4.1-2
하드웨어 아카이브 표준	10.2.4	4.1-2; 5.5.1-1; 7.1-1, 2

DO-254 Section 5는 하드웨어 설계 프로세스의 목표와 활동을 설명한다. 이 섹션은 요구사항 캡처, 개념 설계, 상세 설계, 구현, 생산 전이, 이 다섯 개의 단계로 구성된 일반적인 설계 프로세스를 설명한다. 어떤 조직의 설계 프로세스가 이 프로세스와 같을 필요는 없지만 Section 5의 모든 목표를 만족할 수 있어야 한다.

DO-254 Section 6에서 9는 지원 프로세스의 각각을 설명한다. 확인 및 검증 프로세스의 목표와 활동은 Section 6, 형상 관리는 Section 7, 프로세스 보증은 Section 8 그리고 인증 교섭은 Section 9에 설명되어 있다.

DO-254 Section 6은 확인 및 검증 지원 프로세스의 목표와 활동을 커버한다. 확인은 파생 요구사항이 정확하고 완전하다는 것을 보장하는 프로세스이고 검증은 최종 제품이 요구사항을 만족한다는 것을 보장하는 프로세스이다.

DO-254 Section 7은 형상 관리 지원 프로세스의 목표와 활동을 설명한다. 형상 항목, 형상 식별, 베이스라인, 문제점 리포트, 변경 컨트롤 그리고 보관을 포함한다.

DO-254 Section 8은 프로세스 보증 지원 프로세스에 관한 것이고 프로세스 보증 리뷰 및 감사와 같은 목표와 활동을 다룬다.

DO-254 Section 9는 인증 교섭 지원 프로세스를 이야기하며 준수 방법, 계획 그리고 준수를 어떻게 대체하는지를 포함한다.

DO-254 Section 10은 하드웨어 라이프 사이클 데이터, 특히 하드웨어 관리 계획(PHAC, HDP, HVP, HCMP, HPAP), 표준, 하드웨어 설계 데이터, 검증 데이터 그리고 하드웨어 완수 요약의 각각의 유형에 따른 내용을 설명한다.

DO-254 Section 11은 "추가 고려사항", 즉 다시 말하면 나머지 모든 것을 포함한다. 그 내용으로는 이전에 개발된 하드웨어(PDH), COTS 컴포넌트, 제품 서비스 경험 그리고 도구 평가 및 인증을 포함한다.

DO-254 Appendix A는 모든 하드웨어 라이프 사이클 데이터 아이템에 대한 테이블을 포함하며 그것들을 하드웨어 컨트롤 분류와 연관시키고 이어서 어떤 형상 관리 프로세스와 방법이 그들을 관리하기 위해 사용되어야 하는지를 정의한다.

DO-254 Appendix B는 레벨 A와 B 하드웨어에 적용되어야 하는 다양한 검증 관련 기법들을 포함한다. 그 기법에는 FFPA(Functional Failure Path Analysis), 아키텍처적인 완화, 제품 서비스 경험 그리고 진보된 검증 기법(Elemental Analysis, Safety-specific Analysis 그리고 Formal Methods)을 포함한다.

나에게 의미하는 것은?

DO-254 프로그램의 비즈니스로 들어가는 조직에게는 다음과 같은 두 가지 질문이 있다. "DO-254를 준수하기 위해서 내가 해야 하는 것이 무언인가?" 그리고 "DO-254는 비용이 얼마나 드는가?"

준수에 대한 것은 분명 대답하기 더 간단한 질문이고 그 대답은 DO-254에 있는 업계의 모범 사례를 단순히 채택(그리고 적응)하는 것이다. 이에 대해서는 다음과 같이 요약된다.

- DO-254에 정의된 목표를 만족하는 구조화된 설계 프로세스를 만들어라.

- 현실적인 진입과 진출 기준을 가진 잘 정의된 단계들
- 내재화된 동료 검토
- 양심적으로 그리고 적절한 때에 프론트엔드의 일(요구사항, 추적성, 계획, 분석, 연구, 등)을 하라.
- 설계 프로세스를 존중하고 준수하라(그것을 무시하거나 우회하지 마라. 심지어 위기가 닥치더라도).

- 제대로 된 요구사항을 작성하는 법을 배워라.
  - 설계에 대한 설명(구현) 요구사항보다 기능 요구사항의 사용을 강조하라.
  - 요구사항을 일찍 작성하라.
  - 파생 요구사항이 무엇인지 이해하라.
  - 요구사항 캡처의 일부로 확인과 추적성 데이터를 작성하는 법을 배워라.
- 다음을 포함해서 높은 무결성의 확인 및 검증 프로세스와 방법을 만들어라.
  - 레벨 A와 B에 대한 독립된 동료 검토 프로세스
  - 데이터와 문서에 대한 동료 검토
  - 파생 요구사항을 확인하기 위한 요구사항 리뷰
  - 요구사항 기반 검증을 수행하는 법을 배워라.
  - 효과적이고 최적화된 시험 케이스를 작성하는 법을 배워라.
  - 강건성 검증을 수행하는 법을 배워라.
  - 시뮬레이션 : 기능 및 포스트 레이아웃 타이밍(혹은 정적 타이밍 분석)
  - Elemental Analysis : 코드 커버리지
  - 하드웨어 시험 : 실제 비행 하드웨어에서
  - 검증을 지원하는 도구를 획득하라.
- 다음을 포함하는 형상 관리 기반을 만들어라.
  - 문제점 리포트
  - 문서/데이터 컨트롤
  - 문서/데이터 릴리즈
  - 백업/저장
  - 백업 매체의 리프레시
  - 장비 사용기간 동안 데이터의 보유
  - 장비 사용기간 동안 도구와 시험 장비의 보유

- 컴포넌트 관리 프로세스를 만들어라. : 부품의 노후화에 대해 준비하는 것
- 프로세스 보증 역할 혹은 부서를 만들어라.
  - 감사, 리뷰를 수행하라.
  - 차이점을 추적하라.
  - 전이 기준을 감사하라.
- 해외 외주 혹은 하도급 작업의 감사를 준비하라.
  - 하부 공급업체 관리 계획이 필요할 수 있다.
  - 현장 SOI(Stage of Involvement) 감사가 필요할 수 있다.
  - 데이터의 형상 관리 및 컨트롤과의 긴밀한 협조
  - 품질 보증과의 긴밀한 협조
  - 기술적인 감독
- 고객 그리고/혹은 항공기 제작사와의 인터페이스
  - 요구사항을 확립하고 해석하라.
- 인증 당국과의 인터페이스
  - FAA 그리고/혹은 피지명자
  - SOI 감사
- 광범위한 양의 데이터를 구조화하라.
- 많은 문서와 리포트를 작성하라.
- 문화적인 변화
  - 형상 관리(CM) 시스템을 사용하라.
  - 변경 컨트롤을 사용하라.
  - 프로세스를 따르라. : 비공식적인 엔지니어링은 더 이상 없음
  - 투명성
  - 책임감
- 컴포넌트 선택에 대해서 새로운 규칙을 습득하라.
  - 최첨단 기술이 아니더라도 만족하라.
  - 좀 더 많이 사용되는 그리고 실질적인 기술, 도구, 방법을 받아들여라.
  - 새로운 것은 좋다. 하지만 더 많은 검증 혹은 정당성이 필요할 수 있다.

확실히 위의 리스트는 길게 보인다. 하지만 대부분의 회사들에게 준수는 적응이 필요할 수는 있지만(혹은 그렇지 않을 수도 있지만) 절대 불가능한 것이 되어서는 안 된다. 엔지니어링 문화를 바꾸는 것은 — 만약 그것이 필요하다면, 일부 회사들은 DO-254에서의 모범 사례들을 사용한 이점을 이미 발견해 왔기 때문에 — DO-254를 따르는 데에 있어서 흔히 가장 어려운 부분이지만 시간을 가지면 그것을 할 수 있다.

두 번째 질문은 첫 번째 질문에 다소 의존적이고 확실히 답변하기 좀 더 어려운데, 주된 이유는 단순히 그것에 대해 적당한 정량적인 답이 없기 때문이다. 일부 사람들은 프로젝트에 퍼센트를 높이는 요인을 덧붙이려고 하는데, 예를 들면 DO-254 준수를 위해 프로젝트의 비 DO-254 비용에 30%를 더하려 하지만 현실에서 그 비용은 회사의 DO-254 "갭"과 회사와 직원들이 그들의 방법을 바꾸고 새로운 기법을 배우느냐, 즉 그들이 얼마나 기꺼이 그 갭을 메울 것이냐에 의해서 결정되는 셈이다. 마찬가지로, DO-254 인프라를 거의 혹은 전혀 가지고 있지 않은 회사는, 만약 회사와 회사의 사람들이 그 안에 있는 프로세스를 배우고 사용하는 데 오픈되어 있다면 최소의 불편함과 비용으로 DO-254를 준수할 수 있게 될 것이다. DO-254와 관련된 불편과 비용의 양은 거의 전적으로 스스로 결정하게 되며, "DO-254 준수로의 가장 비싼 길은 그것을 우회하려고 노력하는 것이다"라는 교훈은 배우기 어렵고 비싼 것이 될 수 있다.

편의상 이 책에서 DO-178B와 DO-178C에 대한 참고는 그 논의가 DO-178 버전 모두에 동일하게 적용될 때는 단순히 DO-178을 사용할 것이다. DO-178B로의 참고는 더 앞선 버전으로의 참고가 의도된 경우에 사용될 것이다. 유사하게 SAE ARP4754와 SAE ARP4754A로의 참고는 그 논의가 ARP4754의 양쪽 버전에 동일하게 적용될 때는 ARP4754를 사용할 것이다.

참고문헌

[1] RTCA DO-254, *Design Assurance Guidance for Airborne Electronic Hardware*, RTCA Inc., Washington, D.C., 2000. 이 문서는 또한 EUROCAE ED-80으로도 알려져 있다.

[2] Advisory Circular Number 20-152, RTCA, INC., DOCUMENT RTCA/DO-254, DESIGN ASSURANCE GUIDANCE FOR AIRBORNE ELECTRONIC HARDWARE, Federal Aviation Administration, June 2005.

[3] SAE ARP4754, *Certification Considerations for Highly-Integrated or Complex Aircraft Systems*, Warrendale, PA: SAE, 1996.

[4] SAE ARP4754A, *Guidelines for Development of Civil Aircraft and Systems*, Warrendale, PA: SAE, 2010.

[5] RTCA DO-178B, *Software Considerations in Airborne Systems and Equipment Certification*, RTCA Inc., Washington, D.C., 1992. 이 문서는 또한 EUROCAE ED-12B로도 알려져 있다.

[6] RTCA DO-178C, *Software Considerations in Airborne Systems and Equipment Certification*, RTCA Inc., Washington, D.C., 2011. 이 문서는 또한 EUROCAE ED-12C로도 알려져 있다.

[7] Order 8110.105 CHG 1, *Simple and Complex Electronic Hardware Approval Guidance*, Federal Aviation Administration, dated September 23, 2009.

추가자료

[1] The Federal Aviation Administration Web page: www.faa.gov

[2] The RTCA Web page: www.rtca.org

[3] The SAE Web page: www.sae.org

[4] EASA Web page: www.easa.europa.eu

[5] FAA Regulatory and Guidance Library (RGL) Web page: rgl.faa.gov

[6] CAST Position Papers Web page: www.faa.gov/aircraft/air_cert/design_approvals/air_software/cast/cast_papers/

Chapter 02

규정에 대한 배경

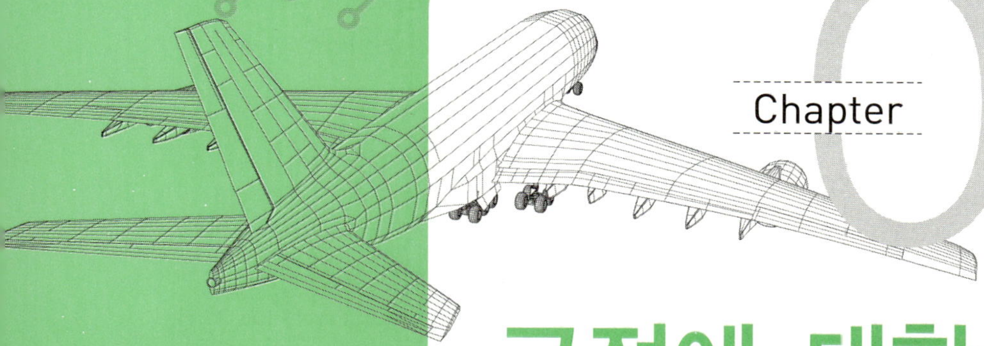

준수 방법
지침 자료
이슈 페이퍼
ORDERS

미국에서 CFR(Code of Federal Regulations)**[1]**은 연방정부의 부서와 기관에 의한 연방 관보(Federal Register)에서 공표한 규정을 성문화한 것이다. CFR은 연방 규정에 종속된 분야를 대표하는 50개의 Title로 나누어져 있다. 50개의 주제 Title은 매년 업데이트되는 하나 혹은 그 이상의 Volume을 포함한다. 각각의 Title은 Chapter로 나누어지며, 각 Chapter는 일반적으로 발행 기관의 이름이 기재되어 있다. 각각의 Chapter는 특정 규정 영역을 커버하는 Part로 더 세분화된다. 큰 Part는 Subpart로 나누어질 수 있다. 그런 다음 Part는 Section으로 구성된다.

CFR의 Title 14는 Aeronautics and Space에 대한 규정을 커버한다. Title 14 내에는 5개의 Volume에 걸쳐서 6개의 Chapter가 펼쳐져 있다. Volume, Chapter 그리고 Part는 [표 2-1]에서 보이는 것처럼 구성되어 있다.

표 2-1 **CFR의 Title 14**

Title	Volume	Chapter	Part	Regulatory Entry
Title 14 Aeronautics and Space	1	I	1~59	Federal Aviation Administration, Department of Transportation
	2		60~109	
	3		110~199	
	4	II	200~399	Office of the Secretary, Department of Transportation (Aviation Proceedings)
		III	400~1199	Commercial Space Transportation, FAA, Department of Transportation
	5	V	1200~1299	National Aeronautics and Space Administration
		VI	1300~1399	Air Transportation System Stabilization

Title 14의 Chapter 1은 Part 1~59의 내용을 정의하는 세 개의 Subchapter를 가지고 있다. 각각의 Subchapter는 다음과 같다.

- Subchapter A : Definitions
  - Part 1 Definitions and Abbreviations
  - Part 3 General Requirements
- Subchapter B : Procedural Rules
  - Part 11 General Rulemaking Procedures

- Part 13 Investigative and Enforcement Procedures
- Part 14 Rules Implementing the Equal Access to Justice Act of 1980
- Part 15 Administrative Claims Under Federal Tort Claims Act
- Part 16 Rules of Practice for Federally Assisted Airport Enforcement Proceedings
- Part 17 Procedures for Protests and Contract Disputes

• Subchapter C : Aircraft
- Part 21 Certification Procedures for Products and Parts
- Part 23 Airworthiness Standards : Normal, Utility, Acrobatic, and Commuter Category Airplanes
- Part 25 Airworthiness Standards : Transport Category Airplanes
- Part 26 Continued Airworthiness and Safety Improvements for Transport Category Airplanes
- Part 27 Airworthiness Standards : Normal Category Rotorcraft
- Part 29 Airworthiness Standards : Transport Category Rotorcraft
- Part 31 Airworthiness Standards : Manned Free Balloons
- Part 33 Airworthiness Standards : Aircraft Engines
- Part 34 Airworthiness Standards : Fuel Venting and Exhaust Emission Requirements for Turbine Engine Powered Airplanes
- Part 35 Airworthiness Standards : Propellers
- Part 36 Noise Standards : Aircraft Type and Airworthiness Certification
- Part 39 Airworthiness Directives
- Part 43 Maintenance, Preventive Maintenance, Rebuilding and Alteration
- Part 45 Identification and Registration Marking
- Part 47 Aircraft Registration
- Part 49 Recording of Registration Titles and Security Documents
- Part 50-59 [Reserved]

[그림 2-1]은 Aeronautics and Space에 대한 Title 14, 부품, 항공기 그리고 엔진에 대한 Part 21/23/25/27/29, 기능 및 설치에 대한 규정 1301, 장비, 시스템 그리고 설치에 대한

규정 1309와 같은 CFR의 구조를 보여준다.

그림 2-1 | CFR 구조

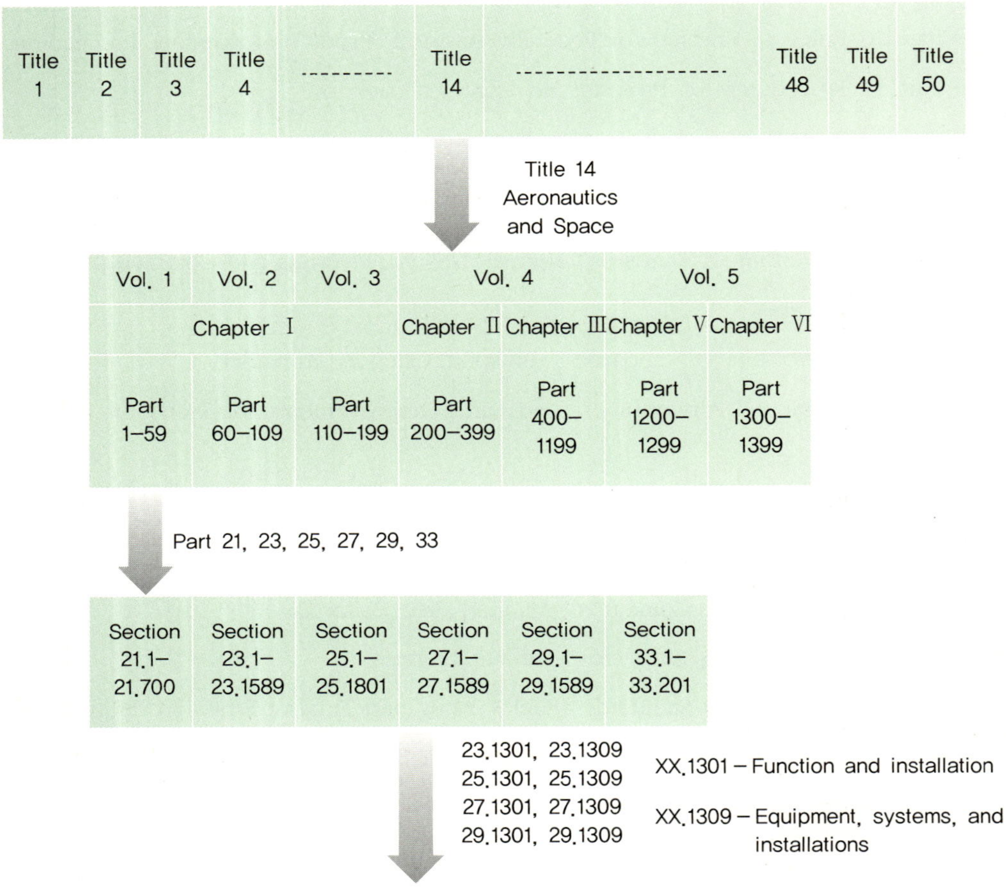

개별적인 규정은 Title, Part, Subchapter 그리고 Subpart로 참조된다. Prat 25 ~~운송용~~ 항공기에서 시스템과 장비에 관한 규정은 다음과 같이 참조된다.

- 14 CFR 25.1301**[2]**
- 14 CFR 25.1309**[3]**

FAR(Federal Aviation Regulation)은 규정에 대한 가장 최근의 변경 날짜와 ID를 식별하기 위해 개정 레벨을 가지고 있다. 일반적으로 새로운 항공기 혹은 현재 항공기로의 변경에 대한 항공기 인증 프로그램은 그 프로그램에 적용가능한 규정의 가장 최근 개정 레벨을 사용한다. 항공기 파생 모델 혹은 기존 모델 항공기로의 변경과 같은 일부 사례의 프로그램은 원본 승인 혹은 인증 기준으로부터의 규정과 수정 레벨을 사용할 수 있다.

다음 단락은 FAR 25.1301과 25.1309의 기본적인 텍스트를 보여준다. 이 FAR의 다른 버전과 수정사항이 존재하지만 여기에서 포인트는 문장의 기본적인 의도를 보여주는 것이다. EASA(European Aviation Safety Agency)와 같은 외국 인증 당국은 번호체계 그리고 주로 FAR과 동급으로서 그 의도 혹은 동일한 내용을 따르는 CS(Certification Specification) 세트를 가진다.

14 CFR 25.1301의 본문은 다음과 같이 설명하고 있다.

> Function and installation.
>
> (a) Each item of installed equipment must—
> (1) Be of a kind and design appropriate to its intended function;
> (2) Be labeled as to its identification, function, or operating limitations, or any applicable combination of these factors;
> (3) Be installed according to limitations specified for that equipment; and
> (4) Function properly when installed.
> [(b) EWIS must meet the requirements of subpart H of this part.]
>
> Amendment 25-123, Effective 12/10/07

EWIS라는 용어는 항공기 시스템으로의 그리고 항공기 시스템 간에 배선과 연결을 위한 전기 배선 연결 시스템을 말한다.

14 CFR 25.1309의 본문은 다음과 같이 설명하고 있다.

> Equipment, systems, and installations.
>
> (a) The equipment, systems, and installations whose functioning is required by this subchapter, must be designed to ensure that they perform their intended functions under any foreseeable operating condition.

(b) The airplane systems and associated components, considered separately and in relation to other systems, must be designed so that—

(1) The occurrence of any failure condition which would prevent the continued safe flight and landing of the airplane is extremely improbable, and

(2) The occurrence of any other failure condition which would reduce the capability of the airplane or the ability of the crew to cope with adverse operating conditions is improbable.

(c) Warning information must be provided to alert the crew to unsafe system operating conditions, and to enable them to take appropriate corrective action. Systems, controls, and associated monitoring and warning means must be designed to minimize crew errors which could create additional hazards.

(d) Compliance with the requirements of paragraph (b) of this section must be shown by analysis, and where necessary, by appropriate ground, flight, or simulator tests. The analysis must consider—

(1) Possible modes of failure, including malfunctions and damage from external sources.

(2) The probability of multiple failures and undetected failures.

(3) The resulting effects on the airplane and occupants, considering the stage of flight and operating conditions, and

(4) The crew warning cues, corrective action required, and the capability of detecting faults.

[(e) In showing compliance with paragraphs (a) and (b) of this section with regard to the electrical system and equipment design and installation, critical environmental conditions must be considered. For electrical generation, distribution, and utilization equipment required by or used in complying with this chapter, except equipment covered by Technical Standard Orders containing environmental test procedures, the ability to provide continuous, safe service under foreseeable environmental conditions may be shown by environmental tests, design analysis, or reference to previous comparable service experience on other aircraft.]

[(f) EWIS must be assessed in accordance with the requirements of Section 25.1709.]

Amendment 25-123, Effective 12/10/07

프로젝트 혹은 항공기 프로그램을 위한 인증 기준은 감항 요구사항이 14 CFR 21.17**[4]**(원본 인증) 그리고 14 CFR 21.101**[5]**(형식 인증으로의 변경)에서 확립된 대로 적절하게 적용 가능하며, 특별한 조건으로는 안전 미준수에 대한 동등 레벨인 14 CFR 21.21(b)(2)**[6]**에 따른 요구사항 그리고 인증된 제품에 적용할 수 있는 면제가 있다. 인증 기준은 인증 적용 시점에 적용가능한 규정과 각각의 수정 레벨을 구체화한다. 운송 영역 항공기(Part 25)의 형식 인증에 대한 적용은 5년 동안 유효하다. 다른 유형의 인증에 대한 적용은 지원자가 그들의 제품이 지원 시점에 설계, 개발 그리고 시험에 대한 더 긴 기간이 필요하다는 것을 보이고 FAA가 더 긴 기간을 승인하지 않는 한 3년 동안 유효하다. 지원자는 FAA에 TC(Type Certificate), STC(Supplemental Type Certificate) 혹은 ATC(Amended Type Certificate)를 지원하는 당사자이다. TC는 항공기의 새로운 형식에 대한 인증이다. STC는 기존 항공기에 대한 수정에 대한 인증이다. ATC는 원래의 설계로부터 항공기의 설계를 수정하는 것을 FAA가 승인하는 것이다. ATC는 수정뿐만 아니라 수정이 원래 설계에 어떻게 영향을 미치는지에 대해서도 승인한다.

준수 방법

FAA는 인증 기준과 그에 따라 적용할 수 있는 규정(FAR)을 준수하기 위한 허용가능한 방법을 설명하는 추가적인 정보를 발행한다. 이러한 간행물은 AC(Advisory Circular)로 알려져 있다. AC는 FAR에 대한 **MoC(Means of Compliance)**로 알려진 정보를 포함한다. AC는 관련된 규정에 의해서 구분된다. 예를 들면, AC 25.1309**[7]**는 14 CFR 25.1309 규정에 대한 준수 방법을 설명한다. 또한 AC는 규정 그리고 다른 지침에 대한 설명, 모범 사례 혹은 항공산업에 유용한 정보를 포함한다. AC는 또한 FAR과 요구사항을 따르기 위한 지침, 방법, 절차 그리고 실천을 제공할 수 있다.

FAR에 대해서 가장 공통적으로 사용되는 준수 방법들은 다음과 같다.

- 엔지니어링 평가(Engineering evaluation)
  - 적합성 확인서(Compliance statement)
  - 설계 리뷰(Design review)
  - 계산/분석(Calculation/analysis)
  - 안전성 평가(Safety assessment)
- 시험(Tests)
  - 실험실 시험(Laboratory test)
  - 항공기 지상 시험(Ground test on aircraft)

- 비행 시험(Flight test)
- 시뮬레이션(Simulation)

● 조사(Inspection)
- 적합성 조사(Conformity inspection)
- 설계 조사(Design inspection)

● 장비 인증(Equipment qualification)

규정에 대한 준수를 증명하기 위한 엔지니어링 평가는 적합성 확인서, 설계 리뷰, 계산/분석 그리고 안전성 평가를 포함한다. 적합성 확인서는 설계가 규정을 따른다는 것과 유사성에 의한 준수를 포함할 수 있다는 공식적인 확인서이다. 설계 리뷰는 준수가 데이터, 설명 혹은 도면의 리뷰에 기반할 때 사용된다. 계산 및 분석은 엔지니어링 분석, 계산 혹은 리포트에 의해서 준수가 증명될 때 사용된다. 안전성 평가는 확률 분석과 같은 안전성 분석에 의해서 준수가 증명될 때 사용된다.

규정에 대한 준수를 증명하기 위한 시험은 실험실 시험, 항공기를 사용한 지상 시험, 항공기를 사용한 비행 시험 그리고 항공기 기능의 시뮬레이션을 포함한다. 실험실 시험은 실험실에서의 시험에 의해서 준수가 증명될 때 사용된다. 지상 시험은 지상에서 수행되는 항공기 시험에 의해서 준수가 증명될 때 사용된다. 시뮬레이션은 비행 혹은 컴퓨터 모델 시뮬레이션 혹은 장비의 대표적인 모형의 사용으로 준수가 증명될 때 사용된다.

규정에 대한 준수를 증명하기 위한 조사는 적합성 조사와 설계 조사를 포함한다. 적합성 조사는 승인되고 릴리즈된 도면에 대해서 장비의 리뷰를 함으로써 준수가 증명될 때 사용된다. 설계 조사는 항공기에 설치된 채로 설계에 대한 조사에 의해서 준수가 증명될 때 사용된다.

장비 인증은 RTCA/DO-160**[8]**과 같은 환경 인증 시험에 의해서 준수가 증명될 때 사용된다.

준수 방법은 지원자가 규정을 "준수하는 것을 보이는 것"을 가능하게 한다. 일단 준수가 증명되면 규정 당국 혹은 피지명자는 해당 규정에 대한 준수를 확인할 수 있다.

규정에 대한 준수를 증명하는 많은 방법들은 항공전자 하드웨어, 특히 회로 카드 혹은 FPGA(Field Programmable Gate Array), ASIC(Application Specific Integrated Circuit) 혹은

CPLD(Complex Programmable Logic Device)와 같은 디바이스에는 잘 맞지 않거나 실용적이지 않다. DO-254는 지원자와 개발자들에게 FAR에 대한 준수를 보이기 위한 적절한 방법 및 기법과 함께 제공하도록 작성되었다.

[그림 2-2]는 시스템, 장비 그리고 전자 부품을 포함하는 FAR에 대한 AC를 보여준다.

그림 2-2 | Advisory Circulars

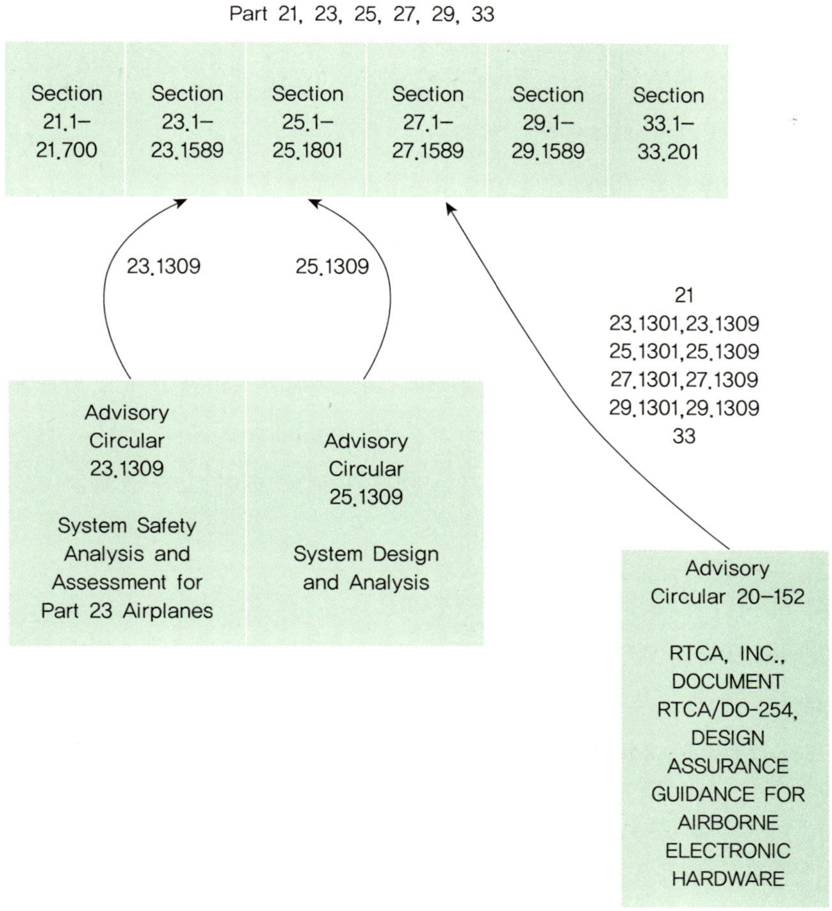

AC 25.1309는 fail-safe 설계 원리에 기반한 여러 가지 목표를 포함한다. 시스템과 그 동작을 고려할 때 고장 목표는 다음을 포함할 필요가 있다.

- 한 번의 비행 동안에 단일 요소, 컴포넌트 혹은 연결에 대한 고장

- 구성요소 컴포넌트 혹은 연결의 어떤 단일 고장이든 안전한 비행과 착륙을 막지 않아야 한다.
- 대재앙에 해당하는 고장은 극히 불가능한 정도가 되어야 한다.
- CCA(Common Cause Analysis)는 단일 고장이 중복 시스템(즉, 다중 채널을 가진)에서 하나의 채널 이상은 부정적인 영향을 미치지 않는 것을 보장하기 위해 사용되어야 한다. 이러한 단일 고장은 동등한 항공기 기능을 수행하는 하나 이상의 시스템에 부정적인 영향을 주지 않는다.

또한 AC 25.1309는 고장과 그 영향을 평가하기 위한 기법들을 포함하고 있다. 이들 평가는 정성적인 그리고 정량적인 분석으로 지원된다. FHA(Functional Hazard Assessment)는 고장을 식별하고 분류하기 위한 정성적인 평가이다. FHA는 적합성에 대한 다양한 시스템 아키텍처와 설계를 평가하기 위해 설계 단계 초기에 사용된다. 나중에 설명되겠지만, FHA는 또한 기능과 그에 대한 전자 하드웨어와 관련된 DAL을 결정하기 위해 사용된다. ARP(Aerospace Recommended Practice) 4754A에서 항공기 레벨 기능 설계 보증 레벨은 FDAL이고, 소프트웨어 그리고/혹은 항공전자 하드웨어는 그 결과인 IDAL(Item Design Assurance Level)을 가진다. 신뢰성 분석 혹은 FTA(Fault Tree Analysis)는 그들의 확률이 부합한다는 것, 즉 심각도에 반비례한다는 것을 보이기 위한 고장에 대한 정량적 평가이다.

AC 25.1309에 따라서 대재앙의 위험은 극단적으로 발생하기 어렵다는 것을 보여야 한다. 대재앙의(catastrophic) 위험에 대한 분석은 정성적이고 정량적인 평가를 포함해야 한다. 중대한(major) 위험으로 분류된 고장은 일어날 가능성이 거의 없다는 것을 보여야 한다. 중대한(major) 위험에 대한 분석은 정성적인 그리고 때로는 정량적인 평가를 포함한다.

AC는 계속해서 극단적으로 발생하기 어려운 고장을 1×10^{-9} 이하의 확률을 가진 것으로, 발생하기 어려운 고장을 1×10^{-5} 미만에서 1×10^{-9} 이상의 확률을 가진 것으로 그리고 일어날 수 있는 고장을 1×10^{-5} 이상의 확률을 가진 것으로 정의한다.

이러한 분류의 업데이트로 위험한/엄중한(hazardous/severe-major)이라는 조건을 추가했다. 위험한/엄중한으로 분류된 고장의 분석은 정성적이고 정량적인 평가를 포함해야 한다. 위험한/엄중한(hazardous/severe-major)으로 분류된 고장은 1×10^{-5} 미만에서 1×10^{-7} 이상의 확률을 보여야 한다.

시스템 혹은 컴포넌트 복잡도가 증가하면서 시스템 혹은 컴포넌트 고장의 정성적이고 정량적인 평가를 수행하기가 점점 더 어려워지게 된다. 시스템과 장비를 위한 FAR 그리고 관련된 AC는 상대적으로 낮은 복잡도를 가진 전기 및 기계 시스템의 시대에 나타났다. 시스템과 컴포넌트 복잡도가 증가하면서 산업계는 증가하는 복잡도를 고려한 FAR에 대한 준수 방법을 제공할 필요성을 인식하게 되었다.

1996년 ARP4754는 특히 소프트웨어에서 구현된 중요한 기능을 가진, 고도로 통합된 전자 시스템을 기술하기 위해 작성되었다. ARP4754는 인증 기준을 만족하고 그것을 통해서 에러가 탐지되고 제거되는 시스템을 만들게 되는, 시스템에 대한 개발 보증을 설명한다. 개발 보증은 시스템이 fail-safe하고 어떤 고장이든 그 발생 확률을 만족하는 것을 보장하기 위한 정성적이고 정량적인 평가와 일치하는 계획되고 체계적인 활동을 가지는 개발 방법론을 사용한다.

ARP4754의 1996년 버전은 시스템 개발의 소프트웨어 측면에 대해서는 RTCA/DO-178B를 그리고 복합 전자 하드웨어 측면에 대해서는 DO-254가 될 문서를 참조한다. RTCA/DO-254는 2000년 4월 이후에 발행되었다. FAA는 2005년 6월에 사용자 정의 복합 마이크로코드 컴포넌트를 위한 Advisory Circular인 AC 20-152를 발행했다. AC 20-152는 복합 전자 하드웨어에 대해서 FAR에 대한 준수 방법으로 DO-254를 정의한다. AC 20-152에는 다음과 같이 설명되어 있다. "RTCA/DO-254에 설명된 지침과 절차를 따름으로써 하드웨어 설계가 그것이 설계된 환경 그리고 모든 적용가능한 감항 요구사항에 대해 만족하는 보증 내에서 의도된 기능을 수행하는 것에 대한 보장을 가지게 된다."**[9]** 이 말이 다음과 같이 FAR과 AC로 연결된다는 점에 주목하라.

- FAR 25.1301은 장비가 올바르게 동작해야 한다고 설명하며 FAR 25.1309는 장비가 의도된 기능을 수행해야 한다고 설명한다.
  - AC 20-152는 만약 DO-254가 사용된다면 복합 전자 하드웨어가 의도된 기능을 수행할 것이라는 것을 보장한다고 설명한다.
- FAR 25.1309는 예상할 수 있는 모든 운영 조건하에서 의도된 기능을 수행해야 한다고 설명한다.
  - AC 20-152는 만약 DO-254가 사용된다면 복합 전자 하드웨어가 그것이 설계된 환경에서 의도된 기능을 수행할 것이라는 것을 보장한다.

- AC 20-1309는 대재앙의(catastrophic) 그리고 위험한/엄중한(hazardous/severe-major) 고장 조건에 대해 정성적이고 정량적인 분석이 사용되어야 한다고 설명한다. AC는 또한 모든 고장 조건의 분류에 대해서 확률을 제시한다. AC 25.1309는 FAR 25.1309에 대한 준수 방법이다.
  - AC 20-152는 만약 DO-254가 사용된다면 거기에는 적용가능한 감항 요구사항을 만족한다는 것에 대한 보증이 있다고 설명한다.

2005년 6월에 발행된 AC 20-152는 14 CFR Parts 21, 23, 25, 27, 29 그리고 33에 대해서 RTCA/DO-254, Design Assurance Guidance for Airborne Electronic Hardware를 설명한다. DO-254는 다음과 같은 것들에 대해서 FAR에 대한 준수를 위해 사용될 수 있다.

- 제품 및 부품
- 일반, 특수, 곡예 그리고 커뮤터 분류 항공기
- 운송 분류 항공기
- 일반 분류 회전익 항공기
- 운송 분류 회전익 항공기
- 항공기 엔진

지침 자료

지침은 인증 요구사항과 항공 규정을 어떻게 준수하는지를 설명하는 정보이다. FAA AC 20-152는 하드웨어 설계 보증 레벨(즉, IDAL) A, B 그리고 C를 가진 사용자 정의 복합 마이크로코드 컴포넌트에 대해서 DO-254에 있는 지침을 인정한다. AC 20-152에 의해서 커버되는 컴포넌트의 유형으로는 ASIC, PLD, FPGA 그리고 유사한 컴포넌트들을 포함한다.

DO-254 내의 지침은 LRU(Line Replaceable Unit), 회로카드 혹은 회로보드, CPLD, ASIC 그리고 FPGA를 포함하는 PLD(Programmable Logic Device) 그리고 COTS 컴포넌트에 적용할 수 있다. DO-254가 넓은 범위를 가지고 있지만, AC 20-152는 사용자 정의 복합 마이크로코드 컴포넌트로 그 범위를 제한하고 있다. DO-254에 있는 지침은 항공전자 하드웨어의 설계 보증에 대한 산업계의 컨센서스를 나타낸다. 또한 DO-254는 항공과 전자산업에서 식별된 설계 보증에 대한 모범 사례들을 포함하고 있다.

DO-254의 지침은 다음을 포함하는 다양한 주제를 커버한다.

- 하드웨어 표준
- 하드웨어 설계 라이프 사이클 데이터
- 설계 보증(IDAL) A 및 B 기능에 대한 추가적인 설계 보증 기법들
- 이전에 개발된 하드웨어
- 도구평가 및 인증
- COTS 컴포넌트의 사용
- 제품 서비스 경험
- 하드웨어 안전성 평가
- 설계 보증(IDAL) A 및 B 기능에 대한 고려사항을 포함하는 설계 보증 전략
- 계획 프로세스
- 요구사항 캡처
- 개념 설계
- 상세 설계
- 구현
- 생산 전이
- 확인 프로세스
- 시험 및 리뷰를 포함하는 검증 프로세스
- 형상 관리
- 프로세스 보증
- 인증 교섭 및 제안된 준용 방법

CFR에서부터 DO-254까지의 경로가 [그림 2-3]에 보이고 있다.

그림 2-3 | CFR에 대한 DO-254의 관계

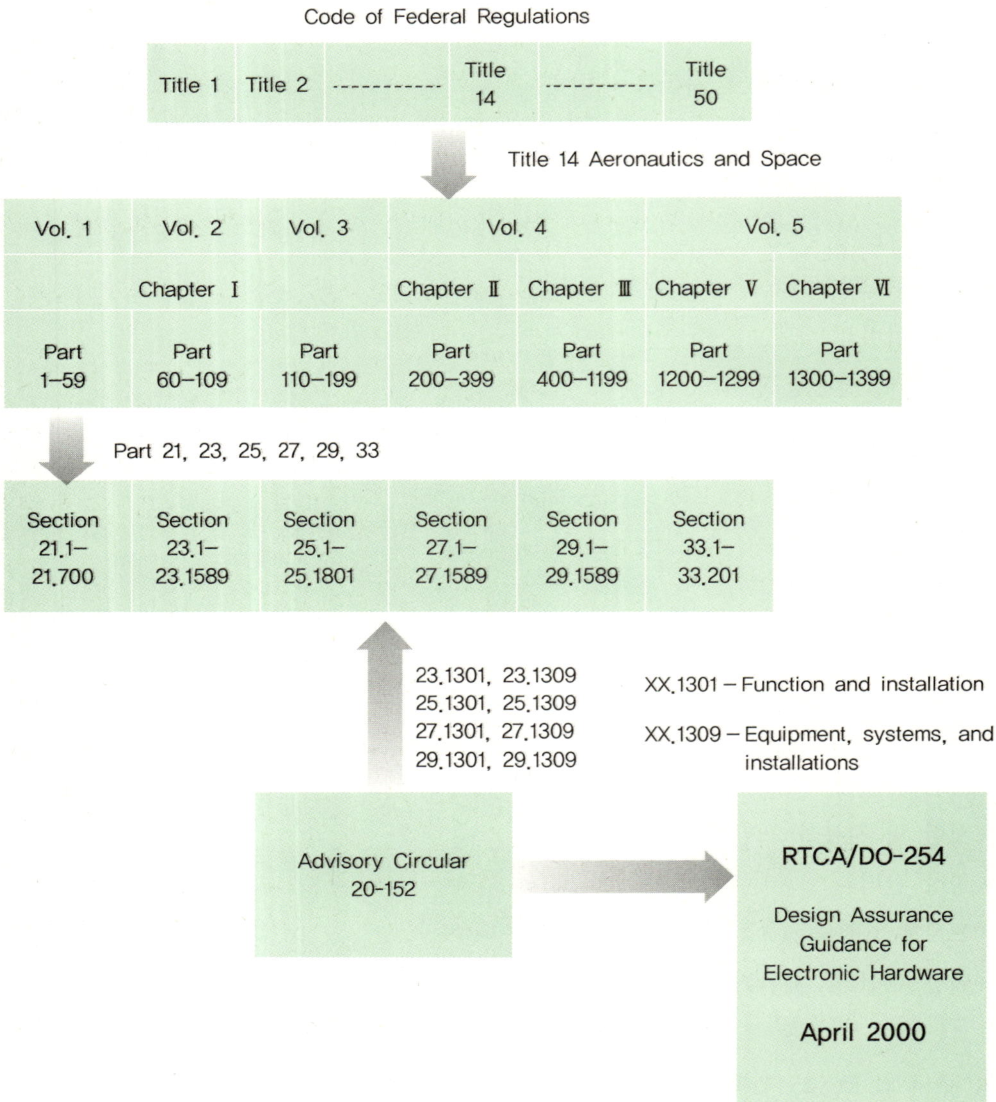

이슈 페이퍼

FAA는 형식 인증과 형식 확인 프로세스에서 필요한 단계들을 달성하는 구조화된 방법을 제공하기 위해 이슈 페이퍼(Issue Papers)를 사용한다. 형식 인증은 형식 승인, 개정된 형식 승인, 형식 설계 변경, 부가 형식 승인 그리고 개정된 부가 형식 승인에 대한 프로젝트를 포함한다. 이슈 페이퍼는 프로젝트 과정에서 발생하는 중요한 기술적인, 규정의 그리고 행정적인 이슈들의 해결책을 설명하고 추적하기 위한 방법을 제공한다. 이슈 페이퍼는 지원자와, 해당되는 경우 외국의 민간 항공 당국 그리고 FAA 간의 중요한 이슈에 대해서 공식적인 커뮤니케이션을 만든다.

형식 인증 프로젝트에 대해서, 이슈 페이퍼는 지원자들 간에 왜곡되지 않은 똑같은 인증 접근을 유지하도록 하는 유용한 도구이다. 또한 이슈 페이퍼는 미래의 형식 인증 프로그램과 규정 변경의 개발을 위한 중요한 참고 자료를 구성한다. 중요한 혹은 이전에 설정된 기술적 결정과 적용되는 이유를 설명함으로써 이슈 페이퍼는 참고 자료가 될 수 있다.

이슈 페이퍼 프로세스는 Standardized Procedures for Usage of Issue Papers and Development of Equivalent Levels of Safety Memorandums라는 타이틀의 FAA Order 8110.112**[10]**에 문서화되어 있다. FAA는 국제적인 확인과 국내 인증 프로젝트에 적용가능한 이슈들에 대해서 FAA 웹사이트상에 운송 항공기 이슈 리스트를 유지하고 있다.

해당 리스트는 인증 프로그램에 포함하기 위한 "단순 및 복합 전자 하드웨어의 보증" 과목을 구분한다. 설명에는 전자 하드웨어 컴포넌트를 포함하는 항공기 시스템에 대한 대부분의 항공기 프로그램 및 개정 프로젝트에 필요할 수 있는 이슈 페이퍼 준수 방법을 담고 있다.

현재 FAA 인증 프로그램은 항공 전자 하드웨어와 관련된 주제를 커버하기 위해 이슈 페이퍼를 사용한다. 이들 이슈 페이퍼의 내용은 지원자에게만 해당된다. 외국 인증 당국도 유사한 프로세스를 가지고 있다. 예를 들면, EASA는 CRI(Certification Review Item)를 사용하는 유사한 프로세스를 가지고 있다.

ORDERS

FAA는 DER(Designated Engineering Representative) 그리고 CFR의 Title 14에 설명된 인증 프로세스와 관련된 조직을 포함해서 FAA ACS(Aircraft Certification Service)의 관리자와 스태프에게 정보를 제공하기 위해 Order를 사용한다. Order 8110.105는 PLD에 적용하며 Simple and Complex Electronic Hardware Approval Guidance라는 타이틀을 가지고 있다.

Order 8110.105는 RTCA/DO-254를 보완하며, 단순 그리고 복합 사용자 정의 마이크로코드 컴포넌트 둘 다에 대해서 승인을 위한 지침을 제공한다. 커버되는 주제들과 8110.105에 있는 관련된 단락들은 다음과 같다.

- 리뷰와 FAA의 관여
  - Chapter 2 : SEH와 CEH를 리뷰하는 방법
  - Chapter 3 : 얼마나 많은 FAA의 관여가 하드웨어 프로젝트에 적용되어야 하나
- SEH와 CEH에 대한 주제
  - Chapter 4-2 : 수정가능한 컴포넌트
  - Chapter 4-3 : 인증 계획
  - Chapter 4-4 : 확인 프로세스
  - Chapter 4-5 : 형상 관리
  - Chapter 4-6 : 도구를 평가하고 인증하기
  - Chapter 4-7 : RTCA/DO-254를 사용해서 레거시 시스템에서 하드웨어 변경을 승인하기
  - Chapter 4-8 : RTCA/DO-254를 참조하지 않는 TSO 승인에 대해서 RTCA/DO-254로의 준수를 인정하기
  - Chapter 4-9 : COTS IP
- SEH에 대한 주제
  - Chapter 5-2 : 검증 프로세스
  - Chapter 5-3 : 추적성
- CEH에 대한 주제
  - Chapter 6-2 : 검증 프로세스
  - Chapter 6-3 : 추적성

Order 8110.105의 Chapter 2는 인증 교섭 프로세스의 일부인 리뷰를 설명한다. 리뷰는 지원자 혹은 공급업체의 시설인 현장에서 수행되거나 혹은 원격 리뷰로 수행될 수 있다. SOI 리뷰로 알려진 네 개의 리뷰는 다음과 같다.

- SOI #1 : 하드웨어 계획 리뷰
- SOI #2 : 하드웨어 설계 리뷰

- SOI #3 : 하드웨어 확인 및 검증 리뷰
- SOI #4 : 최종 리뷰

SOI #1은 대부분의 계획과 표준이 완료되고 리뷰되었을 때 수행된다. SOI #2는 일반적으로 하드웨어 설계 데이터(요구사항, 설계 그리고 구현)가 적어도 50%가 완료되고 리뷰되었을 때 수행된다. SOI #3는 일반적으로 하드웨어 확인 및 검증 데이터가 적어도 50%가 완료되고 리뷰되었을 때 수행된다. SOI #4는 최종 하드웨어 빌드와 검증이 완료되고 하드웨어 적합성 리뷰가 수행되며 지원자가 공식적인 시스템 승인에 대한 준비가 된 후에 일어난다.

SOI 리뷰가 언제 어디서 수행되는지에 대한 결정을 포함해서, 프로젝트에서 FAA의 관여 깊이와 범위는 하드웨어 설계 보증 레벨과 관련 기준에 기반한 점수로 결정된다. 레벨 A와 B 하드웨어는 높은 혹은 중간의 FAA 관여가 필요하고, 레벨 C 하드웨어는 중간 혹은 낮은 FAA 관여가 필요하며, 레벨 D 하드웨어는 낮은 FAA 관여가 필요하다. 관련 기준으로부터 유래되는 점수는 0에서 207의 범위를 가질 수 있다. 80보다 낮은 점수는 레벨 A와 B에 대해서 높은 FAA 관여가, 레벨 C에 대해서는 중간 FAA 관여가 그리고 레벨 D 하드웨어에 대해서는 낮은 FAA 관여가 된다. 130보다 큰 점수는 레벨 A와 B에 대해서는 중간 FAA 관여가, 레벨 C와 D 하드웨어에 대해서는 낮은 FAA 관여가 된다. FAA 관여는 ACO (Aircraft Certification Office)로부터 FAA 엔지니어에 의해서 혹은 프로젝트를 위해 할당되고 위임된 DER에 의해서 직접 참여하는 형태가 될 수 있다. 준수 조직은 감독과 리뷰를 수행하기 위해 위임된 권한으로 AR(Authorized Representative) 혹은 UM(Unit Members)을 사용할 수 있다.

SOI 감사는 리뷰 과정에서 참고 도구로서 Airborne Electronic Hardware Review Job Aid[11]의 내용을 사용한다. Job Aid는 체크리스트로 사용되기 위해 의도된 것은 아니지만 리뷰 과정에서 종종 공식적인 체크리스트로서의 역할을 한다. 지원자와 개발자 어느 쪽으로든 Job Aid의 질문에 익숙해질 필요가 있다. Job Aid 질문들은 프로젝트 리뷰 형식에 대한 기본이 될 수 있고 혹은 공식적인 FAA 리뷰가 수행되기 전에 내부의 사전 리뷰를 수행하는 데 사용될 수 있다.

또한 Job Aid는 Part 2에 하드웨어 리뷰 이전, 중간 그리고 이후에 수행되기 위한 태스크의 설명, Part 3에 리뷰 과정에서 고려되어야 하는 활동과 질문 목록 그리고 Part 4에 DO-254 목표에 대한 위반 항목과 관찰로의 접근법을 포함하고 있다.

참고문헌

[1] Code of Federal Regulations, United States Government Printing Office, electronic version available at: http://www.ecfr.gov

[2] Code of Federal Regulations, Title 14: Aeronautics and Space, PART 25—AIRWORTHINESS STANDARDS: TRANSPORT CATEGORY AIRPLANES, Subpart F—Equipment, 25.1301 Function and installation.

[3] Code of Federal Regulations, Title 14: Aeronautics and Space, Part 25—AIRWORTHINESS STANDARDS: TRANSPORT CATEGORY AIRPLANES, Subpart F—Equipment, 25.1309 Equipment, systems, and installations.

[4] Code of Federal Regulations, Title 14: Aeronautics and Space, PART 21—CERTIFICATION PROCEDURES FOR PRODUCTS AND PARTS, Subpart B—Type Certificates, 21.17 Designation of applicable regulations.

[5] Code of Federal Regulations, Title 14: Aeronautics and Space, PART 21—CERTIFICATION PROCEDURES FOR PRODUCTS AND PARTS, Subpart D—Changes to Type Certificates, 21.101 Designation of applicable regulations.

[6] Code of Federal Regulations, Title 14: Aeronautics and Space, PART 21—CERTIFICATION PROCEDURES FOR PRODUCTS AND PARTS, Subpart B—Type Certificates, 21.21 Issue of type certificate: normal, utility, acrobatic, commuter, and transport category aircraft; manned free balloons; special classes of aircraft; aircraft engines; propellers.

[7] Advisory Circular, AC 25.1309-1A—System Design and Analysis, Federal Aviation Administration, June 1988.

[8] RTCA DO-160F, ENVIRONMENTAL CONDITIONS AND TEST PROCEDURES FOR AIRBORNE EQUIPMENT, RTCA Inc., Washington, D.C., 2000.

[9] Advisory Circular Number 20-152, RTCA, INC., DOCUMENT RTCA/DO-254, DESIGN ASSURANCE GUIDANCE FOR AIRBORNE ELECTRONIC HARDWARE, Federal Aviation Administration, June 2005, p. 1.

[10] Order 8110.112, *Standardized Procedures for Usage of Issue Papers and Development of Equivalent Levels of Safety Memorandums*, Federal Aviation Administration, June 2010.

[11] *Conducting Airborne Electronic Hardware Reviews Job Aid*, Aircraft Certification Service, Federal Aviation Administration, February 2008.

Chapter 03

계획

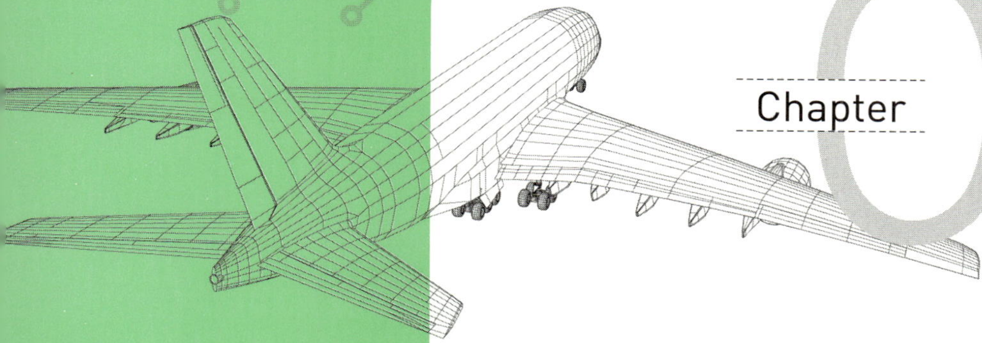

DO-254 개발은 ARP4754 프로세스의 맥락 안에서 이루어진다. 항공전자 하드웨어의 인증 측면은 전자 하드웨어가 사용되는 시스템의 개발에 의해서 캡슐화된다. 유사하게 시스템 개발은 항공기에 대한 인증 프로그램, 항공기에 대한 변경 혹은 업데이트, 혹은 TSO(Technical Standard Order)인 경우에는 TSO 승인 프로세스 내에서 수행된다.

[그림 3-1]은 시스템 내의 항공전자 하드웨어와 항공기 프로그램 개념 내의 시스템을 보여준다.

그림 3-1 | 전자 하드웨어 개발 컨텍스트

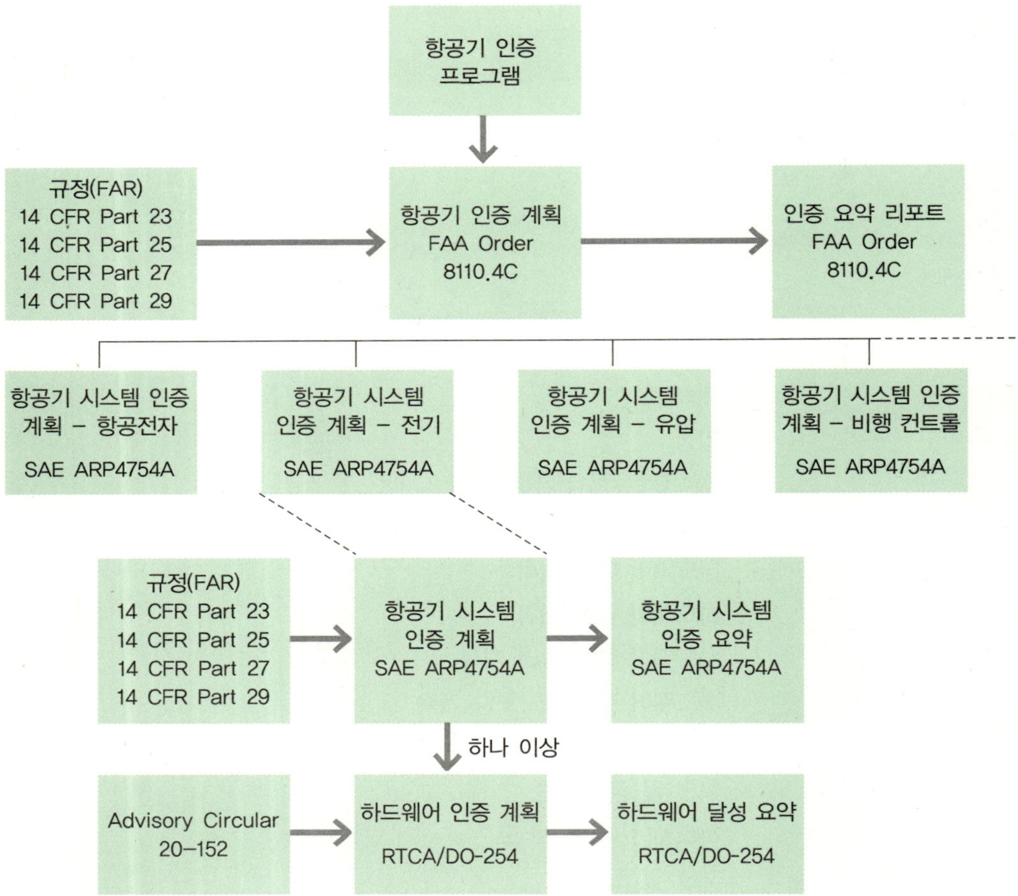

시스템 및 안전성 프로세스는 DO-254 계획 프로세스 이전에 혹은 함께 시작한다. 계획에 영향을 주는 시스템 프로세스의 출력에는 다음과 같은 것들이 있다.

- 시스템 설명
- 하드웨어 설명

계획에 영향을 주는 안전성 프로세스의 출력에는 다음과 같은 것들이 있다.

- 설계 보증 레벨에 대한 원동력이 되는 FHA(Functional Hazard Assessment)로부터의 최상위 레벨 위험
- 항공기 레벨에서 기능 설계 보증 레벨(FDAL)과 하드웨어에 대한 아이템 설계 보증 레벨(IDAL)을 규정하는 PSSA(Preliminary System Safety Assessment)
- 어떤 고장이 하드웨어에 관여되는지 그리고 그 고장과 연계된 위험에 대한 상응하는 분류를 규정하는 FFPA(Functional Failure Path Analysis)

[그림 3-2]는 시스템과 안전성에 대한 ARP4754 프로세스와 전자 하드웨어에 대한 DO-254 프로세스 간의 관계를 보여준다. [그림 3-2]에 포함된 공식 시험 단계는 DO-254에 의해서 강제되는 부분은 아니다.

그림 3-2 | ARP4754와 DO-254 프로세스

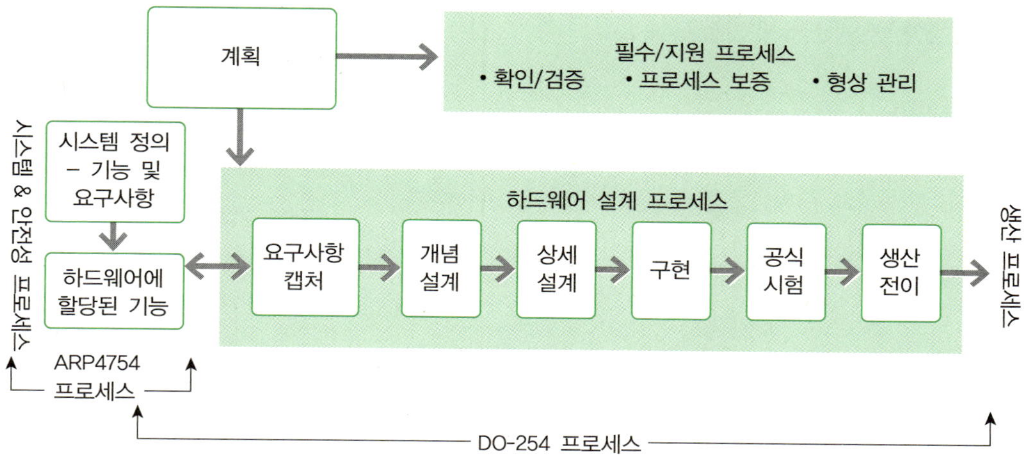

항공기 혹은 TSO 인증 프로그램은 프로그램에 대한 인증 기준을 결정할 것이다. 인증 기준은 적용가능한 FAR과 각각의 개정 레벨 그리고 프로젝트 고유의 FAA 이슈 페이퍼이다. 인증 기준은 일반적으로 시스템 레벨의 인증 계획에 정의된다. 항공전자 하드웨어에 대한

인증 기준은 그것이 사용되는 장비와 같은 동일한 인증 기준을 가질 것이다. 외국 인증 기관과 협력하여 수행되는 인증 프로그램은 다른 나라의 요구사항을 만족하기 위해 부여된 추가적인 이슈를 가질 수 있다. 항공기, 시스템 그리고 안전성 프로세스의 출력은 프로젝트에 특화된 하드웨어 인증 계획, 즉 PHAC를 구성하기 위한 입력이 된다. 항공기 및 시스템 프로세스의 출력과 PHAC의 입력은 [그림 3-3]에 묘사되어 있다.

그림 3-3 | 하드웨어 인증 계획에 대한 입력

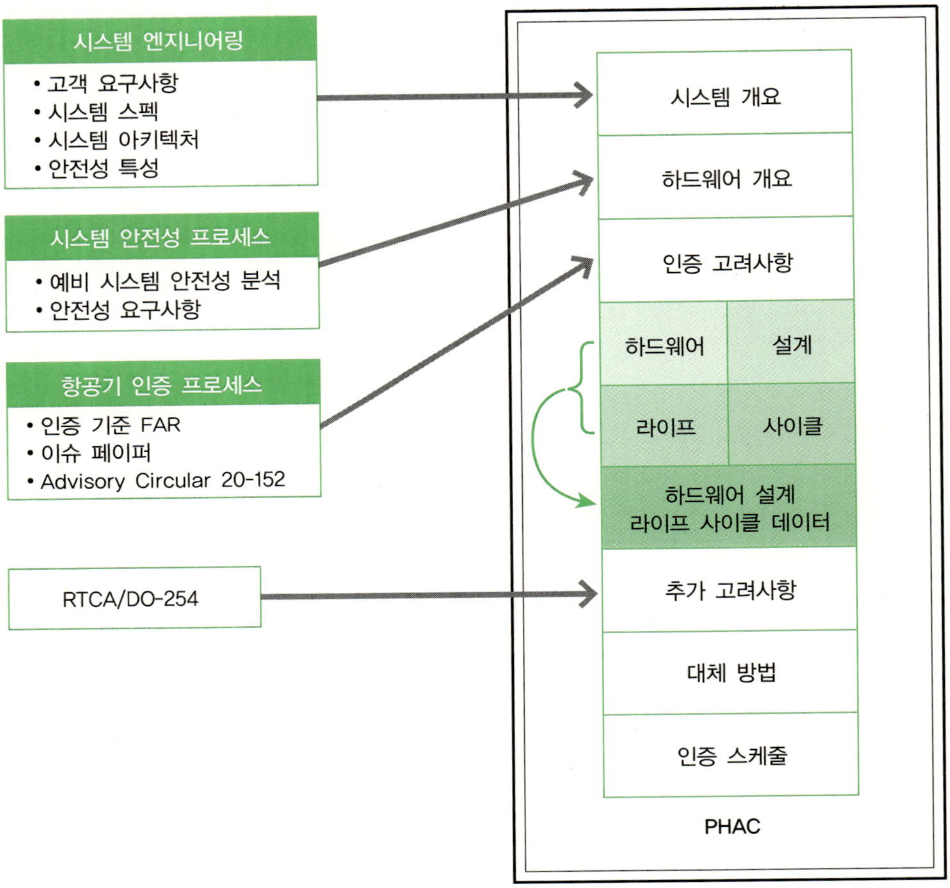

프로젝트 계획은 설계에 대한 아이디어, 설계를 완수하기 위한 프로세스와 도구 수집, 작업을 완수하기 위한 리소스와 조직 확립, 고객 고유의 요구사항 평가하기, 인증 기준을 포함해서 프로젝트 고유의 측면 평가하기와 같은 여러 가지 관점의 조합으로 시작한다.

계획은 개념에서부터 개발을 거쳐 생산에 이르는 모든 면어서의 하드웨어 개발을 고려한다. 또한 계획에는 부품 노후화 또는 부품 변경을 설명하기 위해 설계 완료 후 생산 측면이 포함된다. 계획은 사용되는 프로세스, 방법, 도구를 모든 단계가 올바르게 설명하는 것을 보장하기 위해 프로젝트에 대해서 수평적인 시선이 되어야 한다.

계획은 특정 설계 혹은 구현 기술이 실현될 수 있는지를 평가하는 trade study 혹은 설계 trade-off를 포함할 수 있다. 다른 프로그램에 사용되어 왔고 동일한 설계와 검증 도구를 사용하는 디바이스와 함께 FPGA 설계를 계획하는 것은 FPGA상에서 개발된 여러 개의 IP 코어를 사용하고, 생산을 위해 ASIC으로 설계를 변경하며, 새로운 검증 도구와 기법을 사용하는 프로젝트를 시작하는 것보다 더 적은 계획 혹은 준비를 가질 것이다.

계획은 새로운 항공기에 대한 새로운 장비와 같은 그리고 또한 기존 설계로 변경사항을 통합하는 프로젝트와 같은 전체 개발 라이프 사이클을 포함하는 프로젝트를 위해 수행된다.

회사들이 하드웨어 관리 계획과 표준을 위해서 사용할 수 있는 여러 가지 접근법이 있다. 한 가지 접근법은 하드웨어 관리 계획과 하드웨어 표준을 공통 셋으로 만드는 것이다. 계획과 표준의 공통셋은 AEH(Airborne Electronic Hardware) 혹은 PLD 개발을 위해 따르는 프로세스와 절차의 일관된 세트를 설명한다. 계획과 표준은 각각의 설계 보증 레벨을 위해 어떤 활동들이 사용되고 어떤 데이터가 생산되는지를 설명한다. 그런 다음 각각의 프로젝트를 위해 PHAC(하드웨어 인증 계획)가 만들어진다. PHAC는 프로젝트에 특화된 시스템, 하드웨어, 라이프 사이클 데이터, 일정 그리고 설계 및 검증 도구를 설명한다. 프로젝트의 독특한 다른 측면들 또한 PHAC에 기술된다. 추가로, PHAC는 프로젝트에 특화된 FAA 이슈 페이퍼와 외국 인증 기관으로부터의 적용가능한 주제들을 고려한다.

또 다른 접근법은 각각의 프로젝트에 구체화된 하드웨어 관리 계획과 표준을 만드는 것이다. 계획과 표준은 각각의 프로젝트에 대해서 만들어지거나 업데이트된다. PHAC 또한 각각의 특정 프로젝트를 위해 만들어진다. PHAC는 프로젝트에 특화된 시스템, 하드웨어, 라이프 사이클 데이터, 일정 그리고 설계 및 검증 도구를 설명한다. 프로젝트 고유의 다른 측면들 또한 PHAC에 기술된다. 추가로, PHAC는 프로젝트에 특화된 FAA 이슈 페이퍼와 외국 인증 기관으로부터의 적용가능한 주제들을 고려한다.

세 번째 접근법은 기술에 특화된 하드웨어 관리 계획과 표준을 만드는 조직을 위한 것이다. 이것은 FPGA의 개발 vs. ASIC의 개발에 필요한 라이프 사이클에서의 차이가 해당될 수 있다. 그렇게 되면 PHAC는 각각의 특정 프로젝트에 대해서 만들어진다. PHAC는 프로젝트에 특화된 시스템, 하드웨어, 라이프 사이클 데이터, 일정 그리고 설계 및 검증 도구를 설명한다. 프로젝트의 독특한 다른 측면들 또한 PHAC에 기술된다. 추가로, PHAC는 프로젝트에 특화된 FAA 이슈 페이퍼와 외국 인증 기관으로부터의 적용가능한 주제들을 고려한다.

네 번째 접근법은 개발 접근법에 특화된 하드웨어 관리 계획과 표준을 만드는 조직을 위한 것이다. 이 경우에 계획은 새로운 제품 개발, 이전에 개발된 하드웨어에 대한 수정, 이전에 개발된 하드웨어의 재사용 등과 같은 서로 다른 개발 접근법에 특화된 특별한 요구사항에 초점을 맞추게 된다. 다른 접근법들과 마찬가지로 PHAC는 프로젝트에 특화되며, 프로젝트에 특화된 이슈 페이퍼와 외국 인증 기관으로부터의 주제들뿐만 아니라 각각의 개발 접근법에 특화된 시스템, 하드웨어, 라이프 사이클 데이터, 일정, 프로세스 그리고 도구를 설명한다.

계획은 또한 항공전자 하드웨어의 개발에 참여하는 그룹, 조직, 심지어 회사까지도 고려한다. 한 회사의 하나의 시설 안에 위치한 숙련된 DO-254팀의 도구, 프로세스, 절차 그리고 인력을 사용하는 것은 서로 다른 그룹, 서로 다른 회사 그리고 서로 다른 나라에 위치한 그룹으로 라이프 사이클과 활동을 전파하기 위한 계획과는 상당히 다르다. 계획은 회사 외부로 나가는 특허 데이터에 대한 보호 혹은 심지어 외국으로 나가는 수출 통제 데이터의 보호에 대한 고려가 필요할 수도 있다. 아웃소싱은 FAA Order 8110.49의 Section 13-3, Supplier Oversight Plans and Procedures[1]에 기술된 것처럼 하부 공급업체 관리 계획이 필요할 수 있다.

계획은 라이프 사이클, 활동, 계획, 표준, 절차 그리고 결과 문서 및 데이터 그리고 최종적으로 하드웨어 자체의 전체적인 프로젝트 관점을 담고 있다. [그림 3-4]는 이러한 유형의 관점을 보여준다.

DO-254 계획은 프로젝트에 대한 계획, 표준 그리고 절차를 생성한다. PHAC는 인증 당국과 인증 교섭활동을 시작하고 또한 프로젝트에 대한 계획과 표준을 불러오기 때문에 계획 프로세스의 중심이 되는 출력물이다. PHAC의 주된 역할은 [그림 3-5]에 보이고 있다.

그림 3-4 | DO-254 라이프 사이클 및 데이터

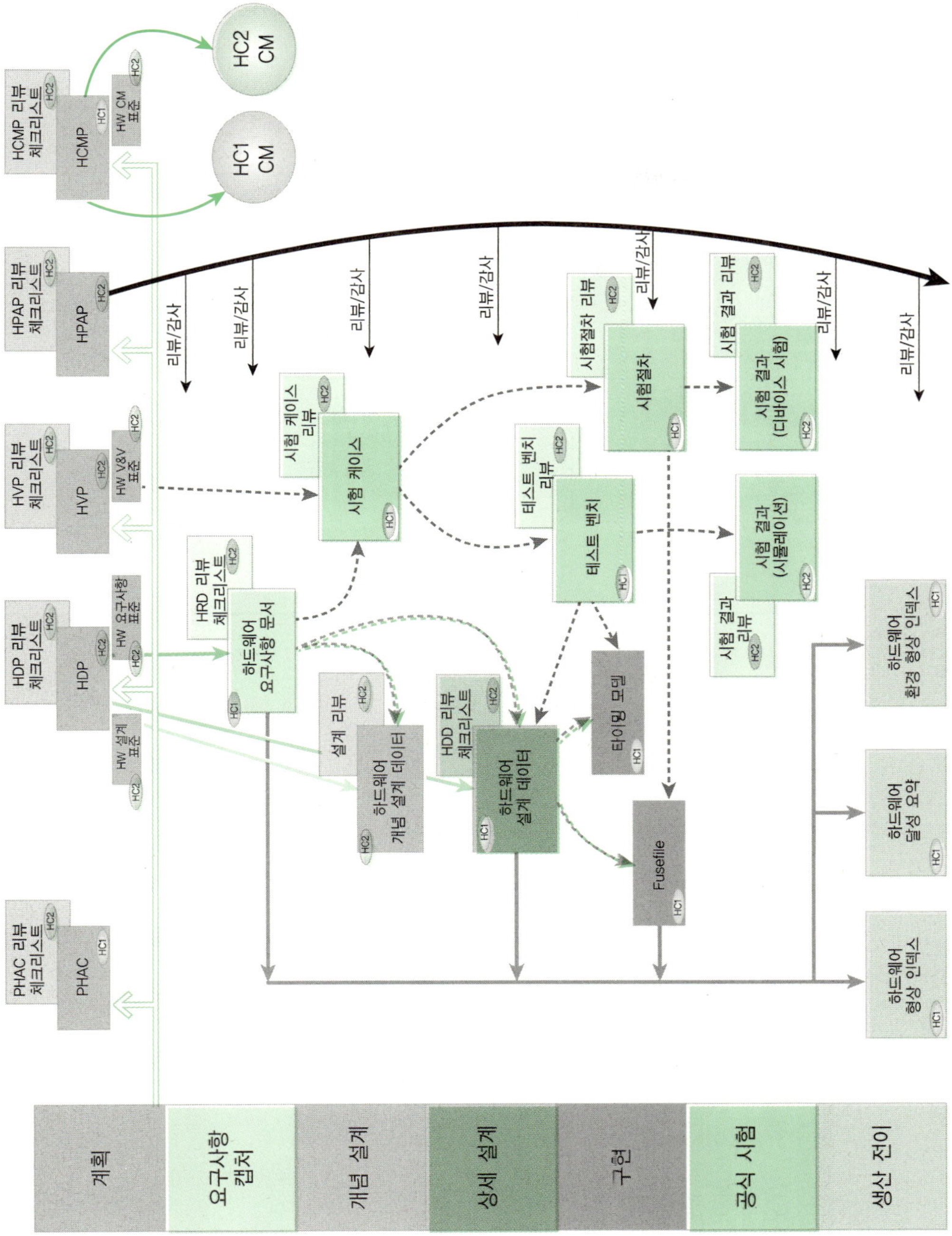

▶ 그림 3-5 | PHAC의 역할

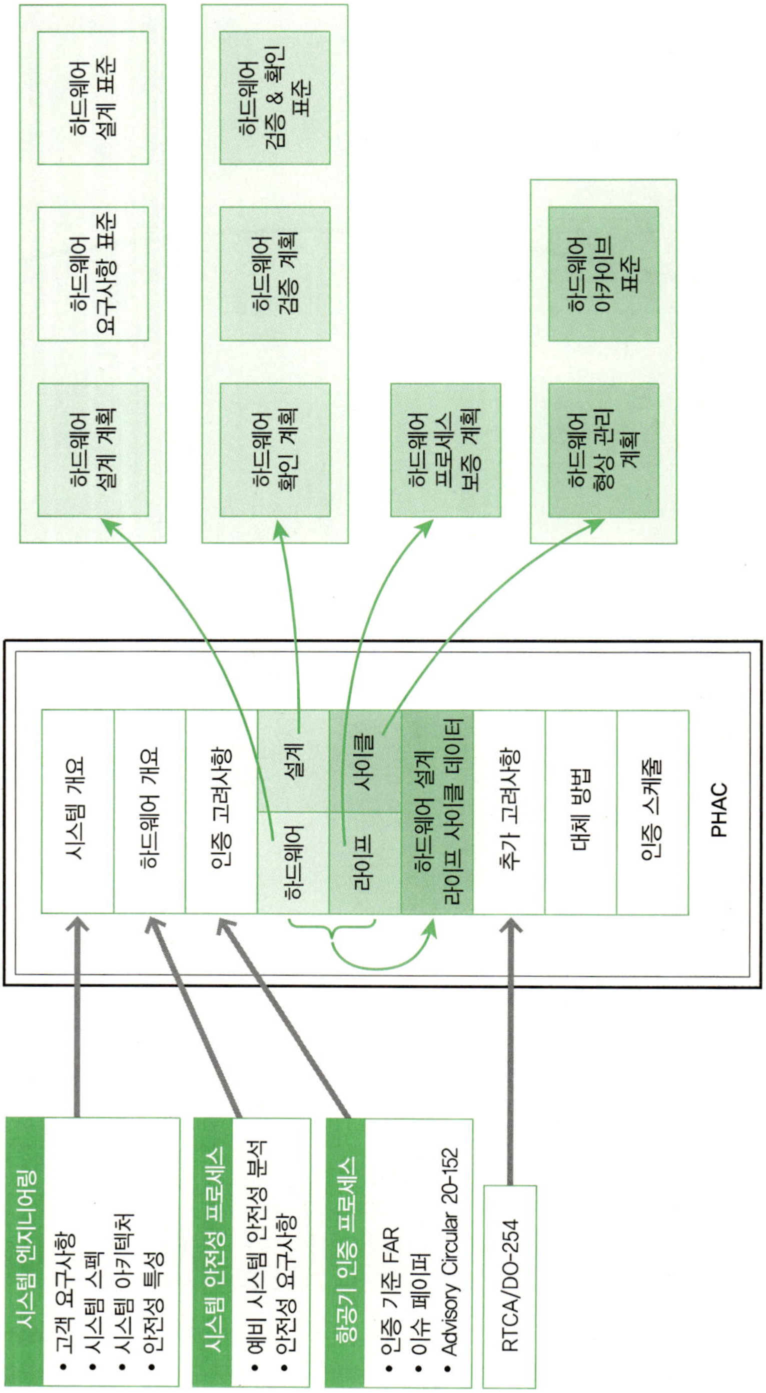

DO-254의 경우, 계획은 각각의 계획이 그 자체적으로 일관성 있고 또한 모든 계획이 하나의 그룹으로 고려될 때 일관성이 있도록 작성되어야 한다. 내부적인 일관성은 계획에 사용된 용어들이 문서 전체에 걸쳐서 같은 의미와 같은 스펠링으로, 같은 방식으로 사용된다는 것을 의미한다. 또한 내부적인 일관성은 섹션, 테이블 그리고 그림으로의 참고가 정확하다는 것을 의미한다. 하나의 그룹을 이루는 계획들 간의 일관성은 각각의 계획이 같은 의미와 같은 스펠링으로, 같은 방식으로 사용된다는 것을 의미한다. 설계 계획, 검증 계획, 확인 계획, 프로세스 보증 계획 그리고 형상 관리 계획 간의 전이 기준은 모두 정렬되어야 한다. 하나의 라이프 사이클 단계로부터의 출력은 다음 라이프 사이클 단계로의 입력으로서의 역할을 해야 한다. 설계 프로세스 활동으로부터의 출력은 확인, 검증, 프로세스 보증 그리고 형상 관리 활동에 대한 입력으로 사용된 것과 동일한 데이터 혹은 문서들이어야 한다. 계획은 그것이 작성되는 동안 HC2(Hardware Control Category 2)로 시작할 수 있다. PHAC는 그것이 릴리즈된 이후에는 HC1으로 컨트롤된다. 하드웨어 관리 계획은 DAL A와 B 프로젝트에 대해서 HC1으로 컨트롤되고 DAL C와 D 프로젝트에 대해서는 HC2로 컨트롤될 수 있다. 다른 모든 하드웨어 관리 계획과 표준은 HC2로 컨트롤될 수 있다. 때로는 계획과 표준에 대한 변경이 리뷰되고, 승인되며, 릴리즈되고, 영향을 받는 대상에게 전달되는 것을 보장하기 위해 HC1 데이터로 컨트롤되는 것이 도움이 될 수 있다.

DO-254는 하드웨어 라이프 사이클 데이터의 다양한 패키징을 허용한다. 프로젝트는 기본적으로 요구되는 내용이 제공되는 한 계획 그리고/혹은 표준을 합칠 수 있다. PHAC에 표준을 내장하는 것 혹은 PHAC와 다른 계획을 합치는 것은 포함된 데이터가 HC1으로 컨트롤되도록 만든다는 것에 유의하라. 다른 계획 혹은 표준을 PHAC와 합치는 것은 PHAC가 FAA에 제출되는 문서이기 때문에 합쳐진 문서 또한 FAA로 제출된다는 것을 의미한다.

계획 단계에서 생성되는 계획과 그 내용을 설명하는 관련된 DO-254 섹션은 다음과 같다.

- Plan for Hardware Aspects of Certification — DO-254 Section 10.1.1
- Hardware Design Plan — DO-254 Section 10.1.2
- Hardware Validation Plan — DO-254 Section 10.1.3
- Hardware Verification Plan — DO-254 Section 10.1.4
- Hardware Configuration Management Plan — DO-254 Section 10.1.5
- Hardware Process Assurance Plan — DO-254 Section 10.1.6

계획 단계에서 생성되는 표준과 그 내용을 설명하는 관련된 DO-254 섹션은 다음과 같다.

- Requirements Standards — DO-254 Section 10.2.1
- Hardware Design Standards — DO-254 Section 10.2.2
- Validation and Verification Standards — DO-254 Section 10.2.3
- Hardware Archive Standards — DO-254 Section 10.2.4

계획 단계에서 식별되어야 하는 또 다른 문서는 ECMP(Electronic Component Management Plan)이다. ECMP는 하드웨어 설계 프로세스에서 사용되는 COTS 컴포넌트들의 사용과 관리를 정의한다. ECMP는 일반적으로 조직의 구매 혹은 부품 구매 부서와 연계된다. ECMP는 다음과 같은 것을 기술해야 한다.

- 설계 프로세스에서 허용된 부품들
- 제조사로부터의 변경 통보가 회사 내에서 다루어지는 방법
- 제조사로부터의 정오표 시트가 설계자들에게 배포되는 방법
- 필요한 경우에 (디바이스 레벨에서) 부품이 인증받는 방법
- 수명 주기 구매와 같은 구매 특성
- 부품 노후화 관리 방법

ECMP는 IEC(International Electrotechnical Commission) 기술 명세서인 Process management for avionics — Preparation of an electronic components management plan[2]이라는 타이틀의 IEC TS-62239에 따라서 작성될 수 있다. IEC 기술 명세서는 전자 컴포넌트들에 대한 프로세스 관리의 모든 측면을 설명하고 ECMP를 제대로 작성할 수 있게 만드는 훌륭한 참고 자료이다.

계획 단계, 전이 기준, 입력, 출력 그리고 형상 컨트롤이 [표 3-1]에 요약되어 있다. [표 3-1]은 또한 계획 단계에서 문서를 생성하기 위해 사용되는 도구를 열거한다. 각각의 단계에서 사용되는 도구의 목록은 PHAC의 도구 인증과 평가 섹션이 작성될 때 도구를 조사하기 위한 편리한 방법을 제공한다. 이 표는 하나의 예시로 작성된 것이며 실제 프로젝트는 다른 정보가 필요할 수 있다.

표 3-1 계획 단계 테이블

단계	진입 기준	활동	설계 도구	출력	CM 스토리지	진출 기준
계획	• 인증 기준이 정의됨 • 이슈 페이퍼가 식별됨 • FFPA가 준비됨 • PSSA가 준비됨 • FHA가 완료됨 • 시스템 설명가능 • 동료 검토 코멘트가 가능 • 계획 혹은 표준을 업데이트하기 위해 PR이 작성됨	하드웨어 관리 계획을 준비 혹은 업데이트	• Word • Excel • Visio • PowerPoint	• PHAC • HDP • HVP(검증 및 확인) • HPAP • HCMP	• HC1으로 컨트롤되는 PHAC & HCMP • HC2로 컨트롤되는 HDP, HVP, HPAP	하드웨어 관리 계획이 릴리즈됨
		하드웨어 표준을 준비 혹은 업데이트	• Word • Excel • Visio • PowerPoint	• HW 요구사항 표준 • HW 설계 표준 • 검증 표준 • 아카이브 표준	HC2로 컨트롤되는 하드웨어 표준	하드웨어 표준이 릴리즈됨

하드웨어 인증 계획

하드웨어 인증 계획(Plan for Hardware Aspects of Certification: PHAC)은 DO-254 Section 10.1.1에 기술된 내용을 가져야 한다. PHAC의 타깃 대상은 DER(Designated Engineering Representative) 혹은 위임된 조직의 경우 AR(Authorized Representative)이나 UM(Unit Member)이라는 점에 유의하라. 또한 PHAC에 대한 타깃 대상은 ACO(Aircraft Certification Office)의 엔지니어와 같은 FAA ACS(Aircraft Certification Service)의 직원을 포함한다. PHAC 작성자가 문서의 타깃 대상과 독자를 고려하는 것이 중요하다. 다시 말해서, PHAC는 독자가 그 문서를 평가하기 위해 사용할 요구사항, 질문 그리고 기준을 만족하도록 작성된다. PHAC는 공식적으로 제출되는 문서이기 때문에 전문적인 스타일로 작성되고 불일치와 오타가 없도록 하는 것 또한 중요하다. 숙련된 기술을 가진 작성자에 의한 PHAC의 리뷰는 전문적으로 완성된 문서를 확인하는 것을 도울 수 있다. 형식적인 의미에서, PHAC는 미래 시제로 작성되며, 향후 계획된 하드웨어 개발을 위한 계획을 제시한다.

PHAC는 FAA에 제출되는 문서로 승인 혹은 승인에 대한 추천과 함께 FAA로 보내진다. 만약 DER/AR/UM이 프로그램에 포함된다면 그들은 PHAC에 대한 추천 혹은 승인 권한을 가질 것이다. 만약 FAA가 PHAC에 대한 승인 권한을 유지한다면, 그 경우에는 승인에 대한 추천으로서 제출되며 FAA가 최종 문서 승인을 하고 승인에 대한 추천에 동의할 것이다.

만약 DER/AR/UM이 승인 권한을 가지고 있고 FAA가 준수에 대해서 관여하지 않는다면 PHAC는 위임자에 의해서 승인될 수 있다.

PHAC는 주어진 프로그램을 위한 항공전자 하드웨어의 승인을 위해 DO-254가 해석되고 적용되는 방법을 설명한다. PHAC는 프로그램의 구체적인 세부사항을 가진 DO-254의 실체이다. PHAC가 항공전자 하드웨어에 대한 인증 측면에 대해서 FAA와의 동의를 나타내기 때문에 프로그램 내에서 가능한 한 빨리 작성되고, 승인되며, FAA로 제출되도록 하는 것이 필수이다. PHAC의 추천에 대한 FAA의 동의를 확보하는 것, 혹은 PHAC에 대한 FAA의 승인은 중요한 마일스톤이다. 일단 승인이 되면 그 프로그램은 DO-254가 아닌 PHAC에 따라서 수행된다.

PHAC는 일반적으로 시스템에 대한 설명으로 시작한다. 이 설명은 독자들을 위해 컨텍스트를 설정하고 그들이 기능 및 안전성 측면을 평가하고 이해하는 것을 돕는다. 시스템 설명은 시스템의 아키텍처와 기능, 고장 조건 그리고 적용가능한 시스템 수준의 문서화에 대한 참조를 포함한다. 또한 시스템 설명은 기능이 하드웨어와 소프트웨어로 할당되는 방법을 기술한다.

다음 단계로 들어가면, PHAC는 PHAC의 범위 내에서 각각의 하드웨어 아이템을 설명한다. 아이템에 대한 설명은 Flash, anti-fuse 혹은 SRAM(Static Random Access Memory) 디바이스와 같은 디바이스 유형과 기술을 포함해야 한다. 또한 디바이스 유형은 제조사의 이름과 부품 번호를 열거해야 하며, 내부 RAM(Random Access Memory), 디바이스 패브릭(멀티플라이어, 프로세서 코어 등) 그리고 전체 디바이스 크기 혹은 게이트 수와 같은 디바이스 특성의 목록을 포함해야 한다. 새로운 혹은 독특한 기술이 사용되는 경우 포함되어야 한다. 하드웨어 아이템 설명은 fail-safe, 비유사성, 파티션 그리고 중복과 같은 안전성 측면이 포함되어야 한다. 개별 구성요소를 가진 회로는 서로 다른 설계 보증 레벨이자 물리적으로 분리된 것으로 쉽게 보일 수 있지만, PLD 내에서 물리적 혹은 기능적인 파티션을 주장할 것으로는 기대되지 않는다는 점에 유의하라. 디바이스 레이아웃 혹은 플로어 플래닝 옵션을 사용하더라도 PLD는 공통 전원, 그라운드 그리고 물리적인 패키지와 함께 공통 라우팅 리소스와 클럭을 사용한다.

PHAC의 인증 고려사항 섹션은 프로그램에 대한 인증 기준을 기술해야 한다. 인증 기준은 적용가능한 FAR과 각각의 개정 레벨이다. 일반적으로 Part 25 프로그램에 대해서 인증 기준은 14 CFR Part 25.1301 및 25.1309이다. FAR의 개정 레벨은 PHAC에 직접적으로 포함되거나 혹은 모든 적용가능한 FAR에 대한 개정 레벨을 정의하는 시스템 인증 계획으로의 참조가 사용될 수 있다. 만약 프로그램이 이슈 페이퍼 혹은 외국 당국으로부터의 유사한 항목을 가지고 있다면 이것은 각각의 이슈 페이퍼 준수에 대한 제안된 방법을 설명하는 이상적인 섹션이다. 이 섹션은 또한 FAR 준수에 대한 제안된 방법도 설명해야 한다. 준수 방법은 FAA AC(Advisory Circular) 20-152에 따라서 DO-254로 기술되어야 한다.

설계 보증 레벨과 FFPA(Functional Failure Path Analysis)는 인증 고려사항 섹션에 요약되어야 한다. FFPA는 어떤 회로 그리고/혹은 컴포넌트가 고장을 일으키는지를 보이기 위해 사용된다. 고장이 위험에 따라서 분류되기 때문에 각각의 고장과 관련된 설계 보증 레벨을 알게 된다. PLD의 경우, DAL은 디바이스와 관련된 가장 중요한 위험으로 결정된다. DO-254의 LRU 적용을 위해 각 회로의 기능 고장과 DAL이 만들어질 수 있다. 적절한 파티션과 고립으로 전자 하드웨어(non-PLD)에 대한 여러 개의 DAL을 가지는 것이 가능하다. 효과적인 접근법은 하드웨어에 대한 FHA(Functional Hazard Assessment)로부터 최상위 레벨 이벤트를 나열하는 것이다. 그런 다음, 각각의 기능 고장 경로에서 기능 고장 경로(들)와 해당하는 디바이스(들) 혹은 전자 하드웨어를 기술한다. 일단 위험, 고장 그리고 하드웨어가 연관되면, 그 다음으로 설계 보증 레벨이 기술된다. 만약 아키텍처적인 측면으로 설계 보증 레벨을 낮추는 것이 허용된다면, 결과로 나온 설계 보증 레벨의 정당성과 함께 중복/비유사성/컨트롤-모니터 측면이 기술되어야 한다.

인증 고려사항 섹션에서 커버해야 할 추가적인 주제는 프로그램, 피지명자 및 요구되는 권한에 대해 FAA에 제출해야 할 문서의 목록 그리고 프로그램에 사용되는 SOI 감사의 목록이다.

PHAC의 하드웨어 설계 라이프 사이클 섹션은 개발 방법과 개발 절차의 개요를 포함한다. 또한 이 섹션은 적용될 절차와 표준을 설명한다. 설계 라이프 사이클은 일반적으로 단계별로 기술된다. 각각의 단계는 진입 그리고/혹은 진출 기준으로 구성된 전이 기준을 가진다. 전이 기준은 완료될 필요가 있는 활동과 완료되는 활동을 증명하는 관련된 산출물 혹은 생성되는 증거를 기술한다. 또한 각각의 라이프 사이클 단계는 각각의 활동을 위해 사용되는 도구를 나열해야 한다. PHAC의 이 섹션은 설계 라이프 사이클의 개요를 의미하며, 따라서 특정한 계획과 표준이 참고되어야 한다. 앞서 [표 3-1]은 라이프 사이클 단계에 대한 진입 기준, 진출 기준, 활동, 도구, 출력 그리고 형상 컨트롤을 모으고 표현하기 위한 간명한 방법을 보여준다. 라이프 사이클 단계 혹은 특정 활동과 관련된 DO-254 목표를 참고하는 것 또한 도움이 된다. 이것은 PHAC를 읽고 승인할 필요가 있는 인증 당국에게 유용할 것이다.

PHAC의 하드웨어 설계 라이프 사이클 데이터 섹션은 프로그램이 DO-254 Table A-1에 명시된 데이터를 전달하는 방법을 설명한다. DO-254 Table A-1에 나열된 라이프 사이클 데이터와 프로젝트에 구체화된 라이프 사이클 데이터 간의 맵핑을 보여주는 하나의 테이블이 PHAC에 포함되는 것이 추천된다. 문서들이 합쳐지면 PHAC의 테이블에 여러 번 나열될 수 있다. FPGA에 대해서 맵핑된 라이프 사이클 데이터의 예시가 [표 3-2]에 보이고 있다. 문서 식별자는 프로젝트별로 지정된 것을 사용해야 한다. DO-254가 시스템 레벨에서 사용될 때, 데이터는 DO-254에서 보이는 것과 좀 더 유사해야 한다. 다시 말해서, 최상위 레벨 도면이 실제로 사용되며 PLD 등가 문서로 대체되지 않는다.

표 3-2 하드웨어 라이프 사이클 데이터

DO-254 문서	회사 문서	문서 식별자	FAA 제출	DER 조치
Plan for Hardware Aspects of Certification	Plan for Hardware Aspects of Certification X123 PLD	1002-PHAC	Yes	추천
Hardware Design Plan	FPGA Design Plan	1002-HDP	No	승인
Hardware Verification Plan	FPGA Verification Plan	1002-HVP	Yes	승인
Hardware Validation Plan	FPGA Verification Plan	1002-HVP		
Hardware Process Assurance Plan	FPGA Process Assurance Plan	1002-HPAP	No	승인
Hardware Configuration Management Plan	FPGA Configuration Management Plan	1002-HCMP	No	승인
Requirements Standards	FPGA and Hardware Requirements Standards	1002-HRSTD	No	승인
HDL Coding Standards	VHDL Design Standards	1002-VHDSTD	No	승인
PLD Design Assurance Standards	PLD Design Standards	1002-PDS	No	승인
Validation & Verification Standards	PLD Verification Standards	1002-VVSTD	No	승인
Hardware Archive Standards	Archive, Retrieval, and Data Backup	1002-HWARSTD	No	승인

Hardware Requirements	X123 PLD Requirements Document	1002-HRD	No	승인
Conceptual Design Data	X123 PLD Design Document	1002-HDD	No	승인
Detailed Design Data	X123 PLD Design	1002-HDL	No	승인
Top-Level Drawing	X123 PLD Hardware Configuration Index	1002-HCI	Yes	추천
Assembly Drawing	X123 Netlist	1002-NET	No	승인
Installation Control Drawing	X123 Altered Item Drawing	1002-AID	No	승인
HW/SW Interface Data		n/a		
Hardware Traceability Data	X123 PLD Hardware Verification Report	1002-HVR	No	승인
Hardware Review & Analysis Procedures	X123 PLD Hardware Verification Procedures	1002-HVP	No	승인
Hardware Review & Analysis Results	X123 PLD Hardware Verification Report	1002-HVR	No	승인
Hardware Test Procedures	X123 PLD Hardware Verification Procedures	1002-HVP	No	승인
Hardware Test Results **includes elemental analysis results**	X123 PLD Hardware Verification Report	1002-HVR	No	승인
Hardware Acceptance Test Criteria		n/a		
Hardware Environment Configuration Index (Order 8110.105*)	X123 PLD Hardware Environment Configuration Index	1002-HCI	No	추천
Hardware Accomplishment Summary	Hardware Accomplishment Summary X123 PLD	1002-HAS		

* Order 8110.105 CHG 1, *Simple and Complex Hardware Approval Guidance*, Federal Aviation Administration, 2008년 9월 23일자.**[3]**

PHAC의 추가 고려사항 섹션은 이전에 개발된 하드웨어, COTS 컴포넌트의 사용, 제품 서비스 경험 그리고 하드웨어 라이프 사이클에 사용된 개발 및 검증 도구의 평가에 대한 설명을 포함한다. 이전에 개발된 하드웨어(PDH)는 하드웨어, 혹은 PLD 디바이스가 FAA AC(Advisory Circular) 20-152에 앞서 개발되고 승인된 경우에 요구될 수 있다. 이전에 개발된 하드웨어의 설명은 하드웨어가 처음 승인받았을 때의 FAA 프로젝트 번호, 최초 승인에 대한 DAL, PHAC, HCI 그리고 HAS와 같은 승인을 입증하는 라이프 사이클 데이터 그리고 적용가능한 제품 서비스 경험에 대한 요약을 언급해야 한다.

추가로 이전에 개발된 하드웨어 섹션은 하드웨어가 현재 상태로 재사용되는지, DAL을 업그레이드하는지, 항공기 설치에 대한 변경이 있는지, 응용 혹은 설계 환경에 변경이 있는지, 혹은 이러한 고려사항들의 일부 조합이 있는지를 기술해야 한다. [그림 3-6]은 PDH에 대한 결정 프로세스의 흐름을 설명하고 있다.

그림 3-6 | 이전에 개발된 하드웨어(PDH)에 대한 결정 프로세스의 흐름

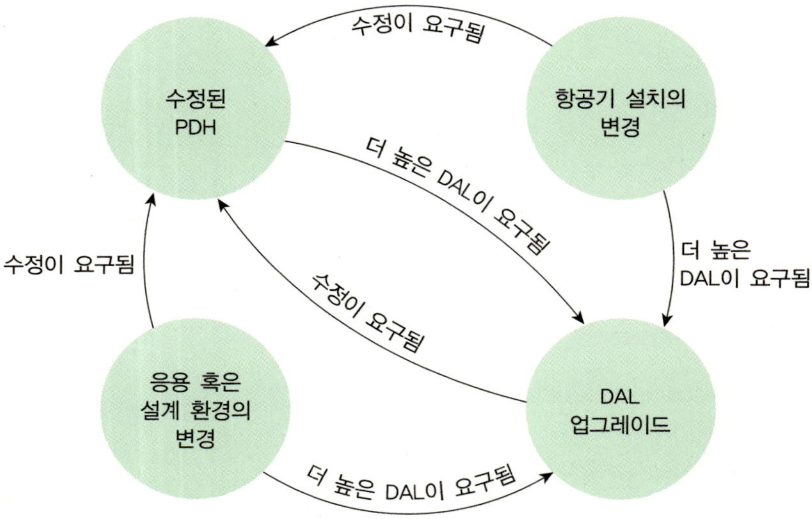

PDH에 대해서 재사용가능한 데이터의 양은 프로젝트의 상황에 따라 달라질 것이다. 변경되지 않는 PDH는 단지 통합/시스템 시험만 수행될 필요가 있을 것이다. 변경되는 PDH는 다음과 같은 것이 필요할 것이다.

- 변경되는 하드웨어 측면에 대한 시험 및 검증
- 변경되는 부품에 의해서 영향을 받는 부품의 재시험 및 재검증
- 통합/시스템 시험

응용 방법에 대한 변경은 다음과 같은 것이 필요할 것이다.

- 새로운 장비로의 인터페이스에 대한 재검증
- 만약 다른 소프트웨어가 사용된다면 하드웨어/소프트웨어 인터페이스에 대한 재검증

설계 환경의 변경은 도구 인증을 위해 새로운 설계 그리고/혹은 검증 도구의 평가가 필요하다.

설계 보증 레벨의 증가는 다음과 같은 것이 필요하다.

- 새로운 DAL에 대해서 이전 준수 데이터의 적합성에 대한 평가
- 이전 DAL과 새로운 DAL 간의 갭을 채우기
- 기존 준수 데이터가 사용될 수 있는지를 결정

프로그램되지 않은 FPGA를 포함해서 COTS 컴포넌트는 ECMP에 따라 관리되어야 한다. COTS의 다른 측면으로는 IP(Intellectual Property) 코어의 사용을 포함해야 한다. IP 코어는 DO-254 준수를 위해 개발되거나 혹은 개발되지 않은 판매자로부터 구매하는 설계이다. IP 코어는 일반적으로 이더넷, 1553 버스, ARINC-429, 범용 비동기 송수신기 혹은 PCI(Peripheral Component Interconnect)와 같은 표준 인터페이스를 위해 사용된다. IP 코어를 위한 라이프 사이클 데이터는 하드웨어의 DAL과 부합해야 한다. 다시 말하자면, 라이프 사이클 데이터와 검증 활동이 사내에서 수행되는 설계와 동일해야 한다. IP 코어에 대한 HDL 소스코드를 가지고 있지 않을 때는 그것의 사용을 배제하게 될 수 있다. PHAC는 IP 코어, 판매자로부터 얻을 수 있는 문서화를 기술해야 하며 라이프 사이클 활동과 데이터를 완료하기 위해 수행될 필요가 있는 추가적인 활동을 설명해야 한다. 독립된 문서로 IP 코어 데이터를 체계화하는 것은, 특히 IP 코어가 다음 설계에 재사용될 때 효과적인 전략이다.

제품 서비스 경험은 COTS 컴포넌트와 이전에 개발된 하드웨어의 사용을 정당화하는 데 사용된다. 제품 서비스 경험은 이상적으로는 항공기에서 사용되는 것으로부터 온다. 만약 항공기에서의 사용에 대한 데이터가 사용될 수 없다면 그 데이터의 관련성을 정당화하기 위한 설명이 포함되어야 한다. 디바이스가 항공기에 처음 적용되는 시점은 항상 존재한다는 점에서 그 아이디어는 디바이스가 다른 산업 혹은 응용에 충분한 시간 동안 사용되어 왔는지를 나타내는 것이다. 자동차 응용에 사용되어 온 반도체들은 디바이스 패키징과 온도 범위가 종종 항공우주 응용에 적합하기 때문에 때때로 이상적인 후보이다. 제품 서비스 경험은 데이터가 왜 의미가 있고 관련되는지를 설명해야 한다. 데이터는 다음과 같은 것을 설명해야 한다.

- 기능과 사용이 동일하거나 혹은 유사한지 여부

- 운영 환경이 동일하거나 혹은 유사한지 여부
- 이전 DAL이 제안된 DAL과 동일하거나 혹은 유사한지 여부
- 하드웨어 형상이 동일하거나 유사한지 여부
- 서비스 기간 동안 탐지된 에러나 문제점들
- 서비스 기간 동안의 고장률

또한 제품 서비스 경험은 설계 보증 레벨을 D로부터 C로, C로부터 B로 혹은 B로부터 A로의 업그레이드를 정당화하기 위해 사용될 수 있다. 서비스 시간은 요구되는 신뢰성과 동일한 수준으로 유지되어야 한다. DAL A에 대한 서비스 시간을 평가할 때 고장률이 대략 10^{-5}에서 10^{-6}이 되기 때문에 이전 사용은 수백만 시간이 되어야 한다.

도구 평가 및 인증

DO-254는 하드웨어 설계와 검증 프로세스에 사용되는 도구의 평가를 요구한다. DO-254의 Figure 11-1의 플로우차트는 각각의 설계 및 검증 도구에 수행되어야 하는 도구 평가와 인증 프로세스를 설명한다.

도구는 설계 도구 혹은 검증 도구로, 혹은 어떤 경우에는 둘 다로 분류될 수도 있다. 설계 도구는 하드웨어 혹은 그 설계의 일부 측면을 생성하기 위해 사용되는 도구이다. 이것은 설계 도구에 의해서 생성된 에러가 전자 하드웨어로 주입될 수 있다는 것을 의미한다. PLD 설계 도구의 예로는 합성 도구 그리고 배치 및 배선 도구를 포함한다. 회로 카드와 같은 전자 하드웨어의 경우, 설계 도구의 예로는 스키매틱 설계 도구와 회로 보드 레이아웃 소프트웨어를 포함할 수 있다. 검증 도구는 전자 하드웨어 혹은 그 설계에서 미칠 수 있는 가장 심각한 영향이 에러를 탐지하는 것에 실패하는 것이기 때문에 설계 도구보다 설계 보증에 미치는 영향이 적다. PLD 검증 도구의 예로는 시뮬레이션 도구, 로직 애널라이저 그리고 오실로스코프를 포함한다. 전자 하드웨어의 경우, 검증 도구는 아날로그 및 혼합 신호 회로 시뮬레이션 소프트웨어, 실험실 시험 장비 그리고 로직 애널라이저와 오실로스코프와 같은 벤치 도구를 포함한다.

DO-254는 설계 도구의 인증에 대한 특별한 규칙이나 지침을 제공하지 않는다. 설계 도구 인증은 DO-254 Appendix B에 기술된 전략을 따를 수 있으며, 혹은 RTCA DO-178에 제공

된 소프트웨어 개발 도구의 인증에 대한 지침을 사용하는 것도 가능하다. 접근법과 관계없이, 설계 도구의 인증은 PHAC에 기술되고 인증 당국과 미리 조율되어야 한다. 추가로 설계 도구의 인증은 도구 설계자의 협조와 충분한 일정 및 예산 리소스가 필요할 것이다.

DO-254에서 강조하는 것은 도구의 출력을 검증하는 것이다. 만약 설계 혹은 검증 도구의 출력이 독립적으로 평가된다면 도구의 인증은 필요하지 않다. 독립적인 평가는 평가를 하기 위한 다른 도구의 사용을 포함해서 도구의 출력이 정확한지 검증하는 프로세스를 포함하며, 도구의 출력에 대한 매뉴얼 리뷰 혹은 동일한 체크를 수행하기 위해 독립된, 하지만 비유사성을 가진 도구를 사용하는 것을 포함할 수 있다. Elemental Analysis의 완료를 측정하기 위해 사용되는 검증 도구에 대해서는 인증이 필요하지 않다. 또한 DO-254는 인증에 대한 대안으로서 관련된 도구 히스토리의 사용을 허용한다.

설계 도구의 인증은 도구 인증 계획의 생성을 요구한다. 인증 활동의 엄격함은 도구의 유형, 의도된 응용 그리고 그것이 설계할 하드웨어 설계 보증 레벨에 의해서 결정된다. 도구 인증 계획에 대한 준수는 도구 완수 요약에 기록된다.

만약 도구의 출력이 독립적으로 평가되지 않으면 그리고 관련된 히스토리가 없다면, 레벨 A, B 그리고 C 설계 도구와 레벨 A 그리고 B 검증 도구는 "기본적인" 도구 인증이 필요하다. "기본적인" 도구 인증은 도구가 의도된 적용을 위한 정확한 출력을 생성하는 것을 검증하는 것이다. 기본적인 인증은 일반적으로 그 기능에 대해서 사용자 매뉴얼 혹은 그와 동등한 문서로부터 얻어지는 "요구사항"에 대해서 도구의 운영을 시험한다.

도구를 인증하거나 혹은 인증하지 않는 이유를 포함해서 각각의 도구에 대한 도구 평가 및 인증은 PHAC에 문서화되어야 한다. 만약 설계 혹은 검증 도구에 대해서 출력을 평가하는 대신 관련된 도구 히스토리가 사용된다면, 혹은 설계 도구가 인증될 예정이라면, 프로그램의 계획 단계 동안에 PHAC에서 논의되고 인증 당국과 조율되어야 한다.

PHAC에서 도구 평가는 각각의 설계 도구 및 검증 도구를 나열해야 한다. 도구의 목적과 간단한 설명을 추가하는 것은 사용성과 문맥을 전달하는 것을 도울 것이다. PHAC는 도구가 인증받을 필요가 있는지, 인증이 어떻게 이루어질 것인지 그리고 인증의 증빙으로 생성될 데이터를 설명해야 한다. 만약 인증이 필요하지 않다면 PHAC는 도구를 인증하지 않는 이유를 설명할 수 있다. 그러한 평가의 예는 [표 3-3]에 보이는 것처럼 구성될 수 있다. 참고로 예시에 나열된 도구들은 실제 사용되는 도구가 아니다.

표 3-3 도구 평가 예시

판매자	도구	목적	평가	이유
Syn Free Corp.	SynCity	HDL 합성 도구	인증이 필요하지 않음	검증 도구와 함께 수행되는 기능 그리고 포스트 레이아웃 시뮬레이션 및 디바이스 시험
MisPlaced Tools Inc.	Route 66	배치 및 배선 도구	인증이 필요하지 않음	검증 도구와 함께 수행되는 포스트 레이아웃 시뮬레이션 및 디바이스 시험
ProLogicDesign Associates	Write Way	HDL 에디터	인증이 필요하지 않음	도구로부터의 HDL 텍스트 파일이 리뷰됨
Runner Up Inc.	Run For Cover	HDL 코드 커버리지	인증이 필요하지 않음	필요하지 않음

대체 방법

PHAC의 대체 방법 섹션은 DO-254에서 논의되지 않는 방법 혹은 DO-254에서 설명되는 것처럼 적용되지 않는 방법에 대한 설명과 정당성을 포함한다. 대체 방법은 DO-254에서 설명된 것보다 덜 전통적인 개발, 검증 혹은 확인 기법의 사용을 포함할 수 있다. 대체 방법의 사용은 그에 대한 접근과 관련된 위험을 최소화하기 위해 프로그램에서 일찍 조정되고 논의되어야 한다.

일정

PHAC의 인증 일정 섹션은 라이프 사이클 데이터를 인증 당국에 제출하기 위한 프로그램 및 타임라인에 대한 주요 마일스톤을 설명한다. 이 정보는 FAA가 프로그램에 대한 작업 부하를 계획하고 리소스를 할당하는 것을 가능하게 한다. 주요 마일스톤으로는 첫 번째 비행, TIA(Type Inspection Authorization), 장비 혹은 항공기 인증 그리고 의도된 SOI 감사에 대한 날짜 혹은 기간을 포함할 수 있다. 특정한 목표 날짜가 변경될 수 있기 때문에 날짜는 높은 수준의 세분화 상태로 유지해야 한다는 점에 유의하라. 그 취지는 2014년 12월 12일보다는 4Q2014(2014년의 4분기)와 같이 기간으로 나타내는 것이다.

FAA Order 8110.105 측면

PHAC는 또한 FAA Order 8110.105에 명시된 정보를 포함해야 한다. Order 8110.105로부터의 PHAC에 대한 추가적인 내용은 다음과 같은 것을 포함한다.

- PHAC는 장비에 있는 각각의 하드웨어 아이템 혹은 PLD에 대해서 작성될 수 있거나 혹은 장비에 있는 모든 PLD를 포함할 수 있다. 각각의 PLD에 대해서 분리된 PHAC를 사용하는 것은 만약 그 의도가 미래의 프로그램에 재사용을 위한 PLD를 개발하는 것이라면 유용할 수 있다.
- PHAC는 하드웨어 아이템이 단순 혹은 복합으로 분류되는지를 언급해야 하며 만약 그 분류가 단순이라면 그 이유가 제공되어야 한다. 단순한 것으로 분류된 디바이스 혹은 하드웨어는 라이프 사이클 활동, 데이터 그리고 적용가능한 계획 및 표준을 포함하는 제안된 접근법에 대한 설명이 있어야 한다. 또한 단순 하드웨어에 대한 설명은 검증 활동 및 환경을 설명해야 하며 하드웨어가 완전하게 시험되는 방법에 대한 분명한 설명을 주어야 한다.
- PHAC는 각각의 하드웨어 아이템과 관련된 고장 조건 분류를 나열해야 한다. 또한 PHAC는 각각의 하드웨어 아이템의 기능적인 설명을 제공해야 한다.
- DO-254 Section 9.1과 10.1.1.3은 제안된 준수 방법이 PHAC에 언급되어야 한다고 말하고 있고 Order 8110.105는 이 점을 반복하고 있다. 일반적으로, PHAC에서 제안된 준수 방법은 하드웨어가 FAA AC(Advisory Circular) 20-152에 따라서 설계 보증 레벨에 부합하는 DO-254에서의 목표를 만족하도록 개발될 것이라고 간단하게 언급한다.
- Order는 또한 제안된 설계 보증 레벨의 설명과 정당성을 요구한다(이것은 DO-254 10.1.1.3과 중복된다).
- PHAC는 또한 적용가능한 하드웨어 관리 계획과 하드웨어 설계 표준을 참조해야 한다. FAA로 전달하기 위한 그리고/혹은 FAA가 이용할 수 있도록 만들기 위한 인증 데이터의 목록이 PHAC에 존재해야 한다(이것은 DO-254 10.1.1.5와 중복된다).
- DO-254에 있는 것들에 대해 제안된 어떤 대체 방법이든 설명되어야 한다. 대체 방법에 대한 설명은 목표와 지침이 해석되는 방법을 설명하고 실제 대체 방법에 대한 설명을 제공해야 한다. 또한 대체 방법은 DO-254 Section 10.1.1.7을 따를 필요가 있다. FAA는 대체 방법의 사용이 프로젝트 초기에 준수 정당성과 함께 제시되는 것을 기대

한다는 점에 유의하는 것이 중요하다.

- 기존 컴포넌트에 대한 리버스 엔지니어링 라이프 사이클 데이터와 활동에 대한 정당성
- 도구의 인증을 평가하고 배제하기 위해 사용되는 관련 서비스 히스토리의 문서화 및 정당성. 이것은 이전 프로젝트에 사용된 버전, 도구와 함께 명시된 예외적인 부분, 도구에 대해서 기록된 문제점 리포트, 도구가 다른 프로젝트에 사용되어 온 방법, 도구의 출력/데이터/리포트가 정확하고 신뢰할 만한지를 설명해야 한다.
- 하드웨어 시험으로 달성될 요구사항에 대한 검증 커버리지의 레벨에 대한 설명 및 정당성. 하드웨어 시험은 시험이 비행 하드웨어상에서(즉, 제품에 버금가는 회로 카드를 사용하는 회로 시험에서) 수행된다고 가정한다는 점에 유의하라. 하드웨어 시험의 일부 영역 역시 보드 레벨에서 회로상의 시험이 마찬가지로 수행되는 한 디바이스 시험 장비와 함께 수행될 수 있다. PHAC는 만약 디바이스 시험과 회로상의 시험의 조합이 사용된다면 그 접근법을 설명할 수 있다.
- DO-254 Appendix B로부터 선택된 추가적인 검증 활동들에 대한 완료 기준

특히 유용하지만 DO-254에서는 특별히 나열되지 않은 PHAC에 대한 내용으로는 다음과 같은 것들을 포함한다.

- LRU 혹은 장비 부품 번호
- 가장 끝단의 하드웨어 아이템(PLD)의 부품 번호
- HDL 소스코드의 부품 번호
- 프로그램되지 않은 부품에 적용된 netlist, fusefile 혹은 프로그래밍 파일의 부품 번호
- 프로그램되지 않은 PLD 부품의 판매자 이름과 부품 번호
- FAA 인증 프로젝트 번호
- 적용가능한 FAA 이슈 페이퍼 리스트와 이슈 페이퍼의 각각의 측면에 제안된 준수 방법에 대한 상세한 설명
- 적용가능한 외국 인증 당국 아이템(EASA CRI[Certification Review Item]와 같은)에 대한 리스트와 아이템의 각각의 측면에 제안된 준수 방법에 대한 상세한 설명

하드웨어 설계 계획

하드웨어 설계 계획(Hardware Design Plan: HDP)은 개발 엔지니어의 하드웨어 설계를 가이드하기 위한 것이다. HDP의 하드웨어 설계 라이프 사이클 섹션은 라이프 사이클 데이터와 하드웨어 아이템을 생성하기 위한 프로세스를 설명한다. 하드웨어 아이템은 시스템, 회로 카드 어셈블리 혹은 프로그래머블 로직 디바이스가 될 수 있다. 또한 설계 라이프 사이클은 하드웨어 설계, 프로세스 보증, 형상 관리, 검증, 확인, 인증 교섭 그리고 생산 전이 간의 조율도 설명해야 한다.

다양한 라이프 사이클 프로세스 간의 조율은 전이 기준으로 표현된다. 전이 기준은 라이프 사이클 단계 혹은 프로세스를 시작하기 위한 최소한의 요구사항, 라이프 사이클 단계 혹은 프로세스를 종료하기 위한 최소한의 요구사항, 혹은 둘 다를 명시할 수 있다. 그 기준은 완료될 필요가 있는 활동을 언급할 수 있지만, 또한 활동이 완료된다는 것을 증명하는 산출물 혹은 증거를 나열할 수도 있다. 예를 들면, 개념 설계로의 전이는 공식적으로 요구사항에 대한 베이스라인이 잡히고 동료 검토가 되었을 때 시작할 수 있다. 베이스라인이 발생하고 동료 검토가 수행되었다는 증거는 형상 관리하에서의 요구사항 문서와 형상 관리에 저장되어 있는 완료된 동료 검토 체크리스트가 될 것이다. 이전의 예제에서 보인 것처럼 활동, 관련된 산출물 그리고 전이 기준은 하나의 테이블 안에 쉽게 표현될 수 있다. [표 3-4]는 그 형식의 예를 보여준다.

표 3-4 전이 기준

단계	진입 기준	활동	설계 도구	출력	형상 관리 저장소	진출 기준

[표 3-5]는 요구사항 캡처 프로세스를 설명하기 위한 테이블 사용의 예를 보여준다.

HDP의 하드웨어 제품 설명 섹션에는 운영 환경, 대체 사용, 목표 서비스 수명 그리고 노후화 또는 기능을 해결하기 위한 업데이트 또는 업그레이드 계획이 포함되어야 한다. 설명에는 회로 혹은 디바이스 프로그래머와 같은 프로그래머블 디바이스에 대한 디바이스 프로그래밍 고려사항을 포함해야 한다. 만약 HDP가 프로젝트에 특정되지 않으면 하드웨어 제

표 3-5 요구사항 캡처에 대한 전이 기준

단계	진입 기준	활동	설계 도구	출력	형상 관리 저장소	진출 기준
요구사항 캡처	• HDP가 릴리즈됨 • HW 요구사항 표준이 릴리즈되고 승인됨 • 보드 레벨 요구사항이 릴리즈됨 • AEH로의 요구사항 할당이 완료됨 • 보드 설계가 시작됨 • 동료 검토 코멘트가 존재함 • 요구사항을 업데이트하기 위해 PR(Problem Report)이 작성됨	• 기능 구성요소를 정의 • PLD에 할당된 기능으로부터 PLD 요구사항을 생성하거나 업데이트 • PLD 요구사항으로부터 부모 요구사항으로의 추적 링크를 생성하거나 업데이트 • 추가적인 파생 요구사항을 생성하거나 업데이트 • 파생 요구사항에 대한 정당성을 추가하거나 업데이트 • 파생 요구사항에 대한 추적 링크를 생성하거나 업데이트	Word, Excel, Visio, DOORS	• DOORS의 베이스라인 추출 스냅샷 • 추적 데이터 집합의 일부 • PLD 하드웨어 요구사항 문서	• HC2로 컨트롤되는 DOORS의 베이스라인 추출 스냅샷 • HC2로 컨트롤되는 추적 데이터 집합의 일부 • HC2로 컨트롤되는 하드웨어 요구사항 문서	• HC1으로 컨트롤되는 PLD 하드웨어 요구사항 문서 • PLD 하드웨어 요구사항 문서가 릴리즈됨

품 설명은 프로젝트 PHAC에서 캡처될 수 있고 그러면 HDP의 하드웨어 제품 설명 섹션이 프로젝트 PHAC를 참조할 수 있다.

HDP의 하드웨어 설계 방법 섹션은 요구사항을 캡처하는 것, 개념 설계를 수행하는 것, 상세 설계를 수행하는 것 그리고 필요한 데이터를 생산으로 전달하기 위한 프로세스와 절차에 대한 설명을 포함해야 한다. 요구사항 캡처 혹은 관리 도구에 대한 정보와 설계 혹은 스키매틱 캡처를 위한 도구를 설계 계획에서 포함하거나 참고해야 한다. 설계 계획은 또한 fusefile, 프로그래밍 파일, 거버 파일, 부품 리스트, BOM(Bill Of Material), 어셈블리 도면 그리고 프로그램가능한 디바이스에 대한 프로그래밍 명령어와 같은 생산 환경을 위해 필요한 데이터를 설명해야 한다. 또한 설계 계획은 설계에 허용되는 부품 유형을 명시하고 부품 선택 기준에 대한 ECMP(Electronic Component Management Plan)를 참고해야 한다.

설계 계획은 시스템, 어셈블리, 보드 그리고 PLD와 같은 것들에 대한 요구사항의 의도된 레벨을 설명해야 한다. 요구사항 방법은 요구사항이 캡처되는 방법, 요구사항 관리 도구의 사용, 파생 요구사항이 캡처되는 방법 그리고 요구사항에 대한 추적 데이터가 캡처되는 방법을 설명해야 한다.

HDP의 하드웨어 설계 환경 섹션은 설계 프로세스에서 사용되는 도구를 나열해야 한다. 도구에는 소프트웨어 패키지, 하드웨어 혹은 컴퓨팅 플랫폼 그리고 모든 특수 장비가 포함되어야 한다.

HDP의 하드웨어 아이템 데이터 섹션은 생산될 하드웨어의 완전한 식별을 제공한다. 이것은 최종 시스템의 부품 번호, 하위 어셈블리의 부품 번호, 프로그래밍가능한 디바이스의 부품 번호를 포함해야 한다. 프로그래밍가능한 디바이스에 대해서 그 식별은 제조사의 부품 번호, 프로그래밍 데이터의 부품 번호 그리고 디바이스가 프로그램되고 그 결과로 나오는 부품 번호를 포함해야 한다. 만약 이전에 개발된 하드웨어가 사용된다면 이 섹션은 재사용되는 하드웨어 아이템과 라이프 사이클 데이터의 완전한 형상 식별을 나열해야 한다. 그 설명은 또한 새로운 혹은 업데이트된 하드웨어와 라이프 사이클 데이터를 분명하게 식별해야 한다.

HDP의 다른 고려사항 섹션은 장착, 설치, 프로그래밍, 픽언플레이스 장치 제약, 솔더 리플로우 프로필 그리고 제조 시험에 대한 규정을 포함하여 하드웨어 생산에 필요한 모든 요인들의 설명을 포함해야 한다.

하드웨어 확인 계획

하드웨어 확인 계획(Hardware Validation Plan: HVP)은 파생된 하드웨어 요구사항을 확인하기 위한 프로세스와 활동을 설명한다. DO-254 프로세스는 시스템에서 할당된 모든 요구사항은 ARP4754에 따라서 확인되어 온 것으로 가정한다. 그래서 하드웨어 설계 프로세스에 의해서 추가된 파생 요구사항만이 확인될 필요가 있다. 파생 요구사항의 확인은 DO-254 Section 6.1.1에 나오는 목표를 만족해야 한다. 대부분의 경우에 PLD 파생 요구사항에 대한 확인 프로세스는 하드웨어 검증 계획에 포함될 수 있다. PLD에 대한 파생 요구사항은 PLD 파생 요구사항이 정확하고 완전한지를 체크하기 위해 일반적으로 요구사항 리뷰를 수반한다. 시스템 내의 모든 전자 기기에 DO-254를 적용하기 위한 파생 요구사항의 확인은 리뷰 이상의 활동을 수반할 수 있다. 확인된 파생 요구사항을 포함해서 모든 요구사항은 하드웨어 검증 계획에 기술된 대로 검증의 대상이 된다.

하드웨어 확인 계획의 확인 방법 섹션은 파생 요구사항을 확인하기 위해 리뷰가 수행되는 방법, 파생 요구사항을 확인하기 위해 분석이 수행되는 방법 그리고 파생 요구사항을 확인하기 위해 시험이 수행되는 방법에 대한 설명을 포함한다. 분석은 시뮬레이션 방법을 포함할 수 있다.

하드웨어 확인 계획의 확인 데이터 섹션은 선택된 확인 방법으로부터 생성된 데이터를 설명한다. 파생 요구사항의 리뷰의 경우, 이것은 완료된 요구사항 리뷰 체크리스트가 될 수 있다. 파생 요구사항의 분석 혹은 시뮬레이션의 경우, 이것은 분석 혹은 시뮬레이션 결과가 될 수 있다. 파생 요구사항의 시험의 경우, 이것은 시험 결과가 될 수 있다. 하드웨어 확인 계획의 확인 환경 섹션은 파생 요구사항을 확인하기 위해 사용된 도구, 체크리스트 그리고 장비를 설명한다.

하드웨어 검증 계획

하드웨어 검증 계획(Hardware Verification Plan: HVP)은 하드웨어 요구사항을 검증하기 위한 프로세스와 활동을 설명한다. 요구사항 검증은 DO-254 Section 6.2.1에 나오는 목표를 만족해야 한다. 하드웨어 검증 계획의 검증 방법 섹션은 다양한 리뷰, 분석 및 시험 그리고 그것을 달성하기 위해 수행되는 방법을 설명한다. 방법에 대한 설명은 각각의 방법에 대한 프로세스, 방법론, 활동, 입력 데이터 그리고 출력 데이터를 포함해야 한다. 이 섹션에서의 유용한 정보에는 각각의 요구사항을 위한 검증 방법을 선택하는 방법, 방법들 간에 우선순위 그리고 하나의 요구사항을 검증하기 위해 하나 이상의 방법이 사용되어야 할 때 영향을 줄 수 있는 조건에 대한 요약을 포함한다.

하드웨어 검증 계획의 검증 데이터 섹션은 검증 활동을 수행한 결과로 생성되는 데이터를 설명한다. 데이터는 동료 검토 기록, 분석 절차 및 결과 그리고 시험 절차 및 결과를 포함한다. 이 섹션에 대한 유용한 정보는 데이터가 관리되고 보관되는 방법, 검증 결과를 생성하기 위해 분석되거나 평가되는 방법 그리고 데이터 및 결과가 하드웨어 검증 결과 라이프

험 결과—를 포함한다. 요구사항, 설계 그리고 검증 데이터 리뷰로부터의 동료 검토 기록 또한 유일하게 식별될 필요가 있다. 요구사항으로부터 시작하는 구조화된 네이밍 관행은 고유한 식별 제약을 비교적 쉽게 만족하도록 할 수 있다. 파일 구조에 대한 구조화된 계층과 결합된 구조화된 네이밍 관행은 여러 프로젝트에 걸쳐서 데이터의 저장과 복구를 관리 가능한 영역으로 만든다.

베이스라인은 데이터의 모음 혹은 세트뿐만 아니라 개별적인 문서, 도면 그리고 데이터에도 적용한다. 베이스라인은 일반적으로 Revision (–) 혹은 Revision 0로 불리는 문서의 첫 번째를 참조할 수 있고 혹은 계획 베이스라인과 같은 하나의 모음으로 참조할 수 있다. 계획 베이스라인은 릴리즈된 하드웨어 관리 계획 및 하드웨어 표준과 그들 각각의 개정 레벨이 될 것이다. 베이스라인은 시스템 레벨 환경 인증 시험, 항공기 지상 시험 혹은 항공기 비행 시험으로 진입하기 위한 성숙도 기준을 가질 수 있다. PLD의 경우 하드웨어의 특별한 버전에 대한 베이스라인은 하드웨어 형상 인덱스, 즉 HCI에 설명된다.

베이스라인 추적성은 HC1 데이터의 이어지는 릴리즈 사이에 포함된 변경에 대한 설명을 가능하게 한다. 문서의 경우, 이것은 Rev. B를 만들기 위해 문서의 Rev. A를 변경하는 것과 같은, 이어지는 버전을 만들기 위해 하나의 버전에 포함되는 문제점 리포트가 될 것이다. 또한 베이스라인 추적성은 하드웨어 아이템의 이어지는 릴리즈 사이에 포함되는 변경에 대한 설명을 가능하게 한다. 만약 XXXX가 루트번호이고 YYY가 버전인 XXXX–YYY 넘버링 체계를 최상위 레벨 부품 번호가 사용한다면, 13579–001은 –002 버전을 만들기 위해 –001 버전에 적용되는 변경을 설명하는 문제점 리포트를 통해서 13579–002로 추적될 수 있다. 시스템과 LRU는 하드웨어가 도면과 각각의 버전을 호출하기 위해 최상위 레벨 도면을 사용한다. 베이스라인은 하드웨어에 변경이 이루어질 때 검증 활동을 위한 신뢰를 축적하는 데 특별히 유용한다. 베이스라인, 문제점 리포트, 변경 컨트롤 그리고 변경 영향 분석에 대한 능숙한 사용은 검증 신뢰가 유지될 수 있는 곳에 대해서 정당화하는 것을 도울 수 있고, 변경될 때 검증 활동이 반복되어야 하는 것에 대한 식별을 도울 수 있다.

문제점 리포팅은 문제의 상태와 해결에 대한 리포트, 추적 그리고 처리를 위한 프로세스를 사용한다. 때때로 문제점 리포팅 시스템은 신규의, 변경된, 혹은 심지어 삭제된 기능과 요구사항을 포함하기 위한 변경 관리를 위해서도 사용된다. 또한 문제점 리포트는 작업 흐름을 강제하고 문제점 리포트(PR)를 종료하는 전자 혹은 웹기반 도구를 사용하여 가장 효과적으로 관리된다. 문제점 리포팅 도구는 작업 흐름 자동화, 사용자에게 통지 그리고 프로젝트 관리에 대한 리포팅을 용이하게 한다.

변경 컨트롤은 형상 항목이 베이스라인되고 인증에 대한 증빙을 위해 사용될 때 시작한다. 일반적으로 HC1 라이프 사이클 데이터에 대해서는 문서 혹은 데이터가 리뷰되고 릴리즈되었을 때 시작한다. 일단 라이프 사이클 데이터가 베이스라인되면, 보호가 시행되어야 하며 이어지는 어떤 변경이든 승인된 변경이라는 것을 보장하도록 강제되어야 한다. 변경 컨트롤은 일반적으로 문제점 리포팅과 연결되기 때문에 이것은 일반적으로 일단 데이터가 릴리즈되면 라이프 사이클 데이터는 변경을 하기 위해 PR과 변경 위원회로부터의 승인이 필요하다는 것을 의미한다. 도면은 유사한 변경 및 승인 프로세스를 따를 수도 있고 문제점 리포팅 시스템을 사용할 수도 있다. 베이스라인된 혹은 릴리즈된 라이프 사이클 데이터에 대한 모든 변경은 형상 식별에 변경을 일으키게 될 것이다. 이것은 일반적으로 데이터나 문서의 리비전 혹은 버전이 증가함으로써 이루어진다. 초기에 Revision N/C(변경 없음)로 릴리즈된 문서는 첫 번째 승인된 변경(들)과 함께 Revision A로 증가하게 될 것이다. 테스트벤치 vhdl 파일이 버전 −001에서 −002로 증가하고, 설계도가 Rev. A에서 Rev. B로 증가하는 것 등등이 있다. 증가의 유형은 저장 도구 및 방법과 호환될 것이다. Rational ClearCase, CVS, MKS, AccuRev 그리고 그 외에 파일 관리에 사용되는 도구들은 각각의 체크인에 대해서 파일 버전을 자동으로 증가할 것이다. 만약 이러한 도구들이 PLD 설계 및 검증 데이터의 관리에 사용된다면 그것들의 버전 정보는 변경 컨트롤의 무결성과 식별 측면을 보장하기 위해 사용될 수 있다. 좀 더 시간이 소요되기는 하지만 변경 컨트롤의 무결성과 식별 측면을 보장하기 위한 수동 방법 또한 받아들일 만하다.

문제점 리포팅과 버전 컨트롤의 조정은 HC1으로 컨트롤되는 릴리즈된 데이터에 행해지는 변경이 기록되고, 승인되고 그리고 추적가능하도록 기술되어야 한다. 일단 변경 프로세스가 시작되면, PR은 라이프 사이클 데이터의 시작 버전과 변경이 이루어질 때의 결과 버전을 기술해야 한다. 문서 버전 업데이트 그리고 파일 관리 시스템에서 HC1 데이터에 대한 버전 업데이트가 기술되어야 한다. 변경된 아이템의 버전을 업데이트하는 것은 원래의 혹은 앞선 버전으로의 변경에 대한 추적을 용이하게 한다. 또한 문제점 리포트는 수행되는 변경과 변경에 대한 승인을 기록해야 한다.

HCMP는 데이터, 도면 그리고 문서를 릴리즈하기 위해 사용되는 절차를 설명해야 한다.

릴리즈 프로세스는 베이스라인이 설정되고 컨트롤되는 버전의 데이터가 이어지는 활동에 사용되는 것을 보장하기 위해 사용된다. 하나의 예는 설계를 만들기 위해 사용되는 릴리즈된 요구사항 문서와 요구사항으로부터 설계로의 추적 데이터이다. 릴리즈는 문서 혹은 데이터에 대한 엔지니어링 컨트롤로부터 공식적인 형상 관리 시스템으로의 승격이다. 릴리즈된 문서 혹은 데이터는 서버의 접근이 통제되는 영역, 파일 관리 시스템 혹은 회사 생산 데이터 관리 시스템에 저장될 수 있다. 어떠한 양식, 승인, 전달 혹은 컨트롤이든 절차에 설명되어야 한다.

또한 HCMP는 라이프 사이클 데이터가 복구되는 방법을 설명한다. 복구는 파일 관리 시스템 혹은 공식적인 회사 데이터 관리 시스템과 같은 서버 혹은 애플리케이션에서 수행될 수 있다. 외부 저장소로부터의 데이터 복구 또한 설명되어야 한다. 외부 저장소로부터 주기적으로 데이터를 검색하고 데이터베이스, 애플리케이션 그리고 서버 복원을 연습하는 것이 현명하다. 데이터를 검색하고 복원하기 위한 상세한 절차를 문서화하는 것은 데이터 손실이나 손상의 경우에 유용함을 증명할 것이다.

프로젝트 라이프 사이클 데이터는 장비가 항공기에서 사용되는 한 유지되어야 한다. FAA 프로젝트를 위한 데이터는 미국 내에 유지되고 영어로 작성되어야 한다. 많은 기업 비즈니스 시스템 혹은 정보 기술 서비스는 법률상으로 혹은 비즈니스 목적으로 7년의 데이터 보존을 수용하도록 설정되어 있다. FAA 요구사항은 20년 혹은 30년, 어쩌면 그 이상으로 보존기간을 쉽게 연장할 수 있다. 라이프 사이클 데이터에 더해서 그들의 사용을 허용하는 설계 및 검증 도구와 라이선스를 보유하는 것이 중요하다.

릴리즈되고 보관된 모든 데이터는 허가받지 않은 변경에 대해서 보호되어야 한다. HCMP는 서버 접근 컨트롤, 사용자 계정 컨트롤 그리고 데이터가 보호되는 것을 보장하기 위해 사용되는 다른 방법들을 설명해야 한다. 대부분의 파일 관리 도구들은 데이터 혹은 문서들이 체크인될 때 버전을 업데이트함으로써 이러한 보호를 용이하게 한다. 최초의 버전은 언제든 접근될 수 있다. 생산 데이터 시스템은 일반적으로 저장된 데이터에 대한 읽기 접근만을 허용한다. 관리자는 데이터 혹은 문서를 추가하는 것이 허용되는 유일한 존재이다. HC1 데이터에 대한 문제점 리포트는 릴리즈된 데이터와 문서를 업데이트 혹은 변경하기 위한 권한을 기록한다.

또한 HCMP는 프로젝트 데이터를 보관하기 위해 사용된 매체가 어떻게 선정되는지 그리고 언제 그것이 갱신되고 복제되는지를 설명해야 한다. 광학, 전자 그리고 마그네틱 매체는 그 매체가 손상되거나 혹은 기능이 저하되는 경우에 여러 개의 복사본을 사용해야 한다. 저장소의 유지보수는 매체의 유형에 대한 고려사항과 함께 기술되어야 한다. 데이터 저장 기술의 주기적인 평가는 좀 더 가성비가 좋은 혹은 효율적인 기술을 평가하기 위해 수행될 수 있다. 매체의 변경은 구매체로부터 신매체로의 데이터 마이그레이션이 함께 수반되어야 한다. 프로젝트 저장 매체의 관리에 대한 증빙으로 생성된 데이터를 설명하는 것은 상당히 유용하다. 이것은 프로세스 보증이 기록을 감사하는 것을 가능하게 한다.

하드웨어 프로세스 보증 계획

하드웨어 프로세스 보증 계획(Hardware Process Assurance Plan: HPAP)은 프로세스 보증에 의해서 수행되는 활동을 설명한다. 프로세스 보증은 다른 라이프 사이클 설계 및 검증 활동과 독립적으로 수행될 필요가 있다. 만약 분리된 조직이 프로세스 보증을 위해 활용되지 않는다면 계획은 개인이 프로세스 보증 활동을 수행할 때 관여했던 라이프 사이클 태스크로부터 독립성을 유지하는 방법을 기술해야 한다. DO-254는 Section 10.1.6에서 생산 적합성을 언급하지만 그러한 적합성은 일반적으로 공식적인 FAA 활동을 통한 시스템 레벨에서 다루어진다. 대부분의 프로젝트는 FAA와의 조정과 FAA로부터의 위임을 보장하기 위해 시스템 레벨 인증 계획에서 적합성과 적합성의 위임을 설명한다. 시스템 레벨 혹은 PLD 레벨에서 적용되는 DO-254는 DO-254 목표를 만족하는 검증 활동을 위해, 공식적인 적합성 대신에 회사 형상 관리 프로세스를 사용할 것이다. 이런 경우에 프로세스 보증은 시험 장비가 문서화되고 시험이 형상 컨트롤되는 소스로부터의 데이터를 사용한다는 것을 보장해야 한다. HPAP는 프로세스 보증에 의해서 수행되는 리뷰와 감사를 설명해야 한다. 프로세스 보증은 설계 및 검증 라이프 사이클 전이 기준을 만족한다는 것, 프로젝트 표준을 따른다는 것 그리고 모든 형상 관리 목표를 만족한다는 것을 보장해야 한다.

프로세스 보증 활동은 하드웨어 설계 계획과 하드웨어 검증 계획에 정의된 단계를 중심으로 구성될 수 있다. [표 3-6]에 예시가 보이고 있다.

테이블은 프로세스 보증 활동이 수행되는 시점, 필요한 특정 활동 그리고 활동의 증빙으로 생성되는 데이터를 정의한다. 프로세스 보증은 기술지향적인 직원에 의해서 수행될 필요가 없다는 점에 유의하라. 동료 검토 프로세스의 프로세스 보증 감사는 프로세스 보증에 의해서 수행되는 독립적인 동료 검토가 될 수 있고 혹은 동료 검토가 엔지니어링에 의해서 올바르게 수행되었고 리뷰에서 캡처된 모든 이슈들이 올바르게 해결되었다는 것을 프로세스 보증이 체크할 수 있다.

표 3-6 프로세스 보증 활동

단계	진입 기준	활동	HPA 도구	출력	형상 관리 저장소
계획	• PHAC, HDP, HVP, HCMP, HPAP가 릴리즈됨 • 하드웨어 표준이 릴리즈됨	HPA 계획 완수 체크리스트를 완료	Word, Excel, Visio	완료된 계획 완수 체크리스트	HC2로 컨트롤되는 계획 완수 체크리스트
요구사항 캡처	하드웨어 요구사항 문서가 릴리즈됨	HPA 요구사항 체크리스트를 완료	Word, Excel, Visio	완료된 요구사항 체크리스트	HC2로 컨트롤되는 요구사항 체크리스트
개념 설계	모든 기능 구성요소의 개념 설계가 완료됨	HPA 개념 설계 체크리스트를 완료	Word, Excel, Visio	완료된 개념 설계 체크리스트	HC2로 컨트롤되는 개념 설계 체크리스트
상세 설계	하드웨어 설계 데이터가 HC2로 컨트롤됨	HPA 상세 설계 체크리스트를 완료	Word, Excel, Visio	완료된 상세 설계 체크리스트	HC2로 컨트롤되는 상세 설계 체크리스트
전체	• 주기적인 감사가 진행 중 • 차이점이 탐지됨	• PR, CCB, 동료 검토 기록, 형상 관리 기록을 감사 • 차이점 및 수정 활동을 기록	Word, Excel, Visio	• 완료된 주기적인 감사 체크리스트 • 완료된 차이점 및 수정 활동 작업 시트	• HC2로 컨트롤되는 주기적인 감사 체크리스트 • HC2로 컨트롤되는 차이점 및 수정 활동 작업 시트
구현	• 하드웨어 형상 인덱스가 릴리즈됨 • 하드웨어 라이프 사이클 환경 형상 인덱스가 릴리즈됨 • fusefile이 릴리즈됨	HPA 구현 체크리스트를 완료	Word, Excel, Visio	완료된 구현 체크리스트	HC2로 컨트롤되는 구현 체크리스트
공식 시험	• 하드웨어 시험 절차가 릴리즈됨 • 프로그램된 디바이스 • 시험 장비 셋업	HPA 공식 시험 체크리스트를 완료	Word, Excel, Visio	완료된 공식 시험 체크리스트	HC2로 컨트롤되는 공식 시험 체크리스트
생산 이관	• 하드웨어 형상 인덱스가 릴리즈됨 • fusefile이 릴리즈됨	HPA 생산 이관 체크리스트를 완료	Word, Excel, Visio	완료된 생산 이관 체크리스트	HC2로 컨트롤되는 생산 이관 체크리스트

프로세스 보증은 그들이 수행할 감사의 레벨을 정의해야 한다. 설계 그리고 특히 다양한 측면을 가진 검증 활동에 대해서는 샘플 목표 혹은 퍼센티지가 정의되어야 한다. 예를 들면, 프로세스 보증은 시험 케이스와 절차에 대한 동료 검토의 15%를 감사할 수 있다. 샘플 퍼센티지가 사용될 때는 프로젝트 계획과 표준에 대한 실행 실적이 증명된 이후에만 낮추거나 줄여야 한다. 또한 프로세스 보증은 설계 혹은 검증 활동이 외부 조직 혹은 하청업체에 의해서 수행될 때는 수행되는 감독을 정의해야 한다.

또한 프로세스 보증 계획은 프로젝트 계획과 표준과의 차이점이 기록되고 추적되는 방법을 설명해야 한다. 차이점을 기록하고 해결하기 위해 사용되는 모든 양식이 참조되어야 한다. 차이점에 대한 위임과 승인 그리고 종료는 HPAP에 포함되어야 한다.

하드웨어 표준

하드웨어 표준은 회사가 공식화된 프로세스를 통해서 품질, 신뢰성, 내구성 그리고 일관성과 같은 제품의 유형적 특성을 확립하는 메커니즘이다. 하드웨어 표준은 높은 품질과 창의성을 장려하는 문화를 촉진하기 위해 사용될 수 있다. DAL C와 DAL D 설계에 대해서는 DO-254에 따라 표준의 사용이 요구되지 않을 수 있지만 하드웨어 표준의 존재는 기업이 제품에 일관된 높은 품질을 가지도록 하는 방식으로 설계 환경을 표준화하려는 욕구 그리고/혹은 의지를 증명해 왔다는 것을 나타낼 수 있다. 또한 하드웨어 표준은 평가에서 사용하기 위한 특정 기준을 제공함으로써 하드웨어 설계 결과의 수용가능성과 품질을 평가하기 위해 사용된다.

FAA Order 8110.105는 HDL 기반 설계에 대한 표준의 사용을 명확히 한다. Order는 복합전자 하드웨어는 HDL 기반 설계를 위해 코딩(설계) 표준을 사용한다고 언급한다. Order는 또한 하드웨어 계획 리뷰, 즉 SOI #1에서 하드웨어 요구사항 표준(requirements standards), 설계 표준(design standards), 확인 및 검증 표준(validation and verification standards) 그리고 아카이브 표준(archive standards)에 대한 리뷰를 명시하고 있다.

표준이 프로젝트를 위해서 활용되는 경우 표준은 프로젝트를 위한 인증 기준과 계획의 일부가 된다. 이것은 표준이 공식적인 인증 데이터의 일부라는 의미이다. 일단 활용되면 표준을 준수한다는 증명이 필요하다. 지원자와 개발자는 현실적이고 가성비 있는 표준을 가질 필요가 있다. 관련된 모든 사람에 의한 준수가 보장되기 위해서 개발 그룹 내 그리고 하위 계층 공급업체에게 표준에 대한 훈련이 필요할 수 있다.

도구는 표준을 강요하기 위해 사용될 수 있다. 그에 대한 예로는 다음과 같은 것들을 포함한다.

- 스키매틱 편집기/PCB 넷리스트 생성기 내의 디자인 룰 체커
- PLD 합성/배치 및 배선 과정에서 fan-in, fan-out 제약
- 검증 완료 기준을 강제하기 위한 코드 커버리지 도구

반대로 표준은 도구 인증의 범위를 제약하기 위해 사용될 수 있다. 만약 시뮬레이션 도구가 인증이 필요하다면, 그 범위는 HDL 설계 표준에 의해서 허용되는 HDL 기능과 구성으로 제약될 것이다.

표준은 그것을 사용하는 계획에 의해서 참조되거나 호출되어야 한다. 하드웨어 설계 계획은 요구사항 및 설계 표준을 참조해야 한다. 하드웨어 확인 계획과 하드웨어 검증 계획은 확인 및 검증 표준을 참조해야 한다. 하드웨어 형상 관리 계획은 하드웨어 아카이브 표준을 참조해야 한다.

또한 잘 만들어진 요구사항 및 설계 표준은 확인 및 검증 표준을 위한 기준으로 사용될 수 있다. 요구사항 표준은 파생 요구사항을 생성, 추적 그리고 정당화하기 위한 기준을 포함할 것이다. 그러면 이러한 기준은 요구사항 확인 리뷰 체크리스트에 사용될 수 있다. 요구사항 표준은 요구사항의 생성과 추적에 대한 기준을 포함할 것이다. 그러면 이러한 기준은 요구사항 검증 리뷰 체크리스트에 사용될 수 있다. 설계 표준은 설계를 만들고 그것을 요구사항으로 추적하기 위한 기준을 포함할 것이다. 설계 기준은 설계 검증 리뷰 체크리스트에 사용될 수 있다.

요구사항 표준은 요구사항의 작성, 요구사항의 확인, 요구사항 관리 도구의 사용, 파생 요구사항의 추적과 확인의 모든 측면과 파생 요구사항을 시스템 설계 및 안전성 프로세스로 피드백하는 방법에 대한 지시를 포함한다. 요구사항 표준은 요구사항을 작성하는 방법을 설명하고 언어 및 용어, 문장 구성 그리고 "shall", "will" 그리고 "should"와 같은 키워드의 정의 및 적용과 같은 측면을 포함해야 한다. 또한 요구사항 표준은 다음과 같은 요구사항 피드백과 명확성을 설명해야 한다.

- 피드백할 요구사항을 식별하기
- 요구사항을 피드백할 곳
- 요구사항을 피드백하는 방법
- 평가 기준
- 만들어낼 산출물

요구사항 캡처를 위한 방법 또한 설명되어야 한다. 이것은 하향식 기능 분해, 요구사항을 캡처하기 위한 단계별 신속한 프로토타이핑 그리고 요구사항이 매회 주기를 거치면서 더 상세하게 개발되고 캡처되는 나선형 혹은 주기적인 개발을 포함할 수 있다. 또한 표준은 요구사항 문서의 구성과 레이아웃을 설명해야 한다.

하드웨어 설계 표준은 개념 및 상세 설계를 위한 절차, 규칙 그리고 방법을 설명한다. 또한 설계 표준은 하드웨어를 설계하기 위한 지침과 기준을 설명한다. 표준은 하드웨어 표현에 대한 지침, 즉 설계가 캡처되는 방법에 대한 표준을 포함해야 한다. 설계 표준은 다음과 같은 것들을 포함해야 한다.

- HDL
  - 허용되는 HDL 유형(VHDL, Verilog, ABEL)
  - HDL 라이브러리 및 패키지의 유형/리비전
  - 계층적 혹은 평면적과 같은 아키텍처적인 고려사항
  - 코딩 스타일
  - 코딩 표준
- 설계
  - 설계 캡처 소프트웨어 및 도구 버전
  - 라이브러리 유형
  - 설계 구조
  - 페이지 크기
  - 심볼 디자인, 룩앤필
- 기타
  - 플로우 다이어그램, 알고리즘 표현, 상태 전이 다이어그램과 같은 표현 지원
  - 도면 작성

또한 설계 표준은 설계의 모든 레벨에서 신호를 위한 명명 규칙을 포함할 수 있다. IP(Intellectual Property) 코어의 사용이 표준에 설명되어야 한다. 또한 설계 표준은 설계 대안을 평가하는 방법 그리고 trade study를 수행하는 방법을 설명할 수 있다. trade study는 다음을 포함해야 한다.

- trade study를 수행하는 시기
- trade study를 수행하는 방법
- trade study에 대한 기준
- trade study 기준에 대한 상대적인 우선순위
- 결과를 평가하는 방법
- 대안을 선택하는 방법

또한 설계 표준은 fail-safe와 고장 허용 설계 특성을 평가하기 위한 지침을 포함할 수 있다. 지침은 다음과 같은 것들을 구체화해야 한다.

- fail-safe 및 고장 허용 설계의 특성
- 설계 특성을 평가하는 시기
- 설계 특성을 평가하는 방법
- 평가 기준
- 심사 방법/기준
- 선택 기준

설계 도구 지침은 설계 표준에 기술되어야 한다. 커버할 주제에는 사용하는 도구, 도구를 설정하는 방법, 사용되기 위한 제약, 포함할 지침, 축소 알고리즘(선택가능한 경우), PLD 설계를 위한 배치/배선 제약이 포함된다.

컴포넌트 선택 기준이 설계 표준에서 논의될 수 있다. 기준은 TTL(Transistor-Transistor Logic), LVTTL(Low-Voltage TTL), CMOS(Complementary Metal Oxide Semiconductor) 혹은 LVCMOS(Low-Voltage CMOS)와 같은 기술적인 옵션을 포함할 수 있다. 적절한 선택은 다른 회로와의 호환성을 보장하고 전력 공급 설계의 복잡도를 최소화할 수 있다. 디바이스 온도 범위는 주로 패키징과 디바이스 선택 옵션의 기능이다. 최대 정격 트랜지스터 연결

온도를 준수하도록 주의가 필요하다. 또한 지침은 PLD 유형—CPLD vs. FPGA, FPGA vs. ASIC을 선택하는 방법을 논의할 수 있다. 또한 컴포넌트 선택은 Flash, anti-fuse 혹은 SRAM(Static Random Access Memory)과 같은 적절한 프로그래밍 기술을 선택하는 방법을 설명할 수 있다.

확인 및 검증 표준

확인 및 검증 표준은 파생 요구사항의 확인 그리고 요구사항과 그것의 설계에 대한 검증을 위한 지침, 기준 및 방법을 포함한다. 파생 요구사항의 확인은 요구사항 표준, 확인 표준 혹은 두 개의 일부 조합에서 커버될 수 있다. 위에서 제안한 것처럼, 요구사항과 설계 표준에서의 기준은 확인 및 검증 절차에서 사용되는 리뷰 기준을 위한 기초로 사용될 수 있다. 리뷰를 수행하기 위한 간편한 방법은 체크리스트 혹은 스프레드시트에 적용가능한 기준을 나열하고 그 다음에 그것들이 적용되는 요구사항, 설계 혹은 검증 산출물을 나열하는 것이다.

검증 표준은 리뷰, 분석 그리고 시험을 포함해서 검증 활동에 대한 기준을 설명한다. 리뷰는 계획, 표준, 요구사항, 설계 데이터, 분석 데이터 그리고 시험 데이터와 같은 모든 라이프 사이클 데이터에 적용된다. 라이프 사이클 데이터에 대한 리뷰는 DO-254의 Section 10에 설명된 내용이 문서화되는지를 체크해야 한다. 예를 들면, PHAC는 최소한, DO-254의 Section 10.1.1에 설명된 정보를 포함해야 하며, 하드웨어 설계 계획은 DO-254의 Section 10.1.2에 설명된 정보를 포함해야 하는 것 등이 있다. 리뷰 기준은 검증 표준에 설명되거나 참조되어야 한다. 리뷰 기준은 일반적으로 체크리스트상에 나열되고 리뷰 중에 있는 데이터 혹은 문서에 적용된다. 또한 체크리스트는 리뷰와 관련된 조치 그리고 종료를 문서화하는 방법을 제공할 수 있다. 리뷰 절차는 검증 표준에 설명되어야 한다. 절차는 리뷰를 수행할 수 있는 사람, 리뷰를 수행하는 방법 그리고 리뷰가 수행되어야 할 시점을 설명한다.

또한 검증 표준은 분석에 의한 검증 지침 및 기준을 제공한다. 회로와 타이밍 분석을 위한 기준이 표준에 포함되어야 한다. 이것은 컴포넌트 허용오차, 전압 그리고 온도 영향과 함께 기능과 성능을 평가하기 위한 컴포넌트 부하경감 기준을 포함할 수 있다. 시뮬레이션이 사용될 때 표준은 시험 케이스의 선택 기준—요구사항을 철저하게 검증하기 위해 필요한 입력과 초기 조건의 조합을 설명해야 한다. 시험 케이스의 선택은 정상적인 혹은 예상되는 입력뿐만 아니라 비정상적인 혹은 예상되지 않는 입력을 포함해야 한다. 또한 시험은 입력상의 작은 결함, 비동기적인 리셋 그리고 클럭 도메인상의 타이밍 변동—특히 둘 혹은 그 이상의 클럭 도메인이 관여할 때와 같은 요인들을 포함할 것이다. 또한 표준은 Elemental Analysis로 달성되는 예상 커버리지를 설명해야 한다. 표준 컴포넌트에 대한 시험 커버리지는 ASIC 혹은 FPGA와 같은 복합 디바이스의 커버리지와는 다를 것이라는 점에 유의하라.

마지막으로, 검증 표준은 또한 시험에 의한 검증 지침 및 기준을 제공한다. 표준은 시험 케이스의 선택 기준—회로 내에서의 전기 시험으로 요구사항을 철저하게 검증하기 위해 필요한 입력과 초기 조건의 조합을 설명해야 한다. 시험 케이스의 선택은 정상적인 혹은 예상되는 입력뿐만 아니라 비정상적인 혹은 예상되지 않는 입력을 포함해야 한다. 또한 시험은 입력상의 작은 결함, 비동기적인 리셋 그리고 클럭 도메인상의 타이밍 변동 —특히 둘 혹은 그 이상의 클럭 도메인이 관여할 때와 같은 요인들을 포함할 것이다. 하드웨어 시험으로 정확하지 않은, 비정상의 혹은 예상되지 않는 입력을 얻을 수 있는 능력은 일반적으로 실제 회로 카드의 물리적인 제약 때문에 제한된다는 점에 유의하라.

하드웨어 아카이브 표준

아카이브 표준은 하드웨어 형상 관리 계획과 연계해서 작동한다. 표준은 라이프 사이클 데이터의 아카이브를 확립하고 관리하기 위해 사용된다. 표준은 광학 디스크 혹은 마그네틱 테이프와 같은, 사용되는 아카이브 유형을 기술해야 한다. 매체 선택과 리프레시 주기와 같은 고려사항이 명시되어야 한다. 아카이브는 생산 프로세스에서 사용되는 데이터를 포함해서 하드웨어 라이프 사이클 프로세스에서 사용되는 모든 도구와 데이터베이스로부터의 데이터를 포함해야 한다. 아카이브 프로세스의 일부로 백업이 사용될 때는 백업 콘텐츠와 주기가 명시되어야 한다. 아카이브 무결성 체크 또한 명시되어야 한다. 무결성 체크는 MD5와 같은 메시지 다이제스트 알고리즘을 포함할 수 있다.

만약 조직이 공표된 표준을 가지고 있지 않다면 잘 설계된 동료 검토 체크리스트가 동일한 기능을 제공할 수 있다. 이러한 접근법으로 작업하기 위해서는, 만약 그렇지 않았다면 표준 문서에서 발견되었을, 표준을 표현하는 상세하고 포괄적인 리뷰 기준을 리뷰 체크리스트가 포함해야 한다. 또한 체크리스트는 타깃 리뷰 아이템의 개발을 위한 지침으로서의 역할을 할 수 있다. 예를 들면, 설계 리뷰 체크리스트는 조직의 모든 설계 표준을 포착할 리뷰 기준을 포함할 것이다. 설계자는 설계가 모든 리뷰 기준을 만족하는 것을 보장하기 위해 설계 표준으로 체크리스트를 사용할 수 있고 그러면 검증팀은 설계가 모든 리뷰 기준/표준을 만족하는지가 확인되는 설계 리뷰를 위한 기준으로 체크리스트를 사용할 수 있다. 이러한 접근법은 설계가 지배적인 설계 표준을 만족한다는 이중의 보증을 제공한다.

제출 및 조정

DO-254의 Table A-1은 FAA에 직접 제출되는 문서로서 PHAC, HVP, 최상위 레벨 도면 그리고 HAS를 지정한다. 어떤 경우에는 만약 검증에 대한 적당한 설명이 PHAC에 포함되고 FAA ACO(Aircraft Certification Office) 전문가에게 프로젝트와 친숙해지도록 하는 프레젠테이션 혹은 미팅이 주어진다면 HVP는 제출되지 않는다.

DO-254는 LRU(Line Replaceable Unit)와 같은 항공 장비 안의 모든 전자 하드웨어를 위해 작성되기 때문에 최상위 레벨 도면이 DO-254 Table A-1에 사용된다. DO-254가 어떻게 작성되고 구상되었는지의 맥락에서는 최상위 레벨 도면이 이치에 맞는다. DO-254에 대한 준수는 AC(Advisory Circular) 20-152에는 프로그램가능한 전자 하드웨어에 대해서만 요구되기 때문에 FAA는 최상위 레벨 도면 대신 HCI(Hardware Configuration Index)가 제출될 것을 요구한다. FAA Order 8110.105 Section 4-5.a는 HCI 문서의 사용을 설명한다.

일단 계획이 완료되면 모든 팀멤버들이 그것을 읽고 계획과 표준의 내용과 친숙하게 되는 것이 권장된다. 또한 회사에서 진행하는 훈련은 친숙해지는 과정 및 학습 곡선을 촉진하도록 돕기 위해 슬라이드 프레젠테이션으로 수행될 수 있다. 또한 이러한 미팅은 경영진이 계획, 표준 그리고 프로세스에 대해서 지지를 표명하는 이상적인 기회이다. 또한 계획 읽기와 훈련은 하청업체 혹은 서비스 공급 조직으로 확장될 수 있다.

요약하자면 계획은 단기 프로세스가 아니다. DO-254 목표의 4개가 계획에 대한 것이다. 많은 작업시간이 충분한 계획과 함께 가장 효과적인 방식으로 최적화되거나 사용될 수 있다. 계획 그리고 특히 PHAC는 프로젝트별로 다르다. 설계, 검증, 프로세스 보증, 형상 관리 그리고 표준은 조직 내에서 여러 프로젝트에 공통일 수 있지만 프로젝트의 시작 시점에 그것들을 평가하기 위한 시간을 가지는 것은 언제나 유용하다. 또한 효과적인 계획은 앞선 프로그램으로부터 교훈을 받아들일 수 있고 프로세스를 미세하게 조정할 수 있다.

참고문헌

[1] Order 8110.49 CHG 1, *Software Approval Guidelines*, Federal Aviation Administration, dated September 28, 2011.

[2] IEC TS 62239, *Process management for avionics—Preparation of an electronic components management plan*, Geneva, Switzerland: International Electrotechnical Commission, 2003.

[3] Order 8110.105 CHG 1, *Simple and Complex Hardware Approval Guidance*, Federal Aviation Administration, dated September 23, 2008.

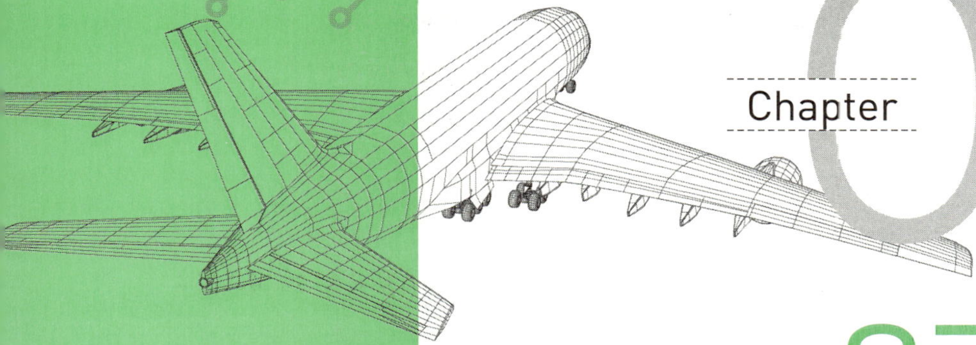

Chapter 04 요구사항

요구사항 작성을 배우는 것은 새로운 언어를 배우는 것과 유사하다. 언어를 배우는 데에는 시간이 필요하다. 하지만 연습을 통해서 발전될 것이다. 이러한 학습 경험은 개인과 조직 양쪽 모두에 적용된다. 또한 조직은 효과적인 요구사항 작성 및 읽기 기술을 채택하면서 문화가 변화하는 경험을 해야 할 수도 있다. 많은 관행과 습관들이 요구사항을 작성하고 정리하는 좀 더 효과적이고 유용한 스타일을 받아들이기 위해 변경될 필요가 있을 수 있다.

요구사항에 대해 이 섹션에서 제시하는 정보는 수년간의 요구사항 작성과 관리에 대해서 일해 온 경험에 대한 정점이자 종합이다. 전 세계 곳곳에서 활동하는 조직을 통한 수많은 항공우주 프로젝트에서 모범 사례가 습득되고 수집되어 왔다. 오랜 세월과 수많은 논의 끝에 요구사항을 캡처하고 전달하고 정리하는 몇 가지 방법이 다른 방법들보다 더 효과적이라는 것이 명확해졌다. 요구사항을 캡처하고 전달하고 정리하는 이러한 방식을 사용하는 것은 검증 프로세스를 합리화하고 설계의 시험 커버리지를 증가시킨다는 것 또한 밝혀졌다. 추적성은 더 쉬워졌고, 가독성은 개선되었으며, 시스템 기능의 이해는 더 분명해졌다.

요구사항의 구조가 설계의 구조를 반영할 때 추적성 활동과 데이터 또한 좀 더 합리화되고 유용하게 될 수 있다. 다시 말하면, 만약 요구사항이 상위에서 하위로 작성되고 분해되며 기능에 의해서 구성된다면, 그들의 구조는 자연스럽게 최종 하드웨어의 기능적인 구조와 일치하는 형태가 될 것이다. 이상적으로는 요구사항은 그들이 작성하는 설계에 대해서 동형이다.

가장 중요한 것은 검증에 대한 시작점인 요구사항이 그 목적에 맞춰진 요구사항으로 접근될 때 더 효과적이고 더 효율적인 검증의 가능성이 있다는 것이다. 반직관적으로 보일 수는 있지만 검증가능하도록 작성되는 요구사항은 항상 설계에 적절하지만 그 반대는 항상 그렇지는 않다. 이러한 룰의 한 가지 예외는 이 챕터에 제시된 요구사항 개념에 따라서 작성된 요구사항이다. 왜냐하면 그러한 요구사항은 설계와 검증 양쪽 모두에 똑같이 적절하도록 작성될 것이기 때문이다. 그래서 일반적인 의미에서는 요구사항 작성자가 설계보다는 검증과 함께 요구사항을 작성하는 (혹은 작성하는 것을 배우는) 습관을 가지는 것을 염두에 두는 것이 거의 틀림없이 더 효과적이다.

저자는 요구사항을 캡처하거나 구체화하는 올바른 혹은 잘못된 방법이 있다는 것을 전달하려는 의도가 아니다. 오히려 그 아이디어는 ARP4754, DO-254 그리고 DO-178의 목표 및 지침과 호환되는 패러다임을 전달하려는 것이다. 표현된 아이디어는 비록 그것이 다른 유형의 요구사항에도 그 아이디어를 적용하는 것이 가능할 수 있지만 주로 기능적인 요구사항과 관련되어 있다.

여기에 제시된 패러다임은 때때로 엔지니어와 설계자에게는 어렵다. 엔지니어와 설계자는 문제를 해결하고 해결책을 설계하는 것을 좋아한다. 엔지니어를 위한 교육 시스템은 설계를 적극적으로 강조하는 반면에 요구사항과 기능은 종종 간과된다. 그래서 사람들의 요구사항에 대한 배경과 참조 경험을 업데이트하기 위해 훈련이 필요할 수 있다. 회사는 새로운 혹은 업데이트된 요구사항 표준과 요구사항에 대한 회사 템플릿을 소개하는 내부 훈련을 구성할 수 있다. 또한 훈련은 팀이 일관된 방식으로 일하게 하고, 다른 관점을 통해 일하게 하며 새로운 기술의 적용을 시작하도록 하는 효과적인 방법이다.

DO-254를 잘 수행하기 위해 요구사항은 하드웨어가 그것을 어떻게 수행해야 하는지가 아니라 하드웨어가 무엇을 수행해야 하는지를 명시해야 한다. 이것은 하드웨어의 의도된 기능을 캡처하고 설계와 검증 활동 모두에 시작점을 제공하는, 요구사항에 대한 근본적인 이유이다. 하지만 기능을 문서화하는 것은 엔지니어에게는 때때로 덜 가치 있는 행동 혹은 기술이다. 시스템 혹은 부품의 블랙박스 관점을 받아들이고 그것을 수행하는 방법에 대한 세부 내용을 설명하는 것보다 그것이 무엇을 하는지를 설명하는 것은 어려울 수 있다. 밝혀진 바로는 기능적인 관점 또한 배우고 습득될 수 있는 기술이 될 수 있다. 또한 설계자는 회로를 설계할 때 의도된 기능에 관해서 분명히 생각하지만, "what"이 때때로 "how"에 종속적인 것으로 드러났다.

"what"과 "how" 사이의 차이를 인식하는 것은 특히 "what"보다 "how"를 강조하는 엔지니어링 문화에서 훈련된 사람이라면 처음에는 혼란스러울 수 있다. 하지만 기능과 구현 간의 차이에 익숙해지고 동시에 기본 개념을 이해하는 것을 용이하게 할 수 있는 분석 기법이 있다.

요구사항이 작성되는 방식뿐만 아니라 요구사항이 사용되는 방식은 지배적인 엔지니어링 문화에 의해서 때때로 영향을 받거나 혹은 심지어는 강요된다. 요구사항 작성 기술은 때때로 직장에서 예제로부터 배운다. 엔지니어는 출발점으로 이전 프로그램으로부터의 요구사항 문서를 사용하며 또한 고객 혹은 업계 문서를 살펴볼 수도 있다. 다른 요구사항 문서를 살펴보는 것은 도움이 되는 관행이지만 요구사항이 잘 만든 것인지에 대한 이슈가 고려되지 않는 경우가 많다. 요구사항 캡처에 대해서 다른 지침이 존재하지 않는 상태에서 엔지니어는 때때로 요구사항이 잘 작성된 것으로 혹은 그들의 요구사항이 유사한 혹은 동일한 방식으로 작성되어야 한다고 가정할 것이다.

요구사항은 설계 및 검증 프로세스의 중심이 된다. 설계는 요구사항으로부터 개발되고, 요구사항으로 추적되며, 요구사항에 대해서 동료 검토가 이루어진다. 검증은 요구사항 기반이며, 하드웨어 시험 및 시뮬레이션에 대한 시험 케이스는 요구사항 기반이다. 추적성은 요구사항, 시험 케이스, 시험 절차 그리고 시험 결과 사이에 형성된다. 이러한 관계는 [그림 4-1]에 묘사된다.

설계 및 검증으로의 진입으로 잘 구성된 요구사항 세트를 사용하는 것은 그 결과적인 설계가 요구사항을 충족한다는 것 그리고 요구사항이 충족되었음을 검증이 증명한다는 것을 보장할 것이다. 잘못 구성된 출발 조건 때문에 요구사항을 재작업하는 것은 재설계 그리고/혹은 검증의 재작업을 가져올 수 있다.

그림 4-1 | 요구사항의 중심 역할

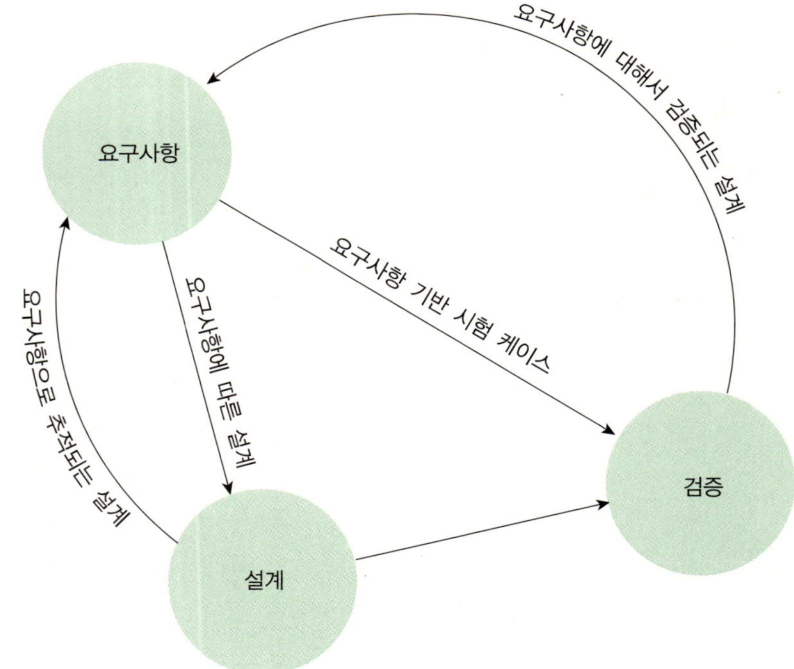

이상적으로는 요구사항 캡처는 설계가 시작되기 전에 시작해야 한다. 하드웨어 설계는 요구사항으로부터 생성된다. 요구사항 기반의 설계는 의도된 기능이 구현되는 것에 대한 보장을 돕는다. 만약 설계가 존재하고 요구사항이 역으로 채워지거나 혹은 리버스 엔지니어링된다면 극도로 주의를 기울여야 한다. 이 시나리오는 때때로 의도된 기능보다는 기존 설계를 설명하는 요구사항을 생성한다.

왜 요구사항을 사용하나?

항공기에 장착된 시스템 및 장비에 적용가능한 인증 프로세스와 규정은 시스템이 항공기에 설치되었을 때 의도된 기능을 수행해야 한다고 언급한다. 업계는 요구사항의 개념을 항공기 기능을 표현하는 것으로 채택해 왔다. 따라서 요구사항의 사용은 항공 규정에 대한 준수를 증명할 필요가 있다.

요구사항은 또한 설계자에게 그들이 설계하기 위해 필요한 것을 알려준다. 많은 설계가 가능하지만, 그것들이 정확한 설계일 수도 있고 아닐 수도 있으며 혹은 요구사항을 만족하는 설계일 수도 있고 아닐 수도 있다. 또한 검증은 요구사항 기반 시험에 의지하기 때문에 설계의 기능보다 설계를 설명하는 요구사항의 사용은 결과적으로 설계 기반 시험이 될 것이며, 그것은 단지 설계가 바로 그 설계라는 것을 증명할 뿐일 것이다. 그것은 DO-254에 정의된 대로 검증의 궁극적인 목적인, 설계가 의도된 기능을 수행한다는 것을 증명하지는 않을 것이다.

요구사항은 가장 높은 레벨로부터 기능이 규정되고 기술되는 것을 가능하게 한다. 요구사항은 그것이 설계로 실현될 때까지 다양한 레벨을 통해서 아래로 할당된다. 예를 들면, 시스템으로부터의 ARINC 출력은 시스템 레벨에서 설명되며, 그 다음에는 그것이 생성되는 회로 카드 레벨에서, 그 다음에는 그것이 설계되고 구현되는 소프트웨어 그리고 PLD 레벨에서 설명된다. 기능과 그에 대한 요구사항은 설계가 공식화되고 실현될 수 있는 레벨까지 내내 흘러내려 간다. 설계 결정은 시스템의 다양한 레벨을 통해서 만들어지기 때문에 이러한 결정은 설계 결정을 지원하기 위한 부가적인 요구사항을 추가할 수 있다. 이러한 추가적인 요구사항은 파생 요구사항으로 알려져 있다. 그것들은 상위 레벨의 요구사항과 그 기능을 실현하기 위해 필요한 설계로부터 흘러나온다는 의미에서 파생된다.

DO-254에서 하드웨어 검증은 요구사항 기반이다. 요구사항 기반 검증은 시스템이 의도된 기능을 수행하는 것을 보이는 것이 핵심이다. FAR을 다시 언급하자면, 항공기에 탑재된 시스템 및 장비는 그들이 모든 예측가능한 운영 조건하에서 의도된 기능을 수행하는 것을 보장하기 위해 검증될 필요가 있다. 그 규정의 의도는 요구사항 기반 검증으로 달성된다(요구사항이 의도된 기능을 표현하는 한).

또한 요구사항은 설계에 독립된 것으로 생각될 수 있다. 동일한 세트의 요구사항이 서로 다른 설계를 제안하는 서로 다른 설계자에게 주어질 수 있으며, 그들은 모두 요구사항을 만족한다. 하나의 설계가 모두 아날로그 컴포넌트가 될 수 있고, 다른 설계는 모두 이산 조합 로직 컴포넌트가 될 수 있으며, 또 다른 설계는 마이크로프로세서와 소프트웨어를 사용할 수 있고, 반면에 네 번째 설계는 하나 혹은 그 이상의 PLD를 사용할 수도 있다. 요구사항을 만족하는 어떤 설계이든 그 설계가 가용성과 고장 확률을 만족한다는 단서조항하에 받아들일 수 있다.

요구사항은 관련된 기능에 따라서 공식화되고, 정리되며, 형태를 갖출 수 있다. DO-254는 기능 구성요소와 관련된 설계에 대해서 이야기한다. 요구사항을 정리하는 한 가지 매우 효과적인 방법은 기능 혹은 기능 구성요소에 의해서 그것들을 그룹화하는 것이다. 다시 말해서, 하나의 기능에 대한 모든 요구사항을 문서의 한 파트로 넣어라. 그 그룹 내의 요구사항은 기능으로부터 모든 출력의 행동을 표현하도록 좀 더 정리될 수 있다. 요구사항을 능숙하게 작성하고 정리하는 것은 구조적으로 설계와 유사한 혹은 동형인 그리고 검증을 용이하게 하는 한 세트의 요구사항을 생성할 수 있다. 또한 특정 문장 구조로 요구사항을 작성하는 것은 설계와 검증 프로세스에 대해서 동형인 요구사항으로 이끈다.

마지막으로, 요구사항은 시스템 혹은 기능이 어떻게 수행되는지가 아니라 무엇을 하는지를 설명한다. 기능을 이해하는 것은 위험 평가와 안전성 프로세스가 잘 맞도록 해준다. 또한 요구사항을 설계로부터 분리하는 것은 시스템 혹은 기능이 설계로부터 분리되어 수행하는 것이 무엇인지, 혹은 시스템이 어떻게 그것을 수행하는지에 관해서 명확한 내부 모델을 개발하는 마인드를 허용한다. 이러한 추상화를 구분하고 분리하는 것을 잘 유지하도록 하는 한 가지 기법은 단지 입력과 출력만이 관찰되고 설명될 수 있는 기하학적인 대상으로 시스템 혹은 기능을 상상하는 것이다. 요구사항을 작성하는 그러한 기법은 기능의 입력과 출력에 제한해서 관심과 설명을 유지하는 것이다. 또한 이것은 기능이 리뷰, 분석 그리고 시험을 통해서 검증될 수 있다는 것을 보장할 것이다.

요구사항 작성자

너무도 흔하게 요구사항 스펙은 검증을 매우 어렵게 혹은 심지어 효과가 없도록 만들 수 있는 설계 혹은 구현 요구사항을 포함한다. 그래서 요구사항의 작성자는 이상적으로는 설계 혹은 구현에 대한 상세한 내용을 설명하지 않고 기능에 관해서 작성할 수 있어야 한다. 일반적으로 이것이 가능한 사람은 하드웨어 품목이 무엇을 해야 하는지에 대해 가장 잘 아는 사람일 것이며, 이는 하드웨어 품목이 어떻게 작동을 할 것인지 그리고 그 역할이 어떻게 될 것인지를 결정하는 사람이기 때문에 그 다음 상위 레벨의 하드웨어(부모 하드웨어)를 책임지는 사람인 경우가 많다. 부모 하드웨어 레벨에서의 설계 결정은 사실상 자식 하드웨어에서의 모든 요구사항, 특히 아이템이 부모 하드웨어와 어떻게 인터페이스로 연결하고 상호 동작할 것인지 그리고 아이템이 부모 하드웨어의 기능에 어떻게 기여할 것인지를 정의할 것이다.

PLD 요구사항은 일반적으로 PLD가 회로 카드에서 무엇을 해야 하는지에 관해서 카드 설계자가 가장 잘 알기 때문에 이상적으로는 PLD를 선택하는 회로 카드 설계자에 의해서 작성될 것이다. 회로 카드 설계자는 PLD가 연결되는 모든 회로에 대한 데이터시트를 살펴보면서 카드 내에서 PLD의 역할에 대한 상세한 내용을 작업하고 있기 때문에 PLD에 대한 요구사항을 캡처하기 위한 최적의 시간은 회로 카드 설계가 작업되고 있는 동안이다. 또한 회로 카드 설계자는 PLD가 어떻게 설계될지를 아직 알지 못하므로 PLD 요구사항은 좀 더 기능 중심의 경향이 될 것이다.

유사하게 회로 카드에 대한 요구사항은 이상적으로는 어셈블리 혹은 시스템 설계자에 의해서 작성된다. PLD와 마찬가지로 상위 레벨의 설계자는 회로 카드가 수행되어야 할 기능과 회로 카드에 연결하는 신호를 알 것이다.

설계보다는 기능을 설명하는 요구사항의 경우, 회로 카드에 대한 요구사항을 작성하기 위해 요구사항 작성자가 유능한 회로 카드 설계 엔지니어가 될 필요는 없다. 비록 회로 카드 설계를 이해하는 것이 요구사항 작성자를 돕고 요구사항이 현실적이고 실현가능하도록 하는 것을 보장하지만, 그것은 또한 요구사항을 설계와 구현으로 치우치게 할 수 있다. 유사하게 PLD의 경우, 요구사항 작성자는 PLD에 대한 요구사항을 작성하기 위해 유능한 PLD 설계 엔지니어가 될 필요는 없다. 반면에 설계를 능숙하게 설명하는 요구사항은 유능한 설계자에 의해서 작성되어야 한다.

[그림 4-2]는 이러한 개념의 일반화를 보여준다. 요구사항은 이상적으로는 시스템 내에 다음 상위 레벨 추상화의 설계상에서 작업하는 사람에 의해서 캡처된다. 모든 시스템이 [그림 4-2]에 보이는 모든 레벨을 가질 것이라거나 혹은 그렇게 될 필요가 없다는 점 역시 유의하라. 그림에서 CCA는 회로 카드 어셈블리를 나타낸다.

그림 4-2 | 요구사항 캡처

일반적으로 아이템의 설계자가 언제나 아이템의 요구사항을 작성하기 위한 최고의 사람은 아니다. 아이템 설계자는 설계될 기술에 관해서 가장 잘 아는 사람이기 쉽지만, 이전에 언급한 것처럼 그런 역량은 좋은 기능 요구사항을 작성하기 위한 전제 조건이 아니며 실제로 요구사항을 기능이 아닌 구현으로 편향되게 할 수 있다. 또한 아이템의 설계자는 아이템의 의도된 기능에 관해서 가장 잘 아는 사람이 아닐 수 있다. 분명 아이템 설계자가 자신의 요구사항을 작성하지 못하게 하는 공식적인 지침은 없지만, 의도된 기능보다는 의도된 설계를 캡처하는 요구사항뿐만 아니라 종종 불완전한 요구사항(설계자에 의해 작성된 요구사항은 설계자가 그 주제에 너무 가깝고 요구사항에 대한 자신의 사용을 위해 상세한 내용이 필요하지 않을 수 있기 때문에 상세한 내용이 부족할 수 있다)을 만들어낼 수 있기 때문에 그것이 항상 높은 품질의 요구사항으로 가는 최선의 경로가 아니라는 것을 경험적으로 보여왔다(설계자는 종종 설계가 무엇을 해야 하는지를 되돌아보기보다는 그들이 무엇을 설계하려고 하는지를 내다보고 상세화하며, 또한 그들은 아이템이 부모 하드웨어로 통합되는 방법에 대해서 광범위한 이해를 가지고 있지 않을 수 있다). 전반적으로는 아이템이 무엇을 해야 하는지에 관해서 가장 잘 아는 사람이 요구사항을 작성하는 것이 그저 더 좋은 아이디어이다.

하지만 모든 룰이 그렇듯이 언제나 예외가 있다. 이 경우에 만약 설계자가 부모 하드웨어를 설계하기도 했고 혹은 부모 하드웨어를 설계하거나 그 아이템에 할당되는 기능을 정의하는 부모 하드웨어 설계자와 협력했다면 그 설계자는 받아들일 만한 요구사항 작성자가 될 수 있고, 그래서 그들은 아이템의 의도된 기능을 완전히 이해할 것이다. 이러한 이해가 없다면 설계자는 그들의 기능적 지식에서의 갭을 의도된 구현으로 채우는 경향을 가질 수 있다.

시스템 요구사항

시스템 요구사항의 개발은 ARP4754에 설명된 프로세스와 활동에 의해서 지배되고 DO-254 프로세스에 대한 시작점이다. 시스템에 대한 요구사항은 많은 요인들에 의해서 추진된다. 시스템 안전성 프로세스는 기능의 가용성과 무결성에 대한 성능 제약을 생성할 것이다. 무결성이 기능의 정확성을 표현하는 반면에 가용성은 기능의 지속성을 표현한다. 가용성과 무결성은 설계의 다양한 아키텍처적인 특성에 대한 요인이 될 것이다. 그런 다음 이러한 특성들은 요구사항을 생성할 것이다. 설계를 통해서 실제 구현에까지 추적될 수 있도록 이러한 안전 특성의 요구사항에 태그를 달거나 특별하게 식별하는 것은 도움이 된다(그리고 필요하다).

또한 시스템 프로세스는 관련된 운영 조건하에서 요구되는 시스템 성능을 구체화하는 요구사항으로 시스템에 대한 의도된 기능을 모을 것이다. 시스템에 대한 기능은 사용자의 요구, 운영 제한사항, 규정 제약사항 그리고 구현 현실의 조합으로 생성된다. 고객 요구사항은 항공기의 유형, 항공기의 기능(화물 혹은 승객, 비즈니스 제트기 혹은 상업적인 운송) 그리고 시스템의 유형에 따라서 변할 것이다. 또한 고객은 항공기의 의도된 하중, 비행할 경로에 대한 지식, 고객 혹은 항공사에 의해서 사용되는 운영 관행, 고객 혹은 항공사에 의해 사용되는 관리 관행 그리고 그 외에 요구되는 특성에 기반해서 요구사항을 유도할 수 있다. 운영 요구사항은 비행 승무원, 관리 승무원 그리고 지원 스태프를 위한 기능을 정의하기 위해 사용된다. 운영 요구사항은 모든 인력의 상호작용과 인터페이스에 대한 행동, 결정, 정보 그리고 타이밍으로 구성할 것이다.

성능 요구사항은 시스템이 고객과 항공기에 유용하도록 만드는 시스템의 특성을 정의한다. 성능 요구사항은 예상되는 시스템 성능, 시스템 정확도, 충실도, 범위, 해상도, 속도 그리고 응답시간을 정의할 것이다. 물리적인 요구사항은 시스템의 물리적인 특성을 구체화하고 크기, 장착 규정, 전력, 냉각, 환경 제약사항, 가시성, 접근, 조정, 취급, 저장 그리고 생산 제약사항을 포함한다.

유지보수 측면 또한 시스템에 대한 요구사항을 추가할 수 있다. 스케줄된 그리고 스케줄되지 않은 유지보수는 요구사항의 서로 다른 유형을 가질 수 있다. 일부 유지보수는 시스템 안전성 고장 확률을 충족하기 위해 인증이 필요할 수 있다. 유지보수 요구사항은 장비를 접근하고 시험하기 위해 사용되는 행동과 인터페이스를 구체화해야 한다.

전력과 신호에 대한 인터페이스 역시 시스템에 요구사항을 추가한다. 시스템 설계는 할당된 전력과 관련된 전력 한계와 호환될 필요가 있다. 인터페이스 역시 적절한 동작을 만족하기 위해 필요한 특정 임피던스와 전기 특성을 가질 수 있다. 인터페이스 특성은 요구사항이며 그것은 인터페이스를 통한 신호의 정의와는 다르다. 인터페이스상의 데이터 혹은 신호의 정의는 인터페이스 스펙에서 캡처된다. 인터페이스 스펙은 정의되어야 하며 요구사항으로 다루어져서는 안 된다. 대신 요구사항은 인터페이스 스펙에서 시스템 출력으로 지정된 모든 신호가 생성되는 방법과 인터페이스 스펙에서 시스템 입력으로 지정된 모든 신호가 사용되는 방법을 구체화해야 한다.

마지막으로 중요한 것은 인증 프로세스 자체가 시스템에 대한 특정 요구사항을 추가할 수 있다. 인증 규정 혹은 인증 당국은 특징, 속성 혹은 특정 구현을 구체화할 수 있다. 이러한 유형의 요구사항은 일반적으로 감항 규정에 대한 준수를 보이기 위해 추가된다.

그림 4-3 | 요구사항 분해

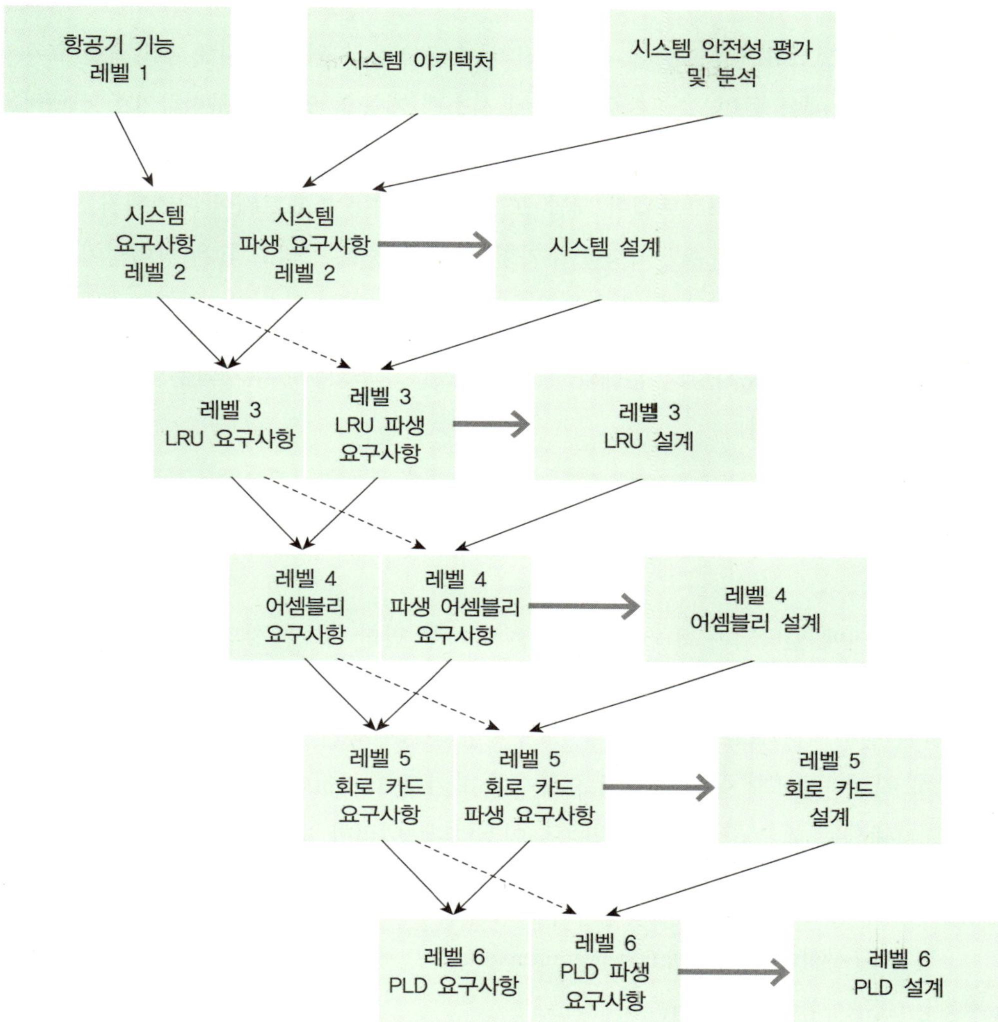

일단 시스템 요구사항이 모아지면 그것들은 물리적, 환경, 성능, 기능 그리고 기타 등등의 다양한 유형으로 정렬될 수 있다. 그 프로세스는 항공기와 시스템 레벨에서 유래하는 요구사항과 함께 시작한다. 이러한 요구사항들은 그들이 정확한 요구사항인지 그리고 그들이 완전한지를 결정하기 위해 리뷰, 분석 그리고 심지어는 시험을 통해서 확인된다. 모든 요구사항에 대한 초기 확인은 ARP4754의 영역에서 수행된다. DO-254로의 진입은 확인된(완전하고 정확한) 시스템 요구사항의 세트를 가정한다. DO-254로의 진입은 또한 소프트웨어, 전기 컴포넌트, 기계 컴포넌트 그리고 PLD와 같은 전자 컴포넌트로의 기능의 할당에 대한 초기 개념이 수행되었다고 가정한다.

시스템 설계가 진화하면서 도중에 이루어진 설계 결정을 지원하기 위해 추가적인 요구사항이 더해진다. 예를 들면, 소프트웨어 내에 시스템 기능의 일부를 구현하기로 선택하는 것은 마이크로프로세서에 대한 하드웨어 요구사항과 그것을 주변 회로와 인터페이스하는 방법을 추가할 수 있다. 소프트웨어 개발 프로세스 자체는 소프트웨어 아키텍처, 설계 그리고 패키징이 선택되면서 요구사항을 추가할 것이다. 중복 그리고/혹은 상이성이 필요한 시스템은 아키텍처와 토폴로지 때문에 추가적인 요구사항을 주입할 것이다.

[그림 4-3]은 기능 요구사항의 분해와 설계 프로세스 과정에서 추가되는 추가적인 파생 요구사항들을 보여준다.

전자 하드웨어에 대한 요구사항 유형

전자 하드웨어에 할당되는 요구사항 내에는 주목할 만한 요구사항의 몇 가지 범주 혹은 유형이 있다. 이러한 범주는 엔지니어들이 실제로 그들의 요구사항 문서에 무엇을 넣는지에 대한 관찰을 기반으로 만들어졌다. 요구사항의 일반적인 유형에 대한 반복된 발생은 요구사항 작성자들에게 어떤 유형의 요구사항이 가장 효과적이고 어떤 유형이 그렇지 않은지를 이해하는 데 도움이 되는 범주로 이끌었다. 이러한 범주에는 다음을 포함한다.

- 기능 요구사항(Functional requirements)
- 구현 요구사항(Implementation requirements)
- 응용 요구사항(Application requirements)
- 입력 요구사항(Input requirements)
- 간접 요구사항(Indirect requirements)
- 참고 요구사항(Referred requirements)
- 전역 요구사항(Global requirements)
- 파생 요구사항(Derived requirements)

기능 요구사항(Functional requirements)은 가장 추천되는 요구사항 유형이다. 기능 요구사항은 동작을 설명하고 출력이 입력(혹은 시간 이벤트)에 반응하는 방법으로 표현될 수 있다. 또한 기능 요구사항은 시험가능하고 수량화할 수 있는 용어로 표현되며, 하드웨어의 설계 및 구현에 독립적이다.

구현 요구사항(Implementation requirements)은 하드웨어 설계 혹은 구현의 특정 측면을 설명한다. 구현 요구사항은 기능을 생략하고 대신 기능을 설계 혹은 구현하는 방법을 설명하기 때문에 추천되지 않는다. 특정 설계 혹은 구현을 설명하는 요구사항은 시험가능하지 않다. 그것들은 주로 조사를 통해서 검증되어야 한다. 구현 요구사항은 또한 단순히 의도된 기능을 검증할 방법이 없다는 것 때문에 설계와 검증 프로세스의 무결성을 타협하게 된다. 검증은 단지 설계가 그 설계라는 것을, 혹은 구현이 그 구현이라는 것을 증명할 것이다. 만약 특정 설계 혹은 구현 특성이 중요하다면, 그것은 공식적인 요구사항으로 취급되는 것이 아니라 요구사항 문서에서 텍스트 정보로 캡처될 수 있다. 또한 일부 설계 혹은 구현 특성은 하드웨어 설계 표준에서 상세히 언급될 수 있으며, 하드웨어 설계 표준은 또한 그것들을 요구사항으로부터 분리한다. 또한 설계 혹은 구현 특성은 하드웨어 설계 문서에 기록될 수도 있다. 이러한 상세 내용을 하드웨어 설계 문서에 넣는 것은, 만약 필요하다면 그것들이 하위 레벨의 파생 요구사항을 유도하기 위해 사용되는 것을 가능하게 한다.

응용 요구사항(Application requirements)은 하드웨어가 사용되는 방법을 설명하기 위해 요구사항 작성자에 의해서 사용된다. 이것은 좋은 정보이지만 요구사항으로 표현되어서는 안 된다. 하드웨어 응용에 관한 정보는 하드웨어 기능의 범위를 벗어난다. 추가로 응용은 기능의 검증 범위 내에서 검증될 수 없다. 하드웨어가 사용되는 방법에 관한 정보는 중요하지만, 그것은 요구사항이 아니라 텍스트 설명으로 문서화되어야 한다. 응용은 고려되어야 하지만 응용을 위해 필요한 특정 기능은 하드웨어에 대한 기능 요구사항으로 캡처되어야 한다.

입력에 대한 요구사항(Input requirements) 또한 종종 작성된다. 다른 비기능적인 요구사항과 함께 입력 요구사항은 추천되지 않는다. 입력 요구사항과 관련된 설계의 어떤 부분도 입력을 발생시킬 수 없다. 요구사항은 하드웨어가 입력의 존재 혹은 발생에 반응하는 방법을 표현해야 한다. 입력 동작은 중요하며 서술적인 텍스트로 혹은 인터페이스 스펙에서 캡처될 수 있다. 하지만 입력 포트의 전기적인 특성(입력 임피던스와 같은)에 대한 요구사항은 입력 요구사항과는 다르다. 입력 특성은 요구사항으로 표현될 수 있으며 시험 및 다른 방법을 통해서 검증될 수 있다.

간접 요구사항(Indirect requirements)은 그것을 직접적으로 언급하기보다는 기능을 암시한다. 간접 요구사항은 "능력", "메커니즘" 혹은 "조항"과 같은 키워드를 자주 사용한다. 간접 요구사항의 문제는 기능을 실제로 구현하지 않고도 그것을 만족할 수 있다는 것이다. 간접 요구사항은 또한 엄격하고 조직적인 설계와 검증 프로세스에 대해서 너무 모호하다. 간접 요구사항은 단순히 "capability", "mechanism" 혹은 "provision"을 제거함으로써 기능 요구사항으로 쉽게 변경될 수 있다.

요구사항 작성자는 때때로 요구사항에 대한 다른 문서를 참조함으로써 지름길을 택하거나 효율성을 높이려고 노력한다. 이러한 참조 요구사항(Referred requirements)은, 특히 만약 참조된 문서가 변경되면 추적성과 유지에 문제를 일으킬 수 있다. 추가로 참조된 문서는 원래 문서와 같은 형상 관리를 위한 동일한 컨트롤 범주를 만족하지 않을 수 있다. 때때로 작성자는 요구사항에 대해서 심지어 교재를 참조하기도 한다. 이것은 만약 그 교재가 절판된다면 큰 문제가 된다.

전역 요구사항(Global requirements)은 문서 내에서 자주 사용된다. 이것들은 하나의 리셋 입력이 모든 출력에 어떻게 영향을 끼칠 것인지와 같이 하나의 입력으로부터 한 그룹의 출력으로의 행동을 설명하기 때문에 쉽게 식별된다. 전역 요구사항이 있는 문장은 쓰기 쉽고 이해하기 쉽지만 그것이 반드시 효과적인 요구사항을 만드는 것은 아니다. 전역 요구사항은 독자가 관심 있는 출력이나 기능에 영향을 주는 모든 신호에 대해서 문서 전체를 찾아보도록 만들 것이다. 그런 다음 기능은 문서 전반에 분산된 별도의 데이터 지점으로부터 합성되어야 한다. 전역 요구사항은 요구사항이 충돌되게 만들 수 있고 에러와 실수가 영구적이 되도록 할 수 있으며 의도된 기능을 이해하기 어렵게 만들 수 있다.

마지막으로, 파생 요구사항(Derived requirements)은 또 다른 유형의 요구사항이지만, 문장 자체에 특이한 분명하게 정의된 특징이 없기 때문에, 다시 말하면 문장을 보는 것만으로 요구사항이 파생된 것이라고 식별될 수 없기 때문에 이전에 논의된 요구사항과 다르다. 파생 요구사항은 상위 레벨의 요구사항과 비교될 때만 식별될 수 있다. "파생"은 확인될 필요가 있는 요구사항으로 식별되는 모든 유형의 요구사항에 붙는 라벨이다. 이전에 설명된 요구사항 유형은 모두 파생된 것으로 라벨이 붙을 수 있고 그러한 지정은 어떤 식으로든 요구사항을 변경하지 않는다.

파생 요구사항은 설계 프로세스에서 나오는 요구사항이다. 그것들은 보통 시스템 기능을 전자 하드웨어의 하위 레벨로 분해하는 동안 발생하는 설계 결정으로부터 유래하며, 그 내용을 상위 레벨의 요구사항에 비교해서 바라봄으로써 가장 쉽게 식별될 수 있다. 만약 하위 레벨의 요구사항에 있는 정보가 새롭거나 다른 스펙을 포함하고 있다면, 혹은 그것이 새로운 기능을 명시한다면 그것은 파생되는 것이다.

파생 요구사항은 DO-254에 의해서 특별한 취급을 위해 선정되며 만약 제대로 기술되지 않으면 문제가 될 수 있기 때문에 긴 논의를 할 가치가 있다. 파생 요구사항은 확인(Validation) 주제와 밀접한 관계가 있고 그래서 확인 챕터에서 상세하게 논의된다.

위의 요구사항 유형들 간에 가장 중요한 차이는 기능과 구현 요구사항 간의 차이이다. 기능과 구현 요구사항은 거의 틀림없이 DO-254 프로세스의 목표와 가장 많이 그리고 가장 적게 호환되는 두 가지 요구사항 유형이다.

하드웨어가 무엇을 해야 하는지를 구체화하는 기능 요구사항과 하드웨어가 어떻게 설계되어야 하는지를 구체화하는 구현 요구사항 간의 차이를 이해하려고 노력할 때, 요구사항이 엔지니어링 설계 프로세스에 맞게 변화하는 방법 그리고 동시에 기능과 구현이 설계 프로세스에서 동작하도록 요구사항이 역할을 확장하는 방법, 그것들이 가장 자주 혼동되는 방법, 그것들이 문서화되는 방법 그리고 구현에서 기능으로 이동하는 방법을 먼저 보는 것이 도움이 될 수 있다.

DO-254에 의해서 정의된 것처럼, 표준 설계 프로세스의 네 개의 주요 단계들은 요구사항 캡처, 개념 설계, 상세 설계 그리고 구현으로, 이들 네 가지 단계는 시간순으로 실행될 의도를 가지고 있다. 통찰력이 있는 독자는 요구사항 캡처가 프로세스의 시작 시점에 발생한다는 것을 즉각적으로 인식할 것이다. 이것은 요구사항이 어떻게 사용되어야 하는지에 대한 단서가 되어야 한다. 즉, 만약 요구사항이 설계가 시작되기 전에 작성되어야 한다면, 설계를 구체화하는 것은 개념적 상세 설계 단계로의 도약을 요구한다는 점에서 요구사항은 설계 구현("어떻게")보다는 오로지 기능("무엇")을 정의해야 한다는 것으로 이어진다.

요구사항과 설계 프로세스 간의 관계로 좀 더 들어가 보면, 하드웨어의 "어떻게"는 설계가 개념화되거나 혹은 설계될 때까지는 알 수 없기 때문에 그리고 요구사항은 오로지 하드웨어 기능의 "무엇"만을 포함하도록 강요되기 때문에, 하드웨어의 "어떻게"를 문서화하는 방법은 그 목적을 위해서 특별히 작성되는 또 다른 유형의 문서를 사용하는 것이다. 그 문서는 설계 기술(Design Description) 문서이고, 때로는 설계 문서(Design Document)로 표현된다.

설계 문서는 하드웨어의 상세한 설계를 문서화함으로써 하드웨어의 "어떻게"를 캡처한다. 그것은 하드웨어가 어떻게 설계되었는지 혹은 어떻게 구현되어야 하는지를 설명하며 다음과 같은 특성을 가지고 있다.

- 하드웨어가 설계된 후에 작성된다.
- 하드웨어가 어떻게 동작하는지에 대한 상세한 내용을 문서화한다.
- 설계 구현을 문서화한다.
- 하드웨어가 의도된 기능을 어떻게 충족하는지를 문서화한다.
- 요구사항을 포함하지 않는다.

설계 문서와 대조적으로 요구사항 문서는 다음과 같은 특성이 있다.

- 설계가 시작되기 전에 작성된다.
- 하드웨어의 의도된 기능(하드웨어가 하려고 하는 것)을 구체화한다.
- 하드웨어가 의도된 기능을 어떻게 만족해야 하는지를 구체화하지 않는다.
- 하드웨어가 어떻게 설계되어야 하는지를 구체화하지 않는다.
- 설계를 문서화하지 않는다.

요구사항 문서와 설계 문서 — 그리고 확장해서 기능과 구현 — 는 근본적으로 상반된다. 비록 요구사항 문서는 필수이지만, 설계 문서는 선택이라는 것이 논쟁이 될 수는 있지만, 특히 DO-254에서의 프로세스를 고려하면, 둘 다 중요하다. 두 문서는 너무 다르고 그렇게 다른 목적으로 역할을 하기 때문에 서로 합쳐지거나 함께 섞이지 않는 것이 이치에 맞다.

두 문서 사이의 차이점은 명확하지만, 엔지니어링 문화에 따라서 그 차이점은 처음에는 혼란스러울 수 있다. 설계 프로세스를 다시 지침으로 사용해서, 만약 설계 문서가 설계를

그림 4-4 | 요구사항과 설계 문서

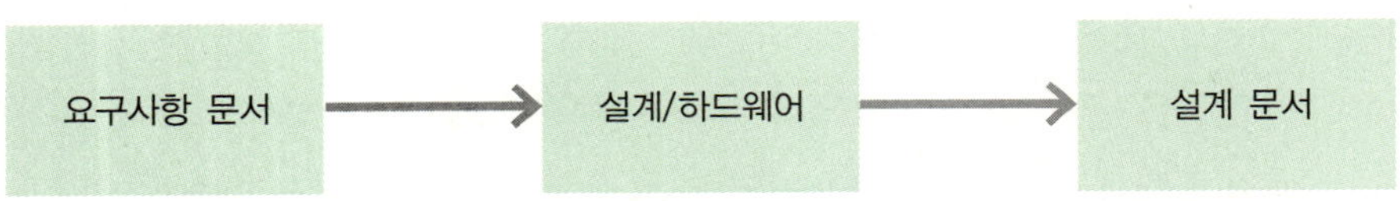

기술하기 위해 사용된다면 초반에 나타나는 요구사항 문서와는 반대로 설계 문서는 설계 프로세스의 거의 끝에 나타날 것이다. 타임라인상에 보이는 경우 두 문서 유형은 [그림 4-4]에 보이는 것처럼 프로세스의 설계 단계를 함께 묶어서 생각해야 한다.

아이러니하게도 실제 세계에서는 두 문서를 하나의 복합 문서로 합치고 그런 다음 요구사항 문서로 잘못 부르는 경우가 제법 많다. 대부분의 경우 거기에는 수많은 선의의 이유가 있지만 대부분은 기능과 구현 간의 차이점과 그것이 DO-254에 영향을 미치는 방법 혹은 요구사항, 설계에 대한 설명 그리고 설계 결정 간의 차이점을 완전하게 인식하지 못하기 때문이다.

또한 요구사항, 설계에 대한 설명 그리고 설계 결정 간의 차이점은 처음에는 혼란스러울 수 있고 다시 얼마간 과거의 훈련에 의지하게 된다. 차이점은 다음과 같이 요약될 수 있다.

- 요구사항은 하드웨어가 구현해야 하는 특정 기능을 정의한다.
- 설계(구현) 결정은 설계자가 요구사항으로부터 최종 하드웨어 설계를 얻기 위해 수행하는 것이다.
- 설계에 대한 설명은 하드웨어 설계를 설명하며 스펙을 포함해서는 안 된다.

카드 레벨 기능 요구사항의 매우 간단한 예시는 다음과 같은 것이 될 것이다.

```
"DAT_OUT(11:0)shall output the 12-bit unsigned binary equivalent of the AIN_1 analog input."
```

위의 표현은 출력이 어떻게 해야 하는지가 아니라 무엇을 해야 하는지를 명시한다. 그것은 설계자를 특정 솔루션으로 이끌 설계 정보를 포함하고 있지 않으며 설계 이전 시제로 작성된다.

이 요구사항으로부터 나오는 설계 결정은 아날로그 입력을 12비트 unsigned 바이너리 값으로 변환하기 위해 상용 12비트 아날로그 디지털 컨버터 IC를 사용하는 것일지 모른다. 그것은 또한 트랜지스터와 패시브 컴포넌트를 사용해서 자체 제작하는 아날로그 디지털 컨버터를 만드는 것이 되거나 혹은 상용 16비트 아날로그 디지털 컨버터를 사용하고 그중 단지 상위 12비트만 사용하는 것이 될 수도 있다. 이들 솔루션 중 어떤 것이든 의도된 기능을 만족할 것이며 요구사항은 구현보다는 의도된 기능을 나타내기 위해 작성되기 때문에 그들(그리고 더 많은 것들) 중 어떤 것이든 솔루션으로 고려될 수 있다.

설계 결정은 요구사항으로 문서화되어야 하는 것은 아니다(사실 그래서는 안 된다). 설계 결정은 중요할 수 있지만, DO-254 프로세스에 가장 중요하고 가장 적절한 것은 설계의 의도된 기능성이다. 그것들로부터 오는 설계 결정과 회로는 설계 문서에 작성되어야 한다.

설계에 대한 설명은 요구사항에 설명된 기능을 구현하기 위해 설계자가 만들어야 하는 것을 설명한다. 그것은 하드웨어가 요구사항을 만족하도록 하기 위해 무엇이 설계되었는지를 설명한다. 그것은 설계 이후의 시제로 작성되며 스펙을 포함하지 않는다. 아날로그 디지털 컨버터의 예시에 대해서, 설계에 대한 설명은 다음을 포함할 수 있다.

"AIN_1 입력 신호는 +/−10볼트 입력을 ADC123 16비트 A/D 컨버터에 의해서 요구되는 0~5볼트로 변환하는 OP123 연산 증폭기에 의해서 버퍼링되고 스케일되며 레벨시프트된다. ADC123은 MODE(1, 0) 입력핀을 DGND로 스트랩핑함으로써 unsigned 바이너리 출력을 생성하도록 설정된다. ADC 디지털 출력의 상위 12비트는 LD123 트라이스테이트를 거쳐서 DAT_OUT(11:0) 출력핀으로 전달된다."

이 설계에 대한 설계 결정은 다음과 같이 될 수 있다.

"ADC123 컨버터는 이 기능의 성능 요구를 초과하기 때문에 선택되었으며, 전자산업 전반에 걸쳐 널리 사용되고 있기 때문에 ADC234 12비트 컨버터 IC보다 훨씬 저렴한 비용으로 구입할 수 있다. OP123은 ADC123과 함께 동작하도록 설계되었으며 마찬가지로 이 기능에 대한 성능 요구를 초과하기 때문에 이러한 버퍼링 역할에 사용된다. ADC321 컨버터 IC를 사용하는 대안은 입력 범위가 AIN_1 입력 신호의 전체 전압 범위를 수용할 것이기 때문에 고려되었지만, ADC123과 OP123 조합을 사용하는 비용보다 훨씬 더 컸으며, 온도에 대한 성능이 적절한지에 대한 일부 우려가 있었다."

설계에 대한 설명을 요구사항으로 사용하는 것은 흔하지만 신중하지 못한 관례이다. 예를 들어, "There shall be a 12 bit analog to digital converter configured for an unsigned binary output"은 아날로그 디지털 컨버터 예시를 위한 전형적인 구현 요구사항이 될 수 있다. 요구사항에 대한 이러한 접근은 하드웨어의 설계에 대해서는 엄격한 컨트롤(너무 엄격하다고 할 수 있는)을 제공할 수 있지만 하드웨어의 의도된 기능을 캡처하지는 않는다. 사실 하드웨어가 설계되어야 하는 방법만을 설명하기 때문에 그런 요구사항은 의도된 기능을 전혀 가지고 있지 않다. 그 대신 요구사항과 설계에 대한 설명이 모두 같은 것을 설명하기 때문에 설계에 대한 설명은 요구사항과 거의 동일할 것이다. 그래서 요구사항이 기능에 관한 것인지 구현에 관한 것인지를 결정하기 위한 간단한 테스트는 요구사항을 설계에 대한 설명과 비교하는 것이다. 만약 그들이 유사하거나 동일하다면 그것은 요구사항이 의도된 기능보다는 구현을 캡처하고 있다는 것을 의미한다.

구현 요구사항에서 의도된 기능은 요구사항을 작성한 사람이라도 쉽게 인식하지 못하는 경우가 많다. 사실, 구체화된 회로가 분석될 때조차도 의도된 기능을 결정하는 것은 종종 매우 어렵다. 하지만 구현으로부터 정확히 의도된 기능을 얻는 한 가지 방법은 "근본 기능" 분석을 수행하는 것이다. 근본 기능 분석은 잘 알려진 근본 원인 분석과 유사하며 다음과 비슷한 절차를 가지고 있다. 스펙을 도출하는 근본 기능을 식별하기 위해 "왜?"를 반복해서 질문하는 것이다.

다음 예시는 구현 요구사항이 이 프로세스를 통해서 그 원천 기능으로 전환될 수 있는 (그리고 기능 요구사항으로 전환될 수 있는) 방법을 설명한다.

다음의 카드 레벨 요구사항에서 시작해보자. "The ADC shall sample the **AIN_1** analog output at least 20 microseconds after and 20 microseconds before a transition on any motor drive output."

이 요구사항은 분명히 구현 요구사항이다. 그것은 설계자에게 카드상에는 아날로그 디지털 컨버터(ADC)가 있고 특정 시간에 입력을 샘플링해야 한다는 것을 말한다. 모든 구현 요구사항의 근원이 되는 것은 그 구현이 수행하고자 하는 기능이며, 그 기능은 요구사항이 구체화해야 하는 것이다. 이 경우에 ADC가 특정 시간에 입력을 샘플링하도록 하는 근거가 있지만 그것을 제공하는 이유와 기능은 요구사항 자체로부터는 분명하지 않다.

그 이유와 의도된 기능을 얻기 위해 연속된 "왜" 질문을 함으로써 근본 기능 프로세스를 통해서 요구사항이 분석될 수 있다. 첫 번째 "왜" 질문은 "왜 ADC가 모터 드라이브 출력상의 변환에서 적어도 20마이크로세컨드(μs) 이전 그리고 이후에 출력을 샘플링해야 하나?" 가 될 것이다. 이 질문에 대한 답은 "모터 드라이브 출력은 높은 전류이고 작은 규모의 신호 아날로그 회로에 중대한 왜곡을 일으킬 수 있고, 그것이 ADC에서 변환 에러를 일으킬 것이다. 적어도 모터 드라이브 출력 변환으로부터 20μs로 샘플링하는 것은 노이즈가 해결된 후에 ADC가 **AIN_1** 입력을 변환하는 것을 가능하게 하고 다음 변환 이전에 ADC가 입력을 변환하는 것을 가능하게 할 것이다"가 될 것이다.

위의 답변에서 "왜" 부분은, 다시 말하면 요구사항에 대해 실질적으로 정당성을 제공하는 답변 부분은 두 번째 문장 — ADC는 모터 드라이브 변환 노이즈가 해결되고 다음 변환 이전에 변환을 완료할 충분한 시간을 가지는 것이다 — 이다.

그럼 만약 원래 요구사항이 두 번째 문장에서의 정당성을 반영하도록 재작성된다면, 새로운 요구사항은 다음과 같이 언급될 것이다. "The ADC shall sample **AIN_1** after motor drive transition induced noise has settled, and complete its conversion before the next incidence of motor drive transition induced noise."

이 요구사항은 그렇게 한다고 맹목적으로 명시하기보다 모터 드라이브 변환 이전과 이후 20μs를 샘플링하는 이유에 좀 더 포커스를 둔다는 점에서 원래의 것보다 약간 더 설명적이다. 하지만 그것은 기능 요구사항에 더 가깝지만, 그것이 만족해야 할 기능보다는 회로가 작동해야 하는 방법에 초점을 맞추기 때문에 여전히 구현 요구사항에 더 가깝다.

만약 또 다른 "왜" 질문이 다음과 같이 주어진다면, 즉 "왜 ADC가 모터 드라이브 노이즈가 해결되고 더 많은 노이즈가 있기 전에 변환할 충분한 시간을 가지고 입력을 샘플링해야 하는가?"에 대해서 그 다음 답은 다음과 같다. "모터 드라이브 출력에 의해서 발생하는 노이즈는 ADC의 디지털 출력에 에러와 왜곡을 일으킬 것이다. 노이즈를 피하는 것은 ADC 출력에서 에러와 왜곡을 최소화할 것이다."

그래서 만약 요구사항이 이전 답변에서의 정당성으로부터 다시 재작성된다면, 그것은 다음이 될 수 있다. "The ADC shall sample the **AIN_1** input in a way that minimizes errors and distortion in its digitized output." 이 요구사항은 더 낫긴 하지만 여전히 실제로 표현하려고 하는 근본 혹은 핵심 기능을 포착하지 못하고 있다.

그래서 또 다른 질문이 이어진다. "왜 ADC는 에러와 왜곡을 최소화할 필요가 있는가?" 이 질문에 대한 답은 다음과 같다. "만약 ADC 출력에서 변환 에러가 최소화되지 않으면, 디지털화된 출력에서의 전체 에러가 2%를 초과할 수 있고, 그것은 바람직하지 않다."

만약 요구사항이 마지막 질문을 포함하기 위해 다시 업데이트된다면 다음과 같이 작성될 수 있다. "The total error in the digitized **AIN_1** output shall be less than 2%."

이 시점에서 요구사항은 구현에 자유롭다는 것에 유의하라. 거기에는 회로 구조, 컴포넌트 혹은 물리적인 구현에 힌트가 되는 다른 어떤 것도 언급되지 않는다. 그것은 그것이 어떻게 수행되어야 하는지에 대해서 파고들지 않고 출력의 기능(출력의 "what")을 정의하는 입력/출력/성능 관계를 매우 간단하게 명시한다.

추가적인 체크는 마지막 요구사항에 대해서 다음과 같은 "왜" 질문을 한 가지 더 하는 것이다. "왜 디지털화된 **AIN_1** 출력이 2%보다 더 적은 에러를 가져야 하는가?" 이 질문에 대한 답은 다음과 같다. "만약 **AIN_1** 디지털화된 출력이 2%가 넘는 에러를 가지고 있다면 그 값을 사용하는 소프트웨어 시스템 컨트롤 루프는 너무 부정확하고 잠재적으로 불안정하게 될 것이다."

이 마지막 답은 그 이유 혹은 정당성이 이제 카드보다 더 높은 레벨을 가리키고, 그래서 그 정당성 — 그리고 그것으로부터 작성되는 요구사항 — 은 이제 하드웨어 아이템(카드)의 범위를 벗어난다. 이전 답변들과의 이러한 차이는 카드 레벨 요구사항에 대한 정당성은 이제 요구사항의 구현으로부터 충분히 자유로울 수 있도록 높아졌다는 것을 우리에게 말해준다. 이것은 요구사항이 이제 카드 레벨에서 의도된 기능을 캡처한다는 것과 이 의도된 기능은 카드 레벨에서 발생하는 것이라기보다는 부모 하드웨어로부터 흘러내려 오고 있다는 신호이다.

구현 요구사항에 깔려있는 기능을 결정하기 위한 프로세스는 [표 4-1]의 형태로 표시된다.

이 요구사항의 최종 형태는 출력에서의 에러에 대한 제한을 구체화하며 비록 원래의 요구사항이 높은 전류의 전이로 인한 에러에 초점을 맞추었음에도 불구하고 에러의 소스를 제약하지 않는다. 이것은 요구사항의 효율성에서의 상당한 개선이며 구현 요구사항이 기능 요구사항만큼 효과적이지 않다는 것에 대한 이유 중 하나이다. 이 요구사항에 대한 시스템 정당성은 그러한 에러들의 원천과는 관계없이 해당 시스템에 있어서 디지털화된 출력에서의 에러가 2% 이하로 유지되는 것이 필요하다는 점이었다. 반면에 원래의 요구사항은 모든 전자 시스템에 존재하는 많은 다른 소스들 중 잠재적인 하나의 에러 소스에만 초점을 맞추었고, 그러한 다른 소스들 중 일부가 지금 다루어지는 것보다 더 문제가 있을 수도 있는 것이다.

만약 ADC 회로가 원래의 요구사항에 의해서 구체화된 대로 설계되었다면, 많은 소스들 중 단지 하나를 다루기 위해 설계될 것이고 결국에는 그러한 요구사항에서 명시된 방법은

표 4-1 루트 기능 발견하기

요구사항	질문	정당성	정당성 레벨
The ADC shall sample the **AIN_1** analog output at least 20 microseconds after and 20 microseconds before a transition on any motor drive output.	왜 ADC가 모터 드라이브 출력상의 변환에서 적어도 20μs 이전 그리고 이후에 출력을 샘플링해야 하나?	모터 드라이브 출력 변환으로부터 20μs로 샘플링하는 것은 노이즈가 해결된 후에 ADC가 **AIN_1** 입력을 변환하는 것을 허용하고 다음 변환 이전에 ADC가 입력을 전환하는 것을 허용할 것이다.	카드
The ADC shall sample **AIN_1** after motor drive induced noise has settled, and complete its conversion before the next incidence of motor drive induced noise.	왜 ADC가 모터 드라이브 노이즈가 해결되고 더 많은 노이즈가 있기 전에 변환할 충분한 시간을 가지고 입력을 샘플링해야 하는가?	노이즈를 피하는 것은 ADC 출력에서 에러와 왜곡을 최소화할 것이다.	카드
The ADC shall sample the **AIN_1** input in a way that minimizes errors and distortion in its digitized output.	왜 ADC는 에러와 왜곡을 최소화할 필요가 있는가?	만약 ADC 출력에서 변환 에러가 최소화되지 않으면, 디지털화된 출력에서의 전체 에러가 2%를 초과할 수 있다.	카드
The total error in the digitized **AIN_1** output shall be less than 2%.	왜 디지털화된 **AIN_1** 출력이 2%보다 더 적은 에러를 가져야 하는가?	만약 **AIN_1** 디지털화된 출력이 2%가 넘는 에러를 가지고 있다면 그 값을 사용하는 소프트웨어 시스템 컨트롤 루프는 너무 부정확하고 잠재적으로 불안정하게 될 것이다.	시스템

실제로 2% 이하로 에러를 유지하기에는 부족할 것이다.

근본 기능을 캡처하는 요구사항은 구현과 설계 특성을 캡처하기 위해 작성된 요구사항을 능가하는 중요한 이점을 가지고 있다. (1) 요구사항은 구현보다는 기능을 표현할 것이고, 그것은 하드웨어 아이템이 시스템의 필요사항을 만족하는 것을 보장할 것이다. (2) 그것은 하드웨어 아이템에 대한 가장 적절한 상세 수준에서 기능을 표현할 것이다. (3) 그것은 차상위 시스템의 요구 또는 의도된 기능성을 그러한 요구와 양립할 수 있는 형태로 표현하고, 따라서 시스템의 요구에 더 충실할 것이다. (4) 요구사항에서 기능은 그것이 흘러온 상위 레벨 기능으로의 분명한 연결(혹은 추적)을 가질 것이며, 그것은 요구사항의 확인과 그 아이템의 기능이 시스템의 기능으로 연결 혹은 통합하는 방법에 대한 이해 모두를 개선할 것이다. 그리고 (5) 요구사항은 실제 전문가 — 이 케이스에서는 카드 레벨 설계자 — 가 그들의 능력을 최대치로 그들의 작업에서 수행하는 것을 가능하게 하면서, 기능이 구현될 수 있는 방법을 제한하지 않을 것이다. 추가로 이와 같은 요구사항은 측정되고 검증될 수 있는 방식으로 기능을 나타낼 것이다.

요구사항이 어떻게 작성되어야 하는지에 대한 또 다른 고려사항은 요구사항의 내용이 하드웨어가 그 목표(시스템 레벨로부터 정의된 혹은 흘러내려온 대로 의도된 기능)를 만족하기 위해 실제로 필수적인(즉, 요구되는)가이다.

요구사항은 그것이 없으면 하드웨어 아이템이 시스템 내에서 그 역할을 정확하게 혹은 완벽하게 수행할 수 없는 품질 혹은 파라미터를 구체화한다. DO-254는 확인 활동을 설명할 때 이 개념을 암시하는데, 거기에서는 정의된(즉, 구체화된) 모든 속성이 필요하고 모든 필요한 속성이 정의되었을 때 요구사항이 완전하다고 언급한다. 따라서 만약 구체화가 필요하지 않다면 아마도 그것은 요구사항이 되어서는 안 될 것이다.

요구사항과는 대조적으로 정의는 입력 신호, 용어 정의, 동작 모드 정의 혹은 선호되는 구현 방법에 대한 설명과 같은, 필수는 아니지만 하드웨어 아이템의 기능을 이해하고 하드웨어를 설계 혹은 검증하는 데 여전히 도움이 되는 정보를 포함한다.

요구사항 작성자에게는 너무 많은 요구사항을 작성하는, 즉 다른 말로 하면, 구체화할 필요 이상으로 구체화를 하는 경향이 있을 수 있다. 한 가지 주된 요인은 그들이 요구사항과 정의를 혼동하거나 혼합하고 정의를 요구사항으로 캡처할 수 있다는 것이다. 이런 관행은 이해할 만하지만 궁극적으로 그것은 필요한 것보다 많은 요구사항을 생성하고 구체화될 필요 이상으로 구체화함으로써 불필요한 작업의 원인이 될 수 있다.

정의와 요구사항 사이의 경계를 넘나드는 한 가지 일반적인 예시는 운영 모드에 대한 개념이다. 운영 모드는 인간이 모드라는 관점에서 하드웨어 동작을 개념화하는 것에 익숙하기 때문에 요구사항에서 자주 캡처된다. 운영 모드를 사용하는 것이 유용하고 심지어 일부 영역에서는 필수적이라는 것에는 의심의 여지가 없지만, 그 중요성에도 불구하고 그것들은 실제로는 정의이며 요구사항으로 정의하기에 그럴듯해 보이지만 항상 그런 것은 아니다.

네 개의 입력 신호 상태를 기반으로 모드를 정의하는 다음 요구사항을 고려해 보자.

"The Control box shall be in Spoiler Mode when the LOC(3:0) input signals are set to 1010 binary."

이 요구사항은 운영 모드를 정의함으로써 설계자가 입력이 정의된 상태에 있을 때 박스가 무엇을 해야 하는지를 알게 될 것이므로 충분히 유용하게 보이지만 그것은 실제로 요구사항이 되어서는 안 된다. 입력의 상태에 의해서 좌우되는 조건들 그리고 이와 같은 요구사항은 박스가 Spoiler Mode라는 것을 증명하기 위해 측정될 수 있는 것이 없기 때문에 검증될 수 없다. 결국 입력은 그것이 1010 상태에 있다는 것을 증명하기 위해 측정될 수 있지만 그것이 무엇이 되었든, 하드웨어가 실제로 Spoiler Mode에 있다는 것을 증명하는 것은 아니다.

만약 우리가 이전에 언급했던 대로 요구사항의 정의를 이 요구사항에 비교하면, 예제 요구사항에 있는 정보는 필수적인 것이 아니며 하드웨어는 `LOC(3:0)` 입력의 상태가 Spoiler Mode로 불린다는 것을 선언하는 것 없이 그저 잘 동작할 것이다.

출력의 조건으로 명시된 모드는 하드웨어가 특정 모드에 있다는 것을 검증하기 위해 측정될 수 있기 때문에 좀 더 적절하지만 이 상황조차도 운영 모드의 정의는 여전히 하드웨어가 그 목표를 만족하기 위해 필수적이지 않다. 그 이유는 그 모드가 단지 하나의 추상 개념, 즉 인간이 그들의 하드웨어에 무엇이 일어나고 있는지를 이해하도록 돕기 위해 사용하는 하드웨어에서의 특별한 조건에 주어진 이름이라는 것이다. 하드웨어 자체는 운영 모드에 대한 인지가 없다. 그것은 단지 그것이 설계된 대로 입력에 반응한다. 하지만 인간은 다양한 기능 상태에 모드가 할당된다면 하드웨어 동작을 좀 더 쉽게 개념화하고 연결시킬 수 있다.

모드를 요구사항으로 정의하는 것은 타당한 것이 아닐 수 있지만 모드를 정의하고(하지만 요구사항으로는 아닌) 그런 다음 요구사항 내에서 모드를 사용하는 것은 이득이 될 수 있다. 이런 방식으로 모드를 사용하는 것은 관리되어야 하는 요구사항의 수를 불필요하게 증가시키지 않고 그들의 장점(동작을 쉽게 이해되는 상태로 분리하는)을 요구사항이 활용하는 것을 가능하게 한다.

예를 들면, `(LOC(3:0) = 1010) AND (SER_MES(65) = 1) AND (OPSTATE(4:0) = 11001) AND (BIT_SEL(6:0) = 0010111)`과 같이 규정된 꽤 복잡한 기능 상태가 있다면, 하드웨어에 대한 요구사항은 만약 이 기능 상태에 어떤 이름이 할당되고 그런 다음 실제 신호를 대신해서 요구사항에서 사용된다면 상당히 단순해지고 훨씬 쉽게 이해될 수 있다. 따라서 다음과 같은 요구사항을 작성하는 대신:

"The ROT_UP output signal shall assert high when the EXT_UP input signal is high and LOC(3:0) = 1010 AND SER_MES(65) = 1 AND OPSTATE(4:0) = 11001 AND BIT_SEL(6:0) = 0010111."

다음과 같이 요구사항과 결합된 정의로 작성될 수 있다.

"The hardware will be defined as being in the EXTEND mode of operation when (LOC(3:0) = 1010) AND (SER_MES(65) = 1) AND (OPSTATE(4:0) = 11001) AND (BIT_SEL(6:0) = 0010111)."
"The ROT_UP output signal shall assert high when the EXT_UP input signal is high and the hardware is in the EXTEND mode."

이 모드 정의를 추가함으로써 (그리고 명시적으로 많은 수의 다른 모드들 또한 정의함으로써) 하드웨어의 동작은 하드웨어의 주어진 기능과 일치할 뿐만 아니라 인간의 이해에 도움이 된다는 측면에서 좀 더 쉽게 이해된다.

그렇다면 실제로 필요하지 않은 것에 대한 요구사항을 만드는 것은 무엇이 문제일까? 주된 이슈는 비용이다. 각각의 요구사항은 일련의 활동들을 만들고, 그 각각은 시간, 비용 그리고 일정에 영향을 미친다. 모든 요구사항은 제품의 수명 내내 작성되고, 저장되고, 리뷰되고, 확인되고, 추적되고, 검증되고 유지되어야 한다. 이 비용은 특히 요구사항의 숫자가 클 때는 상당한 것이 될 수 있다. 요구사항의 수를 줄이는 것은 프로그램의 장기간 비용과 일정에 중요한 영향을 줄 수 있다.

하지만 요구사항의 수를 줄이는 것이 더 많은 정보를 더 적은 수의 요구사항 설명으로 밀어 넣는 것을 의미하는 것은 아니라는 것에 유의하라. 요구사항의 비용은 속성의 수에 비례하는 것이지 반드시 문장의 수에 비례하는 것은 아니다. 각각 100개의 속성을 가진 거대한 요구사항을 작성하는 것은 각각 10개의 속성을 가진 요구사항의 10배를 작성하는 것보다 비용이 적게 들지는 않을 것이다.

할당 및 분해

요구사항과 요구사항이 표현하는 기능은 항공기 레벨에서 기능을 실현하는 설계로 흘러내려 간다. 항공기 기능은 항공기 시스템을 위한 요구사항이 되고 — 그 기능은 다양한 항공기 시스템으로 나누어지고 할당된다. 각각의 항공기 시스템은 요구사항 스펙을 가지고 있다. 만약 시스템이 수많은 부품을 포함하고 있다면, 거기에는 컨트롤러 혹은 LRU(Line Replaceable Unit)에 대한 요구사항 스펙이 있을 수 있다. 컨트롤러 혹은 LRU가 초기에 설계될 때, 기능을 구현하는 방법과 그 목적에 가장 잘 맞는 전자 기기에서의 아키텍처 유형에 대해서 결정이 이루어진다. 이것은 시스템 기능을 기계적인 혹은 전기적인 컴포넌트, 소프트웨어 혹은 FPGA나 ASIC과 같은 전자 기기로 할당하는 초기 단계이다.

PLD를 사용하는 프로그램에서 초기의 활동들은 PLD 요구사항으로 직접적으로 흘러간 시스템 요구사항을 사용했다. 극단적으로 단순한 시스템의 경우 이것이 가능할 수 있다. 복잡한 시스템과 고도로 통합된 기능으로 시스템에서 FPGA로 직접 할당하는 것은 추적성과 검증에 문제가 발생한다. 보다 철저한 접근은 시스템 요구사항으로부터 시작하고 시스템 내에서의 다양한 레벨의 추상화와 설계를 통해서 할당하는 것이 될 수 있다. 그런 접근법의 한 가지는 항공기 기능과 시스템 아키텍처로 시작할 것이다. 그 다음 더 낮은 레벨의 추상화는 시스템 요구사항 및 관련된 설계가 될 것이다. 다음 레벨은 LRU(컨트롤러) 요구사항 및 관련된 설계가 될 것이다. 그 다음 레벨은 어셈블리 요구사항 및 관련된 설계가 될 것이다. 그 다음 레벨은 회로 카드 요구사항 및 관련된 설계가 될 것이다. 최종적으로 PLD 요구사항 그리고 PLD 설계가 있다. 이러한 요구사항의 흐름이 [그림 4-5]에 묘사된다.

이러한 아이디어는 기능이 더 높은 레벨의 요구사항에서 더 낮은 레벨의 요구사항으로 할당되고 분해되는 것이다. 어떤 기능이 ARINC 데이터의 전송일 수 있다. ARINC 출력은 시스템 레벨에서 볼 수 있고 시스템 레벨 요구사항에 설명된다. ARINC 전송 기능의 설계와 할당은 회로 카드 요구사항에 도달할 때까지 발생하지 않는다. 그런 다음, 회로 카드 레벨에서 요구사항이 전자 기기 그리고 필요하다면 소프트웨어로 분해되고 할당될 수 있다.

요구사항의 흐름은 하나의 레벨에서 다음 레벨로 요구사항을 할당함으로써 수행된다. 만

그림 4-5 | 요구사항 흐름

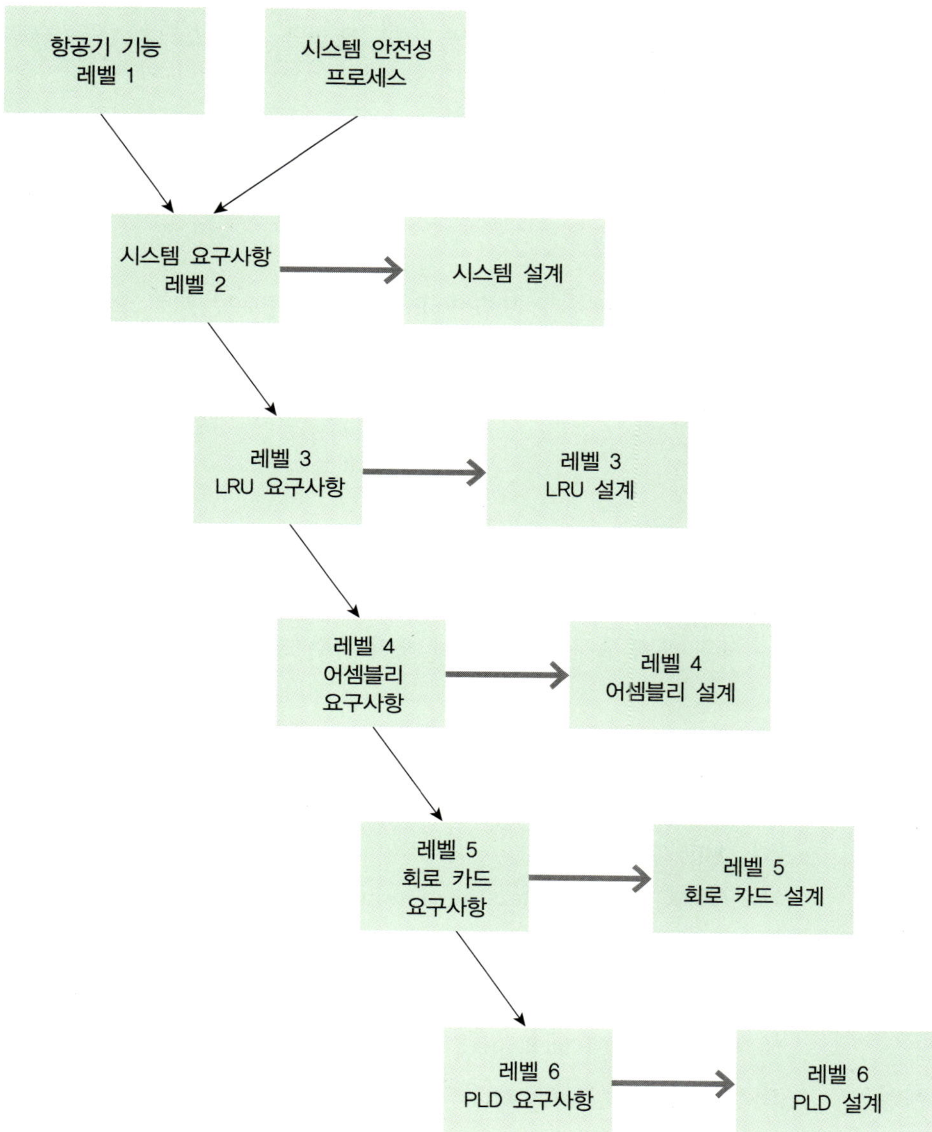

약 기능이 두 레벨에서 동일하다면, 요구사항은 단순히 복사될 수 있다. 만약 요구사항에서 용어가 단위를 변경하거나 부품으로 분할한다면, 요구사항은 좀 더 세분화된 부분들로 분해된다. 예를 들면, n레벨의 요구사항이 둘 이상의 레벨에서 같을 수 있다. 요구사항은 다음과 같이 보일 것이다.

시스템 레벨 : The ARINC 429 output bus shall transmit at 100 Kbits-per-second.

회로 카드 레벨 : The ARINC 429 output bus shall transmit at 100 Kbits-per-second.

만약 요구사항에서의 용어가 단위를 변경한다면, 요구사항을 분해하고 관련된 단위를 가지게 된다. 요구사항은 서로 다른 단위를 가지고 두 레벨상에서 비슷할 수 있다. 요구사항은 다음과 같이 보일 것이다.

시스템 레벨 : The maximum flap output position command shall be limited to 30.0^{0}.

회로 카드 레벨 : The maximum flap output position command shall be +15.0 V +/−0.03 V.

요구사항은 소프트웨어, 전자 컴포넌트 그리고 PLD에 할당된 부분으로 레벨 간에 분해될 수 있다. 이 경우에 요구사항은 용어에서 그리고 요구사항의 수 모두에서 레벨 간에 변할 것이다. 다음 예제는 상위 레벨 요구사항을 다섯 개의 하위 레벨 요구사항으로 분해하는 것을 보여준다.

시스템 레벨 : The LRU shall transmit Flap Position with Label 204 at a 50.0 Hz +/−0.1 Hertz rate.

LRU 레벨 : The **ARINC 429** outputs shall transmit Flap Position with Label 204 at a 50.0 Hz +/−0.1 Hertz rate.

회로 카드 레벨 : The **ARINC 429** outputs shall output Flap Position with Label 204 at a 50.0 Hz +/−0.1 Hertz rate.

PLD 레벨 : The **ARINC_429_N** and **ARINC_429_P** outputs shall generate a message with Label 204 when a write operation is performed to address 0x30334024 on the processor data bus.
The message output shall start within 1 microsecond after the completion of the write operation, and use the data from the write operation as the message payload.

소프트웨어 레벨 : **Label_204_FLAP_POSITION** shall be written to **ADDR(0x30334024)** every 20 +/−0.04 milliseconds.

이 예제에서 회로 카드 레벨에서의 요구사항에 있는 기능은 이 가상의 시스템에서는 LRU 상의 커넥터를 통해서 출력이 변경되기 전에 ARINC 메시지가 회로 카드상에서 생성되므로 본질적으로는 LRU로부터 변하지 않으며, 그래서 회로 카드의 출력과 LRU의 출력은 동일하다. 다음 하위 레벨에서 실제 메시지를 생성하고 메시지 라벨과 데이터를 삽입하기 위한 기능이 ARINC 메시지를 생성하는 FPGA로 할당되는 반면에 속도와 페이로드 기능이 소프트웨어로 할당된다. FPGA는 시스템 속도와 데이터 요구사항에 대해 알지 못한다. 단지 프로세서가 특정 어드레스에 데이터 워드를 쓸 때 그것은 특정한 라벨과 함께 ARINC 메시지를 생성해야 하며 그 쓰기 작업으로부터 메시지 페이로드로 데이터를 사용해야 한다는 것만을 알고 있을 뿐이다. 소프트웨어도 마찬가지로 ARINC 메시지의 상세한 사항 혹은 심지어 ARINC 전송 기능의 존재조차도 알지 못한다. 그것은 단지 특정 데이터 아이템을 매 20밀리세컨드(ms)마다 특정 버스 어드레스에 써야 한다는 것을 알고 있을 뿐이다. 소프트웨어와 FPGA 요구사항에 있는 기능의 조합은 회로 카드, LRU 그리고 시스템 레벨에서의 상위 레벨 요구사항을 만족한다.

회로 카드 요구사항은 기능이 LRU 레벨로부터 변하지 않고 흘러내려 오기 때문에 파생되기보다는 할당된다. 반면에 회로 카드 레벨에서 만들어진 설계 결정으로부터 파생되는 FPGA와 소프트웨어 요구사항(FPGA에서 메시지를 생성하고 소프트웨어에서 데이터와 타이밍을 생성하기 위한 결정)은 회로 카드 요구사항으로 추적하고 그래서 확인될 필요가 있는 파생 요구사항이다. 혹은 조금 더 정확하게는 두 개의 FPGA 요구사항은 확인될 필요가 있지만 소프트웨어 요구사항은 DO-178에 명시된 것처럼 설명되어야 한다.

비록 그런 방식이 상위 레벨에서 불완전한 요구사항 캡처를 나타내는 경우가 많지만, 기능(그리고 그에 대한 요구사항)은 어떤 계층의 레벨에서도 발생될 수 있다. 이러한 요구사항은 전자 기기 혹은 소프트웨어 개발을 위해 바람직한 시험가능성 혹은 다른 특성을 허용하기 위해 추가되지만, 반드시 시스템 기능이어야 하는 것은 아니다. 소프트웨어 개발자들이 시험 특성을 추가하기를 원한다고 가정해 보자. 그들은 소프트웨어의 최상위 레벨 요구사항에 어떤 요구사항을 추가할 수 있다. 한 가지 예시는 다음과 같은 것이 될 수 있다.

- `Level 5 (Software): The software shall output the status of monitor1, monitor2, and monitor3 every 100 milliseconds on ARINC maintenance label 350.`

⁘ 타이밍 및 성능 스펙

요구사항 작성자에게는 시스템 성능 요구사항으로부터 내려오는 것보다는 기술 혹은 하드웨어의 능력에서 타이밍 및 성능 스펙을 기반으로 하려는 유혹이 있을 수 있다. 예를 들면, PLD 요구사항의 작성자는 신호의 입력에서 출력으로의 타이밍을 부모 회로 카드의 필요로부터보다는 PLD가 얼마나 빨리 출력을 생성할 수 있는지에 대한 이해로부터, 혹은 요구사항이 설계가 진행 중인 이후에 작성되고 있는 경우라면 신호가 실제로 얼마나 오래 걸리는지에 대해 알고 있는 것으로부터 구체화할지 모른다. PLD가 이 요구사항을 실제로 수행하는 방법에 대한 관점으로부터가 좀 더 정확하게 보일 수 있지만, 시스템이 PLD로부터 필요한 성능보다는 하드웨어의 실제 성능만을 캡처하기 때문에 시스템과 그 성능으로부터 사실상 분리된다. 그런 방법에 의지하는 것은 결국 시스템 관점에서도 부정확하고 실제적인 관점에서도 모두 문제가 되는 성능 사양을 초래할 수 있다.

기능의 다른 측면처럼 아이템 레벨에서 유래하며 시스템 기능과 관련되지 않는 파생 요구사항을 제외하고 타이밍과 성능 스펙은 상위 레벨 요구사항과 설계 결정으로부터 내려와야 한다. 해당 스펙은 하드웨어의 특성에 영향을 받지 않아야 한다.

예를 들면, 만약 PLD가 부모 회로 카드에서 아날로그 디지털 변환(ADC) IC를 구동하기 위해 사용되는 하나의 클럭을 출력해야 한다면, 그 클럭 출력에 대한 스펙은 타이밍과 성능을 위한 시스템 요구사항과 결합된 ADC 데이터시트에 있는 클럭 사양으로부터 파생되어야 한다. PLD의 속도, 카드로부터의 입력 클럭의 주기 그리고 PLD의 유형은 그러한 타이밍 그리고 성능 스펙과 관련이 없어야 한다. 왜냐하면 그러한 파라미터는 시스템의 필요에 의해서 결정된다는 것을 보장하기 위해 상위 레벨로부터 내려와야 하기 때문이다.

스펙이 상위 레벨로부터 내려올 때 그것은 일반적으로 허용률을 가진 값이나 혹은 받아들일 만한 값의 범위로 표현될 것이며 그러한 값과 허용률은 시스템의 필요에 의해서 좌우된다. 예를 들면, ADC 디바이스로의 클럭 출력에 대한 FPGA 요구사항은 수행되어야 하는 변환의 수와 ADC의 성능 제약의 조합에 의해서 결정되어야 한다. 다음에는 수행되어야 하는 변환의 수에 대해서 아날로그 입력의 수와 이러한 각각의 입력이 얼마나 자주 변환될 필요가 있는지에 대해서 시스템으로부터 내려올 것이며, 그러면 그것은 각각의 변환에 얼마나 많은 시간이 할당될 수 있는지가 결정되며, 그러면 그것은 각각의 변환이 얼마나 빨리 수행되어야 하는지를 정의할 것이고, 그러면 그것은 ADC의 능력 내에서 유지되는 동안 변환 성능을 만족할 클럭 주기의 범위를 정의할 것이다. FPGA 클럭 주파수는 다른 방법이 아닌 ADC의 요구사항에 의해 결정되어야 하는 카드 레벨의 구현 세부사항이기 때문에 요구사항의 파생에 영향을 주지 않는다.

요구사항의 분해와 더 낮은 레벨 요구사항으로의 추적은 여러 가지 가능성이 따를 수 있다. 요구사항은 한 단계 위 레벨 요구사항이 한 단계 아래 레벨 요구사항으로 직접 복사될 수 있다. 하나의 상위 레벨 요구사항은 둘 혹은 그 이상의 하위 레벨 요구사항이 될 수 있다. 둘 혹은 그 이상의 상위 레벨 요구사항은 하나의 하위 레벨 요구사항으로 추적할 수 있다. 둘 혹은 그 이상의 상위 레벨 요구사항은 비록 요구사항 분해와 추적성이 1 : 1 혹은 1 : 다 유형의 관계가 사용될 때 더 잘 작동하지만 둘 혹은 그 이상의 하위 레벨 요구사항으로 추적할 수 있다. 요약하면 요구사항은 다음과 같이 분해한다.

그림 4-6 | 요구사항 분해

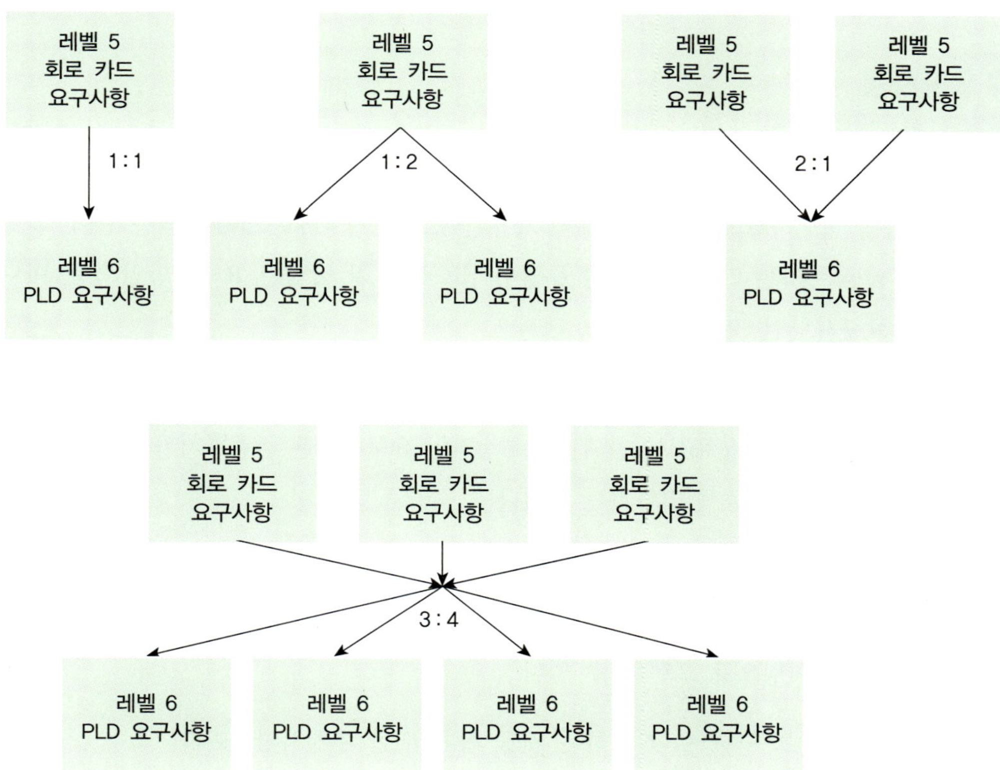

- 1개의 상위 레벨 요구사항: 1개의 하위 레벨 요구사항
- 1개의 상위 레벨 요구사항: 2개 혹은 그 이상의 하위 레벨 요구사항
- 2개 혹은 그 이상의 상위 레벨 요구사항: 1개의 하위 레벨 요구사항
- 2개 혹은 그 이상의 상위 레벨 요구사항: 2개 혹은 그 이상의 하위 레벨 요구사항

이와 같은 분해 관계도가 [그림 4-6]에 보이고 있다.

요구사항 프로세스의 한 가지 강화 요인은 요구사항이 캡처될 때 추적성 데이터를 캡처하는 것이다. 이것은 나중에 그것을 알아내려고 기다리고 노력하는 것보다 더 효과적이고 효율적이다. 추적 관계는 상위로부터 하위 레벨로의 기능(요구사항)의 흐름 그리고 분해에 의해서 정의되어야 한다. 추적성은 계층적인 설계 프로세스의 자연적인 부산물이기 때문에 추적성을 문서화하는 최고의 시점은 요구사항이 작성되고 있어서 추적성과 기능 흐름이 정확하게 캡처될 때이다. 요구사항을 작성하고 그런 다음 분리된 활동으로 나중에 추적성을 생성하는 것은 추천되지 않는다.

요구사항 작성

요구사항은 항공기, 시스템, LRU, 회로 카드, 프로그래머블 로직 디바이스 그리고 소프트웨어의 기능을 식별하고 구체화하기 위해 사용된다. 요구사항에는 **shall**이라는 단어 그 이상이 있다. **shall**이라는 단어를 포함한 문장이라고 해서 잘 작성된 요구사항인 것은 아니며 반드시 요구사항인 것도 아니다.

요구사항은 긍정적인 의미로 표현되어야 한다. 혹은 다르게 표현하자면 요구사항 문서는 부정적인 요구사항을 사용해서는 안 된다. 부정적인 요구사항은 검증하기가 어렵다. 어떤 것이 일어나지 않는 것을 증명하기는 어렵다.

또한 요구사항은 출력과 입력 혹은 출력과 타이밍 이벤트 간의 인과관계를 표현한다. 타이밍 이벤트는 20μs와 같은 절대적인 타이밍으로, 혹은 클럭의 다음 상승 에지 전 20μs와 같은 상대적인 타이밍으로 표현될 수 있다.

다음은 잘 구성된 요구사항을 작성하는 것을 돕기 위한 추천사항들이다.

- 요구사항을 식별하기 위해 “shall” 키워드를 사용하라.
- 각각의 요구사항을 유일하게 만들어라.
- 각각의 요구사항에 유일한 식별자 혹은 태그를 할당하라.
- 어떻게 수행되는 것이 아니라 무엇이 수행되는지를 명시하라.
- 출력에서 관찰할 수 있는 행동을 요구사항에 명시하라.
- 유효한 입력에 출력이 반응하는 방법을 설명하라.
- 유효하지 않은 입력에 출력이 반응하는 방법을 설명하라.
- 각각의 요구사항을 구체적이고 간결하게 만들어라.
- 부정적인 요구사항 혹은 “shall not”이 아닌, 긍정적인 의미에서 요구사항을 표현하라.
- PLD 혹은 회로의 경우, 핀레벨 동작의 관점에서 요구사항을 표현하라.
- 관찰될 수 있는 출력 그리고 컨트롤될 수 있는 입력에 대한 설명을 사용하라.

대상 관객인 설계 엔지니어와 검증 엔지니어를 위한 요구사항을 작성하라. 요구사항은 작성자의 문학적인 역량을 과시하기 위해 작성되어서는 안 된다. 요구사항 작성자에게 어려운 부분은 요구사항을 작성할 때 그들의 가정, 편견 혹은 전제를 사용하지 않는 것이다. 대신, 작성자는 그들의 지식을 독자에게 알리고 상세한 내용을 설명하는 것을 목표로 해야 한다. 대상 관객을 위한 쓰기는 다음의 기법으로 향상된다.

- 입력에서 출력이 아니라 **출력에서 입력**으로의 동작을 정의하라.
- 동작을 암시하기보다는 출력의 동작을 명시적으로 구체화하라.
- 각각의 출력 혹은 기능을 위한 모든 관련 정보를 한곳에 두어라. 설계자가 정보를 얻기 위해 문서 전체를 탐색하도록 강요하지 마라. 하나의 입력이 모든 출력에 영향을 주는 전역 요구사항을 사용하지 마라.
- 구현이 아니라 **기능**을 정의하라. 요구사항은 그것을 어떻게 하느냐가 아니라 하드웨어가 무엇을 하는가에 초점을 맞추어야 한다.
- 응용 혹은 다른 문맥상의 정보를 설명하기 위해 정보 구문을 사용하라. 또한 정보 구문은 특정 용어 및 키워드에 대한 정의를 포함할 수 있다. 만약 설계 혹은 구현의 어떤 측면이 중요하다면, 그것을 정보 구문 안에 설명하라.

작성자는 기능을 설명하기 위해 필요한 모든 상세한 내용을 추가해야 한다. 독자가 이미 무엇을 아는지 혹은 독자가 무엇을 가정하는지에 대한 가정을 하지 마라. 독자가 상세한 내용을 추가하거나 알아내도록 강요하기보다는 요구사항 내에 상세한 내용을 채워라. 용어를 정의하기 위해 용어 사전 혹은 문서의 지정된 섹션을 사용하라. 요구사항 문서 전반에 걸쳐서 일관된 방식으로 정의된 용어를 사용하라.

요구사항은 그것을 적용할 때 타이밍 의존성을 정의해야 한다. "10.0 microseconds +/−0.1 microsecond"와 같이 특정 타이밍에 대한 허용 오차를 사용하라. 타이밍을 구체화하기 위한 또 다른 방법은 "within 5.0 microseconds" 혹은 "before the next rising edge of the input clock `MSTR_CLK`"와 같이 한계를 사용하는 것이다. 동작의 모든 측면에 대해서 허용 오차와 함께 타이밍을 구체화하라. 모든 타이밍 사양에 대해서 측정가능한 참조점을 제공하라.

요구사항은 동시 입력 혹은 이벤트가 존재하는 상태에서 동작이 예측될 수 있도록 하기 위해 독자에게 우선순위 순서를 알려줄 필요가 있다. 우선순위를 전달하는 언어를 사용해서 리셋이 발생할 때 어떤 동작이 발생하는지 그리고 리셋이 다른 입력을 오버라이드하는지를 독자가 알 수 있게 해주어라. 가장 높은 우선순위로 "unconditionally"와 같은 단어를 나타내는 것은 요구사항이 중요성의 순서를 구체화할 수 있게 한다. 우선순위를 나타내는 다른 방법은 입력 혹은 이벤트가 처리되는 혹은 응답하는 순서를 정의하는 것이다. 순서는 리스트에 있을 수 있고 혹은 테이블에 정의될 수 있다.

요구사항 표준은 DO-254의 일부이지만 그것은 또한 요구사항 캡처와 해석을 강화한다. 요구사항에 대한 표준을 사용하는 것은 표준화된 문서 형식을 낳게 될 것이다. 이것은 팀멤버들이 요구사항 문서에서 정보를 어디에서 찾아야 하는지를 쉽게 알 수 있게 한다. 팀멤버들은 요구사항 문서가 표준의 내용과 형식을 가지고 있을 때 프로젝트에 좀 더 쉽게 기여하거나 팀에 추가될 수 있다. 또한 표준은 새로운 직원이 기술적인 기여를 하게 만드는 방법을 이해하도록 돕는다. 그들은 그것이 이미 정의되어 있기 때문에 문서 구조와 표현형식을 고안하려고 노력할 필요가 없다. 표준은 "should", "shall", "can", "will", "may" 그리고 "might"와 같은 필요성의 조동사 및 가능성의 조동사에 대한 의미와 사용을 정의한다.

템플릿의 사용은 요구사항 캡처를 위해 추천된다. 템플릿은 요구사항 작성자가 기능의 모든 측면을 깊이 생각하는 것을 돕는다. 만약 템플릿의 어떤 측면이 기능과 관련되지 않는다면, 템플릿의 그 부분은 해당되지 않는다고 표시될 수 있다. 또한 템플릿은 요구사항이 작성되는 방법에서의 일관성을 보장하고 요구사항 표준을 적용하는 것을 도와준다. 조직 전체에 템플릿을 사용하는 다른 이점은 엔지니어들이 새로운 프로젝트에 대해서 새로운 요구사항 방법을 배우는 것 없이 프로젝트에 쉽게 기여할 수 있을 때 깨닫을 수 있다. 전형적인 템플릿은 다음과 같이 표현될 수 있다.

- 기능 이름
- 용어 정의
- 추적성 링크
- 파생 요구사항에 대한 정당성
- 출력(들)
  - 설명
  - 단위
  - 인코딩(버스, 비트 수 그리고 최하위 자리의 가중치)
- 출력에 영향을 미치는 입력(들)
- Power-on 동작: 전원이 처음 적용될 때 신호의 동작
- 리셋 응답: 리셋 assert 혹은 리셋 deassert 후의 신호 상태
- Assert 동작: 활성 상태로 출력을 asserting하기 위한 요구사항
- Deassert 동작: 활성 상태로부터 출력을 deasserting하기 위한 요구사항
- Invalid 동작: 잘못된 혹은 정의되지 않은 입력과 함께 제시될 때 신호가 동작해야 하는 방법

마지막으로, 요구사항은 입력과 출력 사이에 원인/결과 관계를 표현해야 한다. 입력(혹은 타이밍 이벤트)은 원인이고, 출력은 결과이다. 이것은 도식적으로 다음과 같이 표현될 수 있다.

```
The {output or verifiable aspect}
      shall
            {effect}
                  when {cause}
```

일단 요구사항이 이런 식으로 구조화되면, 그것은 설계 및 검증 프로세스를 지원한다. 잘 구성된 요구사항은 추가적인 시간과 노력이 필요할 수 있지만, 그만큼 가치가 있다. 일단

완전하고 잘 구성된 요구사항 세트가 생성되고 리뷰되면, 요구사항에 표현된 기능을 구현하기 위한 설계를 생성하는 것은 훨씬 더 빠르고 효율적이다. 시험과 분석을 위한 검증 프로세스는 설계가 시작되기 전이라도 요구사항과 함께 진행할 수 있다.

PLD 요구사항

PLD를 위한 요구사항은 설계와 검증 프로세스를 용이하게 하기 위해 구조화될 수 있다. 입력과 출력은 0 혹은 1(false 혹은 true)의 값을 가진 디지털이기 때문에, 요구사항 표현은 출력이 true(1) 혹은 false(0)인 조건하에서 설명하기 위해 패턴화될 수 있다. 또 다른 접근법은 출력이 asserted 혹은 deasserted일 때를 정의하는 것이다. 그러면 요구사항 문서는 asserted 혹은 deasserted 출력이 high 혹은 low, 1 혹은 0, true 혹은 false를 의미하는지를 정의할 것이다. 입력에 대한 기능에 대해서 출력으로 요구사항을 작성하는 것은 PLD에 대한 하드웨어 설계 언어 혹은 회로에 대한 스키매틱의 동일한 구조를 따른다. 하드웨어 설계 언어는 일련의 이벤트가 발생했을 때, 타이밍 이벤트가 발생할 때, 혹은 리셋이 발생할 때 출력 신호가 할당되는 방법을 나타내기 위해 구문을 사용한다.

앞서 언급된 것처럼 다음과 같은 요구사항 템플릿을 사용한다.

- 기능 이름
- 기능의 출력
- 출력에 영향을 미치는 입력(들)
- 용어 정의
- 추적성 링크
- 파생 요구사항에 대한 정당성
- Power-on 동작 : 전원이 처음 적용될 때 신호의 동작
  - Power-on 조건 동안에 출력의 동작을 설명하는 요구사항(들)
- 리셋 응답 : 리셋 assert 혹은 리셋 deassert 후의 신호 상태
  - 리셋 조건을 따르는 동안 혹은 즉각적으로 출력의 동작을 설명하는 요구사항(들)
- Assert 동작 : 활성 상태로 출력을 asserting하기 위한 요구사항
  - 입력 조건이 만족될 때 assert되는 출력(들)의 동작을 설명하는 요구사항(들)
- Deassert 동작 : 활성 상태로부터 출력을 deasserting하기 위한 요구사항

- 입력 조건이 만족될 때 deassert되는 출력(들)의 동작을 설명하는 요구사항(들)

- Invalid 동작 : 잘못된 혹은 정의되지 않은 입력과 함께 제시될 때 신호가 동작해야 하는 방법
  - 입력 조건이 잘못되거나 정의되지 않을 때 출력(들)의 동작을 설명하는 요구사항(들)

템플릿의 구조는 HDL의 구조를 반영한다. 첫 번째 요구사항은 리셋 입력에 대한 응답에 대한 것이다. HDL 프로세스의 첫 번째 섹션은 클럭과 리셋 입력을 디코드하고 정상적인 입력을 처리하기 전에 리셋에 응답한다. 이것은 또한 출력 신호를 형성하는 다른 조건들보다 리셋의 우위를 설정한다. 두 번째 요구사항은 충족되는 입력 조건에 대응하여 활성 상태로 출력을 assert하는 것이다. HDL 프로세스의 두 번째 섹션은 클럭과 입력을 디코드하고 만약 게이트 조건이 만족하면 출력을 assert한다. 세 번째 요구사항은 충족되는 입력 조건에 대응하여 비활성 상태로 출력을 deassert하는 것이다. HDL 프로세스의 세 번째 섹션은 클럭과 입력을 디코드하고 만약 게이트 조건이 만족한다면 출력을 deassert한다. 출력을 deassert하기 위한 특정 조건이 필요하지 않을 때, deassert 요구사항은 단지 assert를 위한 조건이 만족하지 않을 때 출력을 deassert한다고 언급할 수 있다.

[그림 4-7]은 요구사항 구조와 그것이 설계를 반영하기 위해 어떻게 구성되는지를 보여준다.

그림 4-7 | 요구사항의 구조와 설계

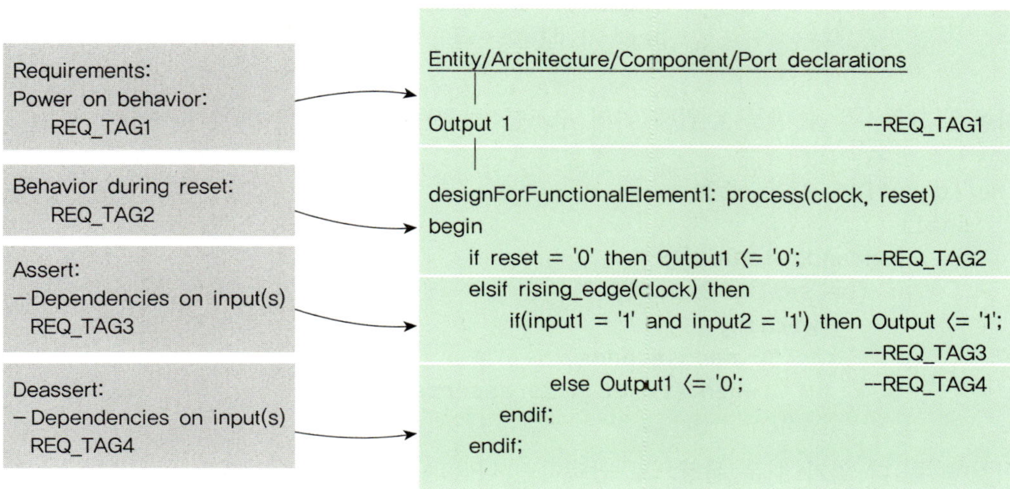

PLD 요구사항은 유사한 템플릿으로 대체해서 설명될 수 있다.

```
The {output or verifiable aspect}
    shall
        {effect}
            when {cause}
```

이것은 전형적인 요구사항 측면의 좀 더 완전한 세트로 확장될 수 있다.

```
The {output or verifiable aspect}
    shall
        {precedence modifier}
          {assert, deassert, set to value}
            {timing modifier}
              {absolute or relative time event}
                when {input condition or absolute time event}
```

괄호 안에 보이는 modifier를 채우면, 구조는 다음과 같이 된다.

```
The {output or verifiable aspect}
   shall
      {always, unconditionally, only}
         {assert, deassert, set to value}
            {before, after, when, during}
               {xx nsec, the next rising edge of a lock, read/write
                asserts low}
                 when {inputs are set to a combination of hi/low, a
                       sequence of events has occurred or a timed
                       period elapses}
```

다음은 요구사항을 만들기 위해 위의 구조를 채우는 요구사항의 예를 보여준다.

```
The {d_out[15:0] pins}
   shall
      {unconditionally}
         {be set to 0x0000}
            {within}
               {50 nanoseconds}
                  when {reset_n is asserted low}
```

이것을 좀 더 읽기 쉬운 문장으로 압축하면 다음과 같이 될 수 있다.

```
The d_out[15:0] pins shall unconditionally be set to 0x0000 within 50
nanoseconds when reset_n is asserted low.
```

다음은 요구사항에서 필요하지 않은 조건에 대해서 해당 사항 없음(n/a)을 남겨둔 채로, 위의 구조를 채우는 요구사항의 또 다른 예시이다.

```
The {d_out[15:0] pins}
    shall
         {n/a}
            {be set to the current_position_value}
               {within}
                  {50 nanoseconds}
                     when—
                        {read_en_n is asserted low and
                        cs_n is asserted low and
                        addr_in[16:0] = 0x12C2} during a processor read
```

이것을 좀 더 읽기 쉬운 문장으로 압축하면 다음과 같이 될 수 있다.

```
The d_out[15:0] pins shall be set to the current_position_value within 50
nanoseconds when read_en_n is asserted low, cs_n is asserted low, and
addr_in[16:0] = 0x12C2 during a processor read.
```

앞선 요구사항은 또한 FPGA 레지스터로의 접근을 표현하는 방법을 보여준다. 요구사항에서 명시적으로 레지스터를 사용하기보다는(그것은 설계 상세 내용으로 생각될 수 있다) 쓰기 및 읽기 트랜잭션의 관점에서 어드레스로의 접근이 설명된다. 레지스터 쓰기의 경우, 설계에서 레지스터에 해당하는 어드레스에 대해서 컨트롤 신호가 FPGA에 데이터를 쓰도록 설정되는 동안 요구사항은 데이터 버스상에 데이터를 가지는, 결과적으로 관측가능한 영향을 언급한다. 레지스터 읽기의 경우, 설계에서 레지스터에 해당하는 어드레스에 대해서 컨트롤 신호가 FPGA로부터 데이터를 읽도록 설정될 때 요구사항은 데이터 버스상에 어떤 데이터가 있을지를 언급한다.

복잡한 조건이 요구사항에 만들어지고 표현될 수 있다. 이것은 일반적으로 출력이 여러 입력 혹은 타임 이벤트에 의존성을 가질 때의 경우이다. 다음 예시는 PLD 로직에서 일반적으로 발견되는 의존성을 표현하기 위한 조건을 합치는 방법을 보여준다. 또한 이들 구조가 그들이 표현하는 논리 게이트 혹은 표현과 일치하는 것을 주목하라.

한 세트의 입력 조건이 동시에 충족되어야만 assert하는 출력은 다음과 같이 표현될 수 있다.

out1 shall assert high within 50 nsec when the following conditions are satisfied:

- Condition1
- Condition2
- Condition3

이 구조는 입력 조건의 논리곱(AND)이다.

입력 조건 중 한 가지가 충족될 때 assert하는 출력은 다음과 같이 표현될 수 있다.

out1 shall assert high within 50 nsec when one or more of the following conditions are satisfied:

- Condition1
- Condition2
- Condition3

이 구조는 입력 조건의 논리합(OR)이다.

입력 조건 중 어떤 것도 충족되지 않을 때 assert하는 출력은 다음과 같이 표현될 수 있다.

out1 shall assert high within 50 nsec when none of the following conditions are satisfied:

- Condition1
- Condition2
- Condition3

이 구조는 입력 조건의 부정 논리합(NOR)이다.

입력 조건 중 적어도 하나가 충족되지 않을 때 assert하는 출력은 다음과 같이 표현될 수 있다.

```
out1 shall assert high within 50 nsec when at least one of the following conditions are not satisfied:
```

- Condition1
- Condition2
- Condition3

이 구조는 입력 조건의 부정 논리곱(NAND)이다.

한 세트의 입력 조건이 동시에 모두 충족하거나 모두 충족하지 않을 때에만 assert하는 출력은 다음과 같이 표현될 수 있다.

```
out1 shall assert high within 50 nsec when either all or none of the following conditions are satisfied:
```

- Condition1
- Condition2
- Condition3

이 구조는 입력 조건의 배타적 부정 논리합(XNOR)이다.

입력 조건 중 오직 하나만 충족될 때 assert하는 출력은 다음과 같이 표현될 수 있다.

```
out1 shall assert high within 50 nsec when only one of the following conditions are satisfied:
```

- Condition1
- Condition2

이 구조는 입력 조건의 배타적 논리합(XOR)이다.

전자 하드웨어 요구사항

전자 하드웨어로부터의 출력 데이터 버스는 PLD 요구사항에 사용된 것들과 유사한 기법을 사용해서 설명될 수 있다. 요구사항은 먼저 물리적인 동작을 설명하고, 그런 다음 논리적인 집합이 설명된다. 입력 구조의 기능으로 출력이 다시 사용된다. 다음 요구사항은 ARINC 출력 데이터 요구사항이 작성될 수 있는 방법의 예시이다. 하나의 ARINC 비트는 null이 따르는 high 혹은 null이 따르는 low이다.

MON_DBUS_P is an ARINC output bus that will have three output values, identified as the low output value, the null output value, and the high output value.

a. [ARINC-OUT-200] MON_DBUS_P shall be set to -10.0 Volts +/- 300 millivolts when a low value is output on the ARINC bus.

b. [ARINC-OUT-210] MON_DBUS_P shall be set to 0.0 Volts +/- 300 millivolts when a null value is output on the ARINC bus.

c. [ARINC-OUT-220] MON_DBUS_P shall be set to 10.0 Volts +/- 300 millivolts when a high value is output on the ARINC bus.

[ARINC-OUT-230] The MON_DBUS_P rise time from null to high and low to null output values shall be 1.5 microseconds +/-0.5 microseconds when a bit is output on the ARINC bus.

[ARINC-OUT-240] The MON_DBUS_P fall time from null to low and high to null output values shall be 1.5 microseconds +/- 0.5 microseconds when a bit is output on the ARINC bus.

[ARINC-OUT-250] MON_DBUS_P shall unconditionally assert to its null output value within 2.0 microseconds after the RESET input signal asserts to logic low.

[ARINC-OUT-260] MON_DBUS_P shall unconditionally remain at its null output value while the RESET input is asserted to logic low.

[ARINC-OUT-270] Each bit of the serial data stream output on the ARINC data bus shall be 10.0 microseconds +/- 5% in duration.

a. [ARINC-OUT-280] MON_DBUS_P shall output either a high output value or a low output value during the first 5.0 microseconds +/- 5% of each bit of the serial data stream.

b. [ARINC-OUT-290] The time for each high or low shall include the time needed to transition from the null to high or the null to low output values.

c. [ARINC-OUT-295] MON_DBUS_P shall output a null value during the second 5.0 microseconds +/- 5% of each bit of the serial data stream.

d. [ARINC-OUT-300] The time for each null shall include the time needed to transition from the high to null or the low to null output values.

[ARINC-OUT-310] MON_DBUS_P shall assert to the high output value during the first 5.0 microseconds +/-5% of the bit when the data content of the bit being generated is logic high.

[ARINC-OUT-320] MON_DBUS_P shall assert to the low output value during the first 5.0 microseconds +/-5% of the bit when the data content of the bit being generated is logic low.

[ARINC-OUT-330] MON_DBUS_P shall default to the null output value when no data is output on the ARINC bus.

[ARINC-OUT-340] MON_DBUS_P shall output 32-bit serial data messages for each LABEL shown in [표 4-2].

[ARINC-OUT-350] MON_DBUS_P shall output a null with a minimum duration of 40.0 microseconds +/- 2.5% between successive 32-bit serial data messages.

[ARINC-OUT-360] Each message shall be output on the ARINC bus once within the period indicated in the RATE column in [표 4-2].

▌표 4-2▐ ARINC Data Bus Message

SSM	SDI	LABEL (Octal)	DATA	RATE
00	00	050	Position Feedback1	30.0 milliseconds
00	00	051	Position Feedback2	30.0 milliseconds
00	00	055	Position Feedback3	30.0 milliseconds
00	00	057	Position Feedback4	30.0 milliseconds
00	00	113	Ram Position Feedback	5.0 milliseconds
00	00	240	Power Status	50.0 milliseconds

복합적인 기능 또한 입력 형식의 기능으로 출력을 사용해서 표현될 수 있다. 출력은 시간 도메인 혹은 주파수 도메인이 추가되기 위해 전송 기능으로 설명된다. 다음 예시는 Label 050의 데이터 필드에 대해 앞선 ARINC 출력을 기반으로 한다. (d) 아래의 주석은 구현 요구사항을 사용하는 것, 즉 명시적으로 설계를 요구사항으로 언급하는 것 없이 작성자의 의도를 전달한다.

```
[ARINC-OUT-380] Message 050 shall have the content shown in [표 4-3].
```

▌표 4-3▐ ARINC Message 050

DATA STREAM BIT	BIT FUNCTION	CONTENTS
1	Label msb	0
2	Label	0
3	Label	1
4	Label	0
5	Label	1
6	Label	0
7	Label	0
8	Label lsb	0
9	SDI	0
10	SDI	0
11	Data	0
12	Data	0
13	Data	`Digitized WING1POSFDBK bit 0 (lsb)`
14	Data	`Digitized WING1POSFDBK bit 1`
15	Data	`Digitized WING1POSFDBK bit 2`

16	Data	Digitized WING1POSFDBK bit 3
17	Data	Digitized WING1POSFDBK bit 4
18	Data	Digitized WING1POSFDBK bit 5
19	Data	Digitized WING1POSFDBK bit 6
20	Data	Digitized WING1POSFDBK bit 7
21	Data	Digitized WING1POSFDBK bit 8
22	Data	Digitized WING1POSFDBK bit 9
23	Data	Digitized WING1POSFDBK bit 10
24	Data	Digitized WING1POSFDBK bit 11
25	Data	Digitized WING1POSFDBK bit 12
26	Data	Digitized WING1POSFDBK bit 13
27	Data	Digitized WING1POSFDBK bit 14
28	Data	Digitized WING1POSFDBK bit 15 (msb)
29	Data Sign	0
30	SSM	0
31	SSM	0
32	PARITY	Odd Parity

[ARINC-OUT-390] The 16-bit digitized value in bits 11 through 29 of Message 050 shall be the binary representation of the FEEDBACK input signal (Digitized WING1POSFDBK), where 0xFFFF indicates a positive full-scale value corresponding to an input voltage of +10.00 Volts, and 0x0000 indicates 0.00 Volts.

Note: A filter is applied to the input for noise reduction and signal shaping.

The Digitized WING1POSFDBK will have the following characteristics:

a. [ARINC-OUT-400] The magnitude of Digitized WING1POSFDBK shall decrease linearly from the FEEDBACK input value when the input frequency is less than 100.0 Hertz.

b. [ARINC-OUT-402] The magnitude of the Digitized WING1POSFDBK shall be 3 dB +/- 1.0% down from the amplitude of the FEEDBACK input at 100.0 Hertz.

c. [ARINC-OUT-404] The magnitude of Digitized WING1POSFDBK shall decrease by 12 dB +/- 1.0% from the amplitude of the FEEDBACK input over each octave (doubling) of the input frequency when the input frequency is greater than 100.0 Hertz.

d. [ARINC-OUT-406] The phase of the Digitized WING1POSFDBK shall be within 2.0 +/- 1.0% degrees of the phase of the FEEDBACK when the input frequency is between 0.0 and 500.0 Hertz.

Note: The intent is for the output to be filtered with a 2nd order low-pass Butterworth function with a 100.0 Hertz -3dB cutoff.

[ARINC-OUT-410] Each bit of the Digitized WING1POSFDBK shall have been digitized from the FEEDBACK input no more than 1.0 millisecond before being transmitted in the serial data stream on MON_DBUS_P.

[ARINC-OUT-420] Bit 32 of Message 050 shall be set to logic high if the sum of the logic highs in bits 1 through 31 is even.

[ARINC-OUT-430] Bit 32 of Message 050 shall be set to logic low if the sum of the logic highs in bits 1 through 31 is odd.

요구사항 구성

요구사항 문서는 하드웨어에 연결된 신호의 정의를 제공함으로써 이득을 얻는다. 한 가지 접근법은 먼저 하드웨어 입력을 기술하고, 그런 다음 하드웨어 출력 그리고 최종적으로 하드웨어에 연결된 양방향 신호를 설명하는 것이다. 그 정의는 각각의 신호에 대한 적절한 이름을 나열한다. 그러면 신호 이름은 문서의 나머지 전반에 걸쳐서 일관성 있게 사용된다. 정의에는 요구사항 혹은 "shall"이 사용되지 않는다. 핀아웃 혹은 연결 다이어그램 또한 포함될 수 있다.

문서의 이어지는 섹션은 하드웨어의 기능에 대한 텍스트 설명을 포함한다. 블록 다이어그램은 기능적인 인터페이스와 신호가 그룹화되는 방법을 보여주기 위해 포함되어야 한다.

그런 다음 요구사항은 DO-254가 기능 구성요소라고 부르는 것으로 구성된다. 간략화된 설명은 기능에 따라서 요구사항을 구성하는 것이다. 각각의 기능 구성요소들 내에 출력을 나열하고, 그런 다음 각각의 출력에 대한 요구사항을 나열하라. 기능 구성요소에 따라 요구사항을 구성하는 것은 특히 모든 전자 기기를 커버하기 위해 작성된 DO-254를 사용할 때, FFPA(Functional Failure Path Analysis)와 Elemental Analysis를 용이하게 할 것이다. [그림 4-8]은 요구사항, 기능 구성요소, 그 다음 각각의 출력의 구성을 보여준다.

그림 4-8 | 요구사항 구성

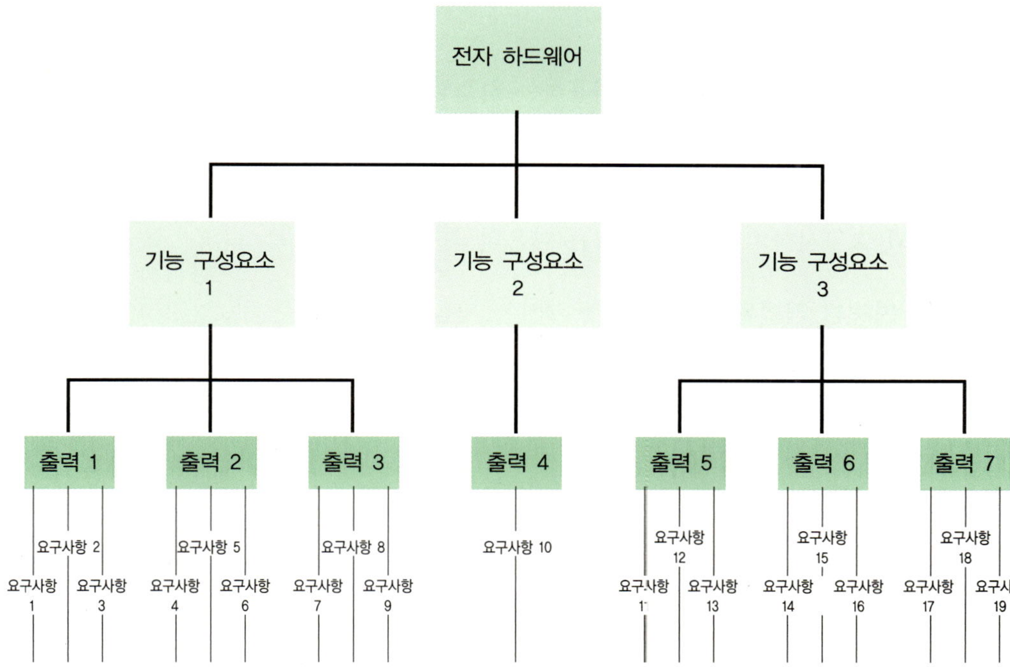

문서는 균형이 잡혀야 하는데 여기서 균형이 잡힌다는 것은 출력 혹은 양방향 신호의 출력 측으로 신호 정의 섹션에 나열된 각각의 신호에 대한 요구사항이 있다는 의미이다. 입력 혹은 양방향 신호의 입력 측으로 신호 정의 섹션에 나열된 각각의 신호는 하나 혹은 그 이상의 출력의 생성과 관련된 조건에서 소비되거나 이용되어야 한다.

시스템, 하드웨어 그리고 소프트웨어

DO-254가 모든 전자 하드웨어를 위해 구상되고 작성되었지만, 현재 규정은 PLD에 대한 준수만을 요구한다. 일부 프로그램과 국제적인 인증 당국은 모든 복합 전자 하드웨어가 DO-254를 준수할 것을 요구하기 시작하고 있다. 시스템에서 전자 기기를 위해 DO-254를 사용하는 한 가지 잠재적인 이점은 소프트웨어 요구사항을 시스템 요구사항으로 그리고 PLD 요구사항을 시스템 요구사항으로 직접적으로 추적하는 딜레마를 극복할 수 있다는 것이다. 모든 것을 함께 묶기 위해 파생 요구사항이 여러 번 추가되고 이들 파생 요구사항은 요구사항에 대한 상위로의 추적이 없다는 파생이라는 의미의 개념을 사용한다. 파생 요구사항의 이러한 스타일은 그것의 발생지가 없는 고아라는 기능성의 패러다임을 사용한다.

ARP4754, DO-254 그리고 DO-178을 사용하는 시스템의 통일된 관점이 이제 가능하다. 이러한 통일된 관점은 연관된 파생 요구사항으로의 설계 결정에 대한 연결을 포함한다. 통일된 관점에서 "파생"은 DO-178과 DO-254의 용어 사전에 정의된 대로 원래의 의미를 갖는다. 시스템과 요구사항의 통일된 관점은 다음의 과정을 거친다.

- 항공기 기능이 식별된다.
- 이들 항공기 기능이 요구사항으로 표현된다.
- 항공기 레벨 요구사항이 시스템으로 할당된다.
- 시스템 요구사항이 시스템 기능과 안전성 프로세스로부터 추가적인 요구사항을 캡처한다.
- 시스템 설계가 시스템 기능, 안전 그리고 신뢰성을 구현하고 실현하기 위해 필요한 아키텍처와 특성을 캡처한다.
- 각각의 추상 레벨은 설계가 나올 때까지 할당된 요구사항을 복사(그리고 반복)한다.
- 그런 다음 설계가 다음과 같이 요구사항이 분해되는 방법을 보여줄 것이다.
  - 소프트웨어, 전자 기기, PLD로 나누기
  - 서로 다른 시스템 표현 간에 변형을 만들기
    - 기계적인 것에서 전기적인 것으로 그리고 그 반대
    - 전기적인 것에서 전기적인 것으로
    - 순환에서 선형으로 그리고 그 반대
    - 3차원에서 2차원으로 그리고 그 반대
    - 로직 비트 혹은 전압을 디스플레이로
- 설계 결정이 캡처되고 다음 하위 추상 레벨에서 파생 요구사항을 위한 요인이 된다.

- 소프트웨어 요구사항이 마이크로프로세서 혹은 마이크로컨트롤러를 호스팅하는 회로 카드에 대한 요구사항으로부터 할당되고 분해된다.
- PLD 요구사항이 PLD 디바이스를 호스팅하는 회로 카드에 대한 요구사항으로부터 할당되고 분해된다.

[그림 4-9]는 요구사항에 대한 이러한 통일된 개념을 보여준다.

그림 4-9 | 통일된 요구사항

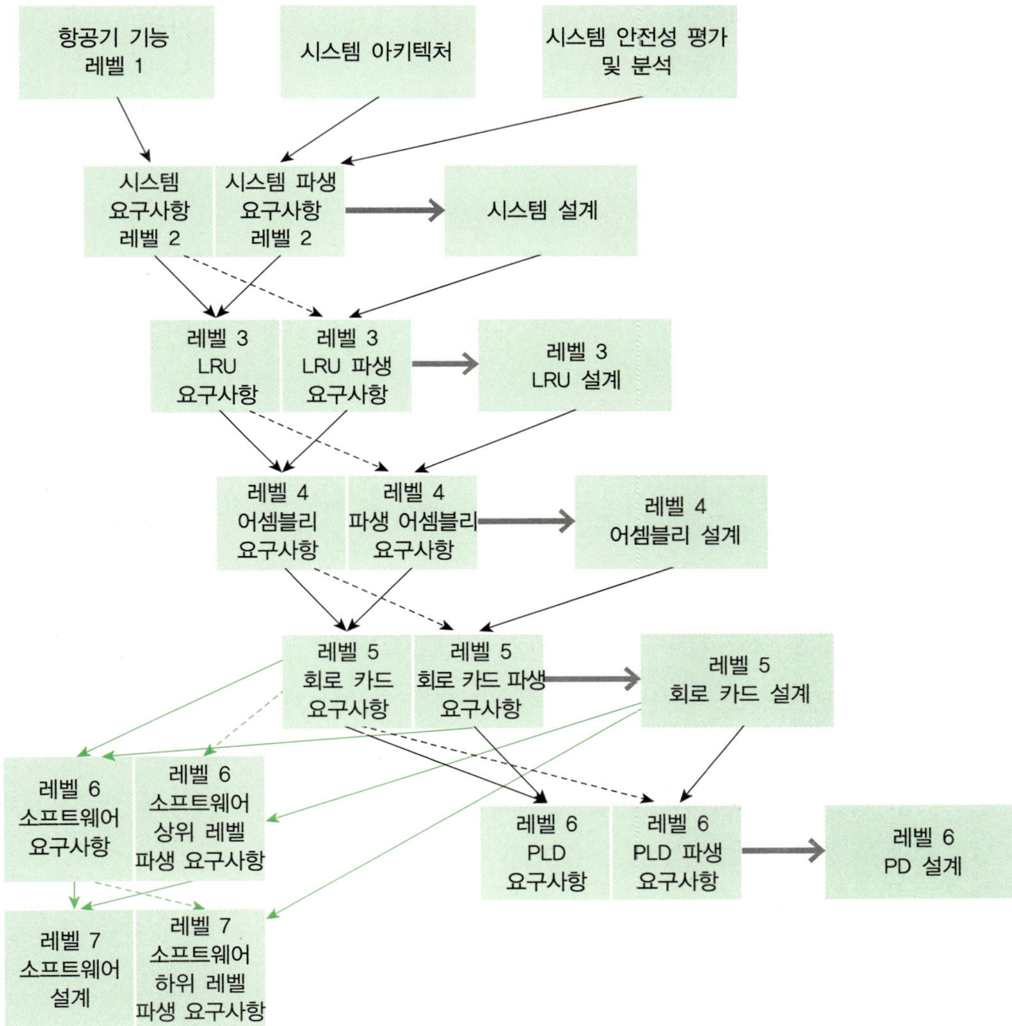

소프트웨어는 전자 하드웨어를 호스팅하며 전자 하드웨어를 통해서 입력을 얻고 출력을 내보낸다. 이제 소프트웨어가 전자 하드웨어로 추적되고 서로 연관되므로 소프트웨어 파생 요구사항에 대한 명확성과 정당성을 높일 수 있다. 소프트웨어는 하드웨어와 소프트웨어 메모리맵, 입력/출력 전기 회로 그리고 하드웨어와 소프트웨어 사이에 필요한 인터페이스와 밀접하게 정렬될 것이다.

이어지는 기능을 만들기 위해 위와 같은 원리를 사용하는 이러한 통일된 접근은, 그것이 실현되는 설계로부터 나타나는 소프트웨어 기능과 요구사항을 가진다. 다시 말해서, 소프트웨어는 마이크로프로세서 혹은 마이크로컨트롤러를 호스팅하는 회로 카드의 일부이다. 소프트웨어 기능은 소프트웨어가 상호 작용하는 전자 하드웨어를 통해서 회로 카드 혹은 보드 레벨 기능을 수행하고 있다. 이제 소프트웨어 요인은 컴포넌트와 전기 회로에 대한 하드웨어 설계 결정으로 추적할 수 있다. 또한 입력/출력 읽기/쓰기로의 소프트웨어 접근은 메모리맵과 하드웨어/소프트웨어 인터페이스로 연결될 수 있다.

가장 심오하게는 이러한 통일된 개념은 DO-178B의 Section 5와 DO-178B의 용어 사전에 원래 제시된 것처럼 일관되지 않은 정의의 사용 및 파생 요구사항의 사용과 관련된 많은 이슈들을 해결한다.

통일된 접근은 LRU 출력에 의해서 구동되는 시스템 레벨 출력을 가진다. LRU 출력은 LRU 입력과 타이밍 이벤트에 대한 응답으로 정의된다. LRU 출력은 회로카드의 출력에 의해서 구동된다. LRU 입력은 회로 카드의 입력을 구동한다. 회로 카드의 출력은 소프트웨어, PLD 그리고 다른 전자 회로의 결합에 의해서 구동된다. 소프트웨어, PLD 그리고 다른 전자 회로 입력은 회로 카드 입력과 회로 카드상의 프론트엔드, 프로세싱 혹은 조건부 회로로부터 온다. 일관된 신호 네이밍 설계와 함께 다양한 추상화 계층을 통해서 이들 신호와 그들의 분해에 대한 정렬이 가능하다. 이러한 정렬은 다양한 레벨을 통한 요구사항의 추적성을 더 쉽게 식별하고 관리하게 만든다. 설계 결정이 캡처되기 때문에, 파생 요구사항과 다양한 레벨을 통한 관련 추적성은 식별하고 관리하기가 더 쉽다.

검증 활동 또한 신호와 통일된 요구사항의 정렬로부터의 이점을 활용하고 이득을 얻을 수 있다. 시스템 레벨 시험은 시스템 레벨 요구사항 및 관련된 LRU 요구사항의 시험 커버리지를 위해 사용될 수 있다. LRU 레벨 시험은 LRU 레벨 요구사항 및 관련된 회로 카드 요구사항의 시험 커버리지를 위해 사용될 수 있다. 회로 카드 레벨 시험은 회로 카드 레벨 요구사항 및 관련된 소프트웨어 및 PLD 요구사항의 시험 커버리지를 위해 사용될 수 있다. PLD가 프로세서와 다른 전자 회로 사이의 브리지로 사용될 때, DO-178 검증 신뢰를 위한 소프트웨어 시험 또한 PLD로 혹은 PLD로부터의 신호를 구동하기 위해 사용될 수 있다. 이것은 소프트웨어와 PLD 요구사항 측면의 시험 커버리지가 함께 검증되는 것을 가능하게 한다.

현재, 많은 프로젝트들이 시스템, LRU, 소프트웨어 그리고 PLD 요구사항의 검증을 위한 시험팀과 활동을 완전히 분리해서 사용한다. 분리된 접근법은 활동의 중복을 낳고 프로젝트 비용을 증가시킨다. 또한 분리된 접근법은 소프트웨어와 PLD를 분리해서 시험하는 경향이 있고, 그것은 소프트웨어와 회로 카드의 의도되지 않은 기능 혹은 잘못된 사이드 이펙트를 관찰하고 탐지할 기회를 놓칠 수 있다. 통일된 요구사항에 기반한 통합된 시험과 검증 접근법은 시험 케이스, 시험 절차, 시험 결과 그리고 관련된 동료 검토의 전체 수를 줄이기 위해 사용될 수 있다.

Chapter 05

확인

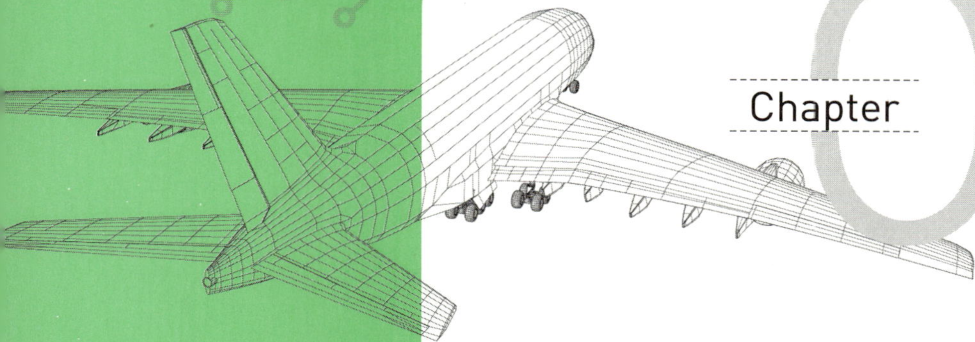

파생 요구사항

파생 요구사항의 생성

확인 방법

확인(validation)과 파생 요구사항(derived requirements)은 긴밀하게 연관되어 있다. 확인의 목적은 파생 요구사항이 정확하고 완전하다는 것을 보이는 것이며 파생 요구사항을 식별하는 목적은 어떤 요구사항이 확인되어야 하는지를 식별하기 위한 것이다. 따라서 어떤 주제의 논의든 필연적으로 다른 것을 논의해야 한다. 왜냐하면 어떤 것도 별개로 존재할 수 없기 때문이다.

파생 요구사항

파생 요구사항의 DO-254 정의는 하드웨어 설계 프로세스의 결과로 생성되는 요구사항으로 바꾸어 말할 수 있다. 이 정의는 흔히 다음과 같은 혼란과 의문을 가져온다는 점에서 다소 모호하다. 설계 프로세스가 어떻게 파생 요구사항을 생성하는가? 파생 요구사항의 특성은 무엇인가? 파생 요구사항은 파생 요구사항이 아닌 것과 어떻게 식별되고 구별되는가?

파생 요구사항은 설계 결정을 지원하기 위해 기능이 하드웨어에 추가될 때, 상위 레벨 기능이 하위 레벨로 내려가면서 분해될 때 그리고 상위 레벨 기능을 지원하지 않는 기능이 생성될 때 만들어진다. 이러한 모든 요구사항의 공통된 특성은 새로운 정보가 정확하고 완전하고 시스템의 의도된 기능(시스템 요구사항에 표현된 것처럼)과 일관성을 가지는 것에 부합하기 위해 평가되어야 하는 — 다른 말로는 확인되어야 하는 — 새로운 정보를 포함하고 있다는 것이다.

소프트웨어 분야에서는 DO-178B Section 5는 파생 요구사항이 상위 레벨 요구사항으로 직접 연결되지 않는 요구사항이라고 언급한다. 이것은 DO-254에서의 정의와는 상당히 다르다. 이전 챕터에서 언급한 것처럼 파생 요구사항에 대한 초기 DO-178B에 함축된 관성이 종종 하드웨어 영역으로 들어온다. 이것은 오랜 기간 동안 DO-178B 정의와 사용이 유일하게 유효한 것이었다는 점을 감안하면 이해할 만하다. DO-178B에서의 정의와 활용에 대한 광범위한 사용 그리고 하드웨어와 문제를 일으킬 잠재성을 고려하면, 그 정의와 그것이 양쪽 문맥 내에서 그리고 공통된 사용에서 DO-254 정의와 어떻게 다른지 그리고 그런 차이가 DO-254 내의 프로세스에 어떻게 영향을 미칠 수 있는지를 논의하는 것이 적절하다.

DO-178B의 용어 사전에서 발견되는 파생 요구사항의 정의는 DO-254의 용어 사전에서 발견되는 것과 거의 동일하다. 하지만 DO-178B Section 5가 상위 레벨 요구사항으로 직접 연결되지 않는 요구사항으로 그 정의를 다시 말하는 반면, DO-254는 그렇지 않다. 대신 DO-254와 그 프로세스는 요구사항이 부모 요구사항으로 추적되는 것을 허용하는 용어 사전의 정의를 고수한다. 사실 파생 요구사항이 상위 레벨 요구사항으로 추적되지 않는다고 언급하는 대신, DO-254는 그 반대이다. DO-254에서 단락 5.1.2-8은 요구사항이 다음 상위 레벨 요구사항으로 추적가능해야 하며 **파생 요구사항은 계층 레벨을 통해서 가능한 한 추적되어야 한다**고 기술한다. 이 문장은 하드웨어 파생 요구사항이 상위 레벨 요구사항으로 추적할 수 있고, 추적하며, 추적할 의도를 가지고 있다는 것에 의심의 여지가 없다.

시스템의 연속된 하위 레벨을 통한 (부모 요구사항으로 추적되는 파생 요구사항으로의) 기능의 분해는 하드웨어 시스템 설계에 사용되는 기본적인 설계 방법의 하나이기 때문에 DO-254 정의는 하드웨어 요구사항에 대해서 매우 적절하다. 부모 요구사항으로부터 하위 레벨 파생 요구사항으로의 이러한 추적성이 없이는, 시스템으로부터 컴포넌트 레벨로 분해하는 것과 같은 추적성 기능은 상당히 적은 의미를 가지며 그 유용성의 상당 부분을 상실한다.

하드웨어 기능이 아래쪽으로 내려갈 때, 그것은 흔히 분해되고 정교해지며, 이러한 분해되고 정교해진 기능은 그들의 상위 레벨 대상으로 연결된다(그리고 연결되어야 한다). 이것은 대규모 하드웨어 시스템의 설계에 대한 핵심 측면이며 하드웨어의 레벨을 통한 추적성은 시스템 기능의 구현이 보장되고 관리되는 방법이다.

그래서 하드웨어 파생 요구사항은 보통 시스템 기능의 하향 흐름이 요구사항에서 캡처된 기능의 분해를 통해서 관리되면서 일반적으로 부모, 즉 상위 레벨 요구사항으로 추적해서 올라간다. 이러한 조건하에서는 파생 요구사항의 두 가지 정의는 충돌할 것이고 하드웨어 파생 요구사항의 상당 부분이 파생이 아닌 것으로 잘못 식별될 것이며 그래서 확인되지 않을 것이기 때문에, 하드웨어의 설계 보증을 감소시키는 결과를 가져오게 될 것이다.

또한 파생 요구사항은 그들을 생성한 부모 하드웨어 설계 특성 및 설계 결정으로 추적해서 올라갈 수도, 다시 말하면 그것으로부터 파생될 수도 있다. 이것은 파생 요구사항에서 캡처된 기능을 추적하기 위한 능력이 추적성의 가장 유용한 이점 중 하나이기 때문에 주목할 가치가 있다. 그것은 설계 프로세스 과정에서 가장 낮은 하드웨어 레벨까지 거치고 내려가서 시스템 기능을 추적하고 확인하는 것을 가능하게 할 뿐만 아니라 설계에 대한 향후 변경을 추적하고 관리하는 것을 상당히 용이하게 만든다. 만약 파생 요구사항에 대한 DO-178의 함축된 의미가 하드웨어와 구분 없이 사용된다면 초기 개발 과정에서 그리고 미래에 변경할 때 모두 설계 보증에서 상당한 갭을 남기면서 추적성의 유용함 중 상당 부분을 잃게 된다.

따라서 추적성은 시스템 기능의 추적을 유지하기 위한 유용한 수단을 제공하지만 실제로 요구사항이 확인되어야 하는지의 여부와는 무관한 기능적인 분해의 한 측면일 뿐이므로 파생 요구사항을 식별하기 위해 추적성을 사용하는 것은 하드웨어를 위해 효과적이지도 합리적이지도 않다.

파생 요구사항의 DO-178에 함축된 의미를 사용하는 것은 일반적으로 수수께끼를 낳게 될 것이다. 만약 파생 요구사항이 상위로 추적되지 않는 요구사항으로 정의된다면, 그들은 그들을 만든 상위 레벨 기능과의 연결을 잃게 되어 시스템 레벨로부터 기능으로 추적하기 위한 추적성을 소용없게 만들 것이다. 하지만 만약 추적성이 시스템 레벨로부터 기능을 추적하기 위해 정확하게 사용된다면, 파생 요구사항은 그들의 파생된 상태를 지우고 그럼으로써 그들을 확인으로부터 벗어나게 하면서 그들의 상위 레벨 기능으로 추적해야 할 것이다. 따라서 만약 파생 요구사항의 DO-178에 함축된 의미가 DO-254 개발 프로세스와 함께 사용된다면 확인 프로세스가 손상되거나 심지어 전체적으로 붕괴될 위험이 있다. 적어도 그것은 효과적인 확인 혹은 효과적인 추적성 사이에 선택이 이루어져야 한다는 것을 의미할 수 있다.

정의에 대한 이런 충돌을 넘어서는 그리고 하드웨어 설계 보증에서 결과적 허점을 막는 한 가지 방법은 DO-254 그리고 그 프로세스의 목적 및 목표와 관련이 없거나 혹은 심지어 반하는 특성에 의지하지 않는 파생 요구사항에 대한 정의를 발견하는 것이다. 앞서 언급한 것처럼, 확인과 파생 요구사항은 긴밀하게 연관되고, 그래서 DO-254에서 확인 프로세스의 목표로 돌아가는 것은 파생 요구사항이 실제로 무엇인지를 이해하는 것을 도울 수 있고, 그 프로세스에서 합리적이면서도 실제적인 정의를 "파생"하는 것을 도울 수 있다.

확인의 목표는 파생 요구사항이 정확하고 완전한지를 검증하는 것으로 DO-254에 정의되어 있다. DO-254 영역에서 오로지 파생 요구사항만이 확인되고 그래서 요구사항을 파생되는 것으로 식별하는 요점은 완전함과 정확성에 대해서 확인받아야 하는 요구사항을 식별하는 것이고 그것들은 무결성에 대해서 검증되어야 하는 어떤 종류의 정보를 포함하기 때문에 확인되어야 한다. 만약 확인 목표가 반영된다면, 파생 요구사항에 대한 적절한 (그리고 여러모로 더 유용한) 정의는 그것이 정확하고 완전한지를 보장하기 위해 확인될 필요가 있는 요구사항이다. 이 정의는 파생 요구사항은 확인되어야 하는 정보를 포함한 모든 요구사항이다로 설명하도록 정제될 수 있다.

위의 정의는 용어 사전의 정의와 DO-178의 함축된 의미 모두를 능가하는 이점을 가진다. 그것은 용어 사전의 정의보다 더 쉽게 적용되고, 추적성에 독립적이며(그래야 한다), 그것은 특히 DO-254와 확인의 목표로부터 파생되며, 따라서 특히 DO-254와 확인의 목표를 만족한다.

파생 요구사항의 생성

모든 기능(다시 말하면, 요구사항으로 표현되는)은 항공기 레벨에서 유래되며 그래서 그러한 요구사항은 확인될 필요가 있다. 이러한 요구사항의 확인은 요구사항의 시작 세트가 완전하고 올바르며, 항공기 기능이 항공기 레벨 관점으로부터 기능을 완전하게 구체화하는 올바른 요구사항 세트로 시작한다는 것을 보장한다.

만약 그러한 요구사항에서의 기능이 다음 하위 레벨에 대해서 이미 적절하다면, 다음 하위 시스템 레벨에서 항공기 레벨 기능의 일부(즉, 요구사항)는 변경 없이 (할당되어) 내려간다. 그 기능의 일부(그리고 그들의 요구사항)는 프로세스 내에서 파생 요구사항을 생성하면서 다음 하위 레벨에 적절한 관점에서 그들을 구성하는 기능을 표현하기 위해 분해되고 또한 상위 레벨 요구사항에 직접 관련되지 않은 새로운 기능이 더 많은 파생 요구사항을 생성하면서 추가된다. 또한 상위 레벨 설계 특성은 일반적으로는 상위 및 하위 레벨 하드웨어 간의 상호 작용 혹은 하위 레벨 하드웨어의 상위 레벨 하드웨어로의 통합을 정의하기 위해 더 많은 파생 요구사항을 생성하면서 하위 레벨 하드웨어의 기능을 좌우할 것이다. 이 프로세스는 시스템의 모든 레벨에서 반복된다. [그림 5-1]은 요구사항 분해와 할당 그리고 파생 요구사항의 추가를 보여준다.

파생 요구사항은 모든 추상 레벨 혹은 설계에서 유래하거나 기능을 추가할 수 있다. 이러한 파생 요구사항은 그들이 정확하고, 완전하며 상위 레벨 기능과 일관성 있고, 시스템에서 그들의 레벨에 적절하다는 것을 보장하기 위해 그들이 생성된 레벨에서 확인될 필요가 있다.

그림 5-1 | 요구사항의 하향 흐름

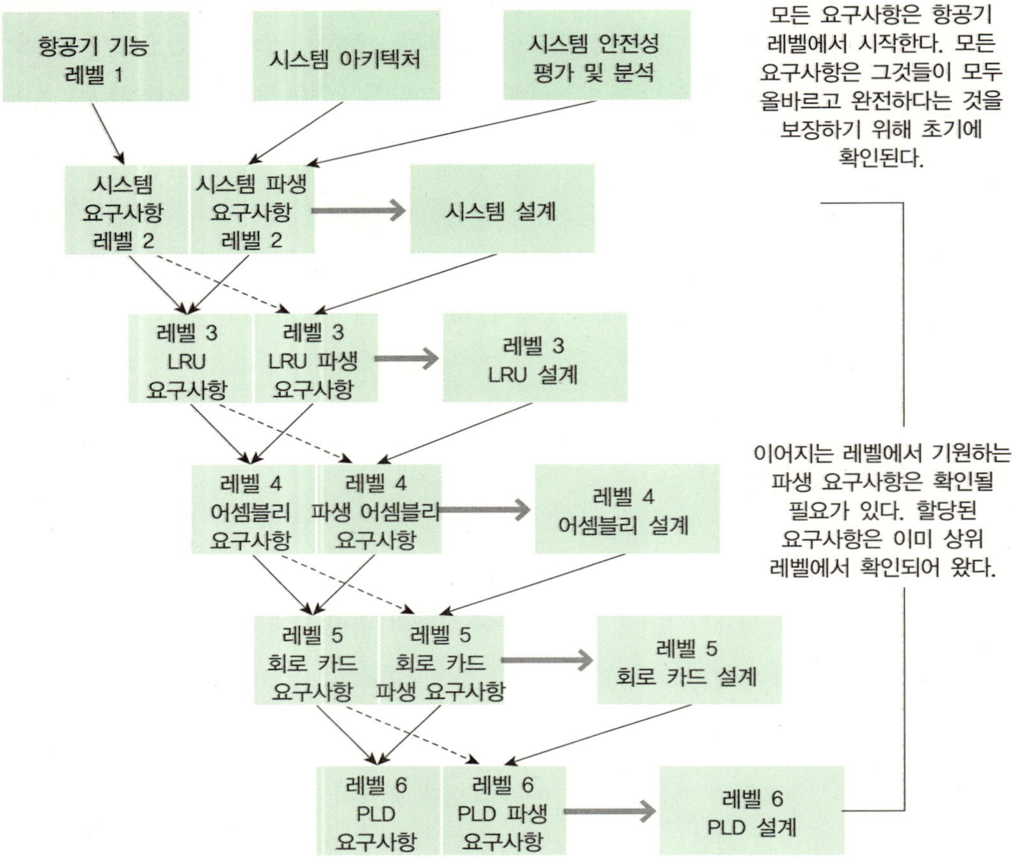

또한 파생 요구사항은 안전성에 영향이 없다는 것을 보장하기 위해 시스템과 항공기 관점으로부터 평가되어야 한다. 만약 어떤 기능이 상위 레벨 기능 고장 경로에 있는 하드웨어에 추가되는 것은 최악의 경우에 해당하는 시나리오가 될 것이다.

파생 요구사항은 파생된 것으로 식별되어야 하며 만약 그것이 시스템 안전성과 관련된다면 비 파생 요구사항과 마찬가지로 그들 또한 표시되어야 한다. 또한 파생 요구사항은 정당성, 즉 다시 말하면 확인 데이터를 포함해야 하는데, 그것은 요구사항과 그 파라미터를 정당화하기 위해 사용된다. 이상적으로는 이 정당화는 리뷰어가 파생 요구사항이 정확하면서도 완전한지를 결정하는 것을 허용하기에 충분한 정보를 포함할 것이다. 요구사항의 확인은 그런 결정을 내리기 위한 정당성에 대한 분석을 포함해야 한다. 만약 리뷰어가 정당성의 분석을 통해서 그 요구사항이 정확하고 완전하다는 것을 결정할 수 없다면 그것은 일반적으로 그 정당성이 완전하지 않다는 신호이다.

임의의 사양조차도 임의의 값이 선택된 방법을 설명하는 정당성을 포함해야 한다. 예를 들면, 만약 FPGA 출력이 ADC의 클럭 입력을 구동한다면 그리고 클럭의 유휴 상태의 값 (클럭 신호가 생성되지 않을 때 클럭의 로직 레벨)이 ADC의 기능에 영향 없이 high 혹은 low가 될 수 있다면, 요구사항은 클럭이 생성되지 않을 때 유휴 상태의 값이 하나의 값 혹은 다른 값으로 세팅되도록 임의로 특정될 수 있다. 특정된 로직 레벨이 자의적일 수 있지만, 여전히 그 결정의 임의성에 대한 정당성을 설명함으로써 입증되어야 한다. 이 경우에 그 요구사항에 대한 정당성은 클럭에 의해서 구동되는 특정한 ADC는 유휴 상태의 값에 대해서 high 혹은 low 어떤 것이든 받아들일 수 있고, 그래서 그것은 하나의 값으로 임의로 설정되었다는 것이 될 것이다. 임의의 사양의 경우, 설계에 대한 향후의 변경이 기능에 영향을 주지 않고 특정 값을 변경할 수 있다는 점을 고려할 수 있도록 사양이 임의적이라는 바로 그 사실이 문서화되어야 하는 중요한 정보이다. 만약 설계의 임의성이 문서화되지 않으면, 향후에 시스템에 대해서 작업하는 혹은 새로운 응용에서 이전에 개발된 하드웨어로 FPGA를 사용하는 엔지니어는 모든 관련 정보를 마음대로 사용할 수 없을 것이고 따라서 완전한 정보에 기반한 결정을 내리기 위한 위치에 있지 않을 것이다.

확인 방법

확인은 리뷰, 분석, 혹은 심지어 시험을 통해서 달성될 수 있지만, 항공전자 하드웨어에 대한 파생 요구사항을 확인하는 가장 공통된 방법은 리뷰이다. 파생 요구사항의 리뷰는 자체 기준과 결과를 가지고 독립된 활동으로 수행될 수 있고, 혹은 그들이 적용하려고 하는 요구사항의 유형이 어떤 것인지에 대한 리뷰 기준이 명확하다면 다른 비 파생 요구사항의 리뷰와 함께 합쳐질 수 있다. 어떤 경우에는 파생이든 아니든 모든 요구사항을 전체 리뷰 기준을 가지고 리뷰하는 것이 더 쉬울지 모른다. 이러한 접근의 장점은 그들을 나타내는 모든 기능과 요구사항이 하드웨어의 해당 레벨에 적절한지를 보장하면서, 시스템의 현재 레벨에 대한 적용가능성 및 적합성에 대해 할당된(직접적으로 흘러내려 온) 요구사항을 평가할 것이라는 점이다. 할당된 기능과 요구사항을 간과하는 것은 그들이 적절하다는 것을 확인하지 않는 것이므로 그들이 존재하는 하드웨어 레벨에 적절하지 않은 요구사항이 발생할 수 있다.

확인에 대한 리뷰 기준은 다음 사항을 포함해야 한다.

- 각각의 파생 요구사항이 정확하다.
- 각각의 파생 요구사항이 완전하다.
- 정당성은 파생 요구사항에 대한 근본적인 이유를 제공한다.
- 각각의 파생 요구사항은 시스템 기능에 미치는 영향에 대해서 평가되어 왔다.
- 각각의 파생 요구사항은 항공기 기능에 미치는 영향에 대해서 평가되어 왔다.
- 각각의 파생 요구사항은 파생 요구사항으로 적절하게 식별되었다.
- 모든 비 파생 요구사항이 파생된 것이 아닌 것으로 적절하게 식별되었다.

파생 요구사항 리뷰 기준에 따라서 확인을 수행하는 리뷰어는 다음을 대표하는 팀멤버를 포함해야 한다.

- 최종 아이템(PLD 혹은 회로 요구사항)에 대한 요구사항의 작성자
- 부모 하드웨어의 설계자—특히 파생 요구사항이 설계 결정에서 기인할 때
- 시스템 요구사항
- 항공기 요구사항
- 안전성
- 항공전자 하드웨어에 대한 피지명자 혹은 인증 당국
- 시스템에 대한 피지명자 혹은 인증 당국

파생 요구사항이 설계 결정의 지원을 위해 추가될 때, 예를 들면 만약 PLD가 아날로그 디지털 변환기(ADC) 디바이스로 어떻게 인터페이스해야 하는지에 대한 PLD 요구사항이 특정한 ADC 디바이스를 컨트롤하기 위해 PLD를 사용하는 설계 결정으로부터 파생된다면, 리뷰는 상위 레벨 설계의 설계 데이터에 대해서 파생 요구사항을 평가해야 한다. PLD의 경우, 이것은 PLD 주변에 있는 집적 회로에 대한 데이터시트와 함께 PLD 요구사항을 리뷰하는 것으로 해석할 수 있다. 만약 회로 카드 설계자가 PLD가 구동하는 특정 회로를 사용하기로 결정하면, PLD 출력은 그 회로에 대해서 규정된 신호 레벨과 타이밍을 만족할 필요가 있다.

파생 요구사항이 제조 혹은 시험을 지원하기 위해 추가될 때, 그 파생 요구사항은 제조

혹은 시험 장비의 사양에 따라서 리뷰될 필요가 있다.

분석은 확인에서 광범위하게 사용된다. 심지어 요구사항 리뷰조차도 파생 요구사항이 정확하고 완전한지를 결정하기 위해 어느 정도의 분석이 요구될 것이고, 그래서 실제로는 리뷰와 분석이 병행하는 경우가 많다. 만약 파생 요구사항이 시스템 레벨에서 유압 액추에이터 변위 파라미터를 전자 기기 박스 레벨에서 동등한 전압 혹은 전류 컨트롤 신호 출력으로 변환하는 것과 같은 성능 파라미터의 해석 혹은 변환을 포함한다면, 기계적인 것으로부터 전기적인 파라미터로 변환이 정확했는지를 확인하기 위해 분석이 사용될 수 있다. 만약 적절한 시험 셋업이 이용가능하다면 변환을 확인하기 위해 시험 또한 사용될 수 있다는 것에 유의하라. 사실, 시험은 그것이 기계적인 그리고 전기적인 파라미터 간의 현실 세계에서의 변환을 제공하기 때문에 거의 틀림없이 선호되는 방법이다.

시험은 기능보다는 설계 특성(구현)을 구체화하는 요구사항을 확인하기 위해 사용될 수도 있다. 검증 챕터에서 논의된 것처럼 구현 요구사항은 검증의 독립성을 의도하지 않게 방해할 수 있고 또한 요구사항에서 의도된 기능보다는 설계가 캡처되기 때문에 하드웨어가 의도된 기능을 구현한다는 것을 검증하는 것을 막을 수 있다. 이런 일이 생기면 의도된 기능을 증명하는 부담은 확인에 주어지며 하드웨어가 의도된 기능을 만족하고 있다는 것을 보이는 유일한 실제 방법은 검증이 하는 것과 거의 동일한 방법으로 하드웨어를 시험하는 것이다. 시험을 통한 확인은 구체화되고 있는 설계가 의도된 대로 수행될 것임을 보이기 위해 프로토타입 하드웨어상에서 수행될 수 있다. 완성된 하드웨어를 시험하여 확인하려면 하드웨어가 확인되지 않은 요구사항에 기대어 설계되고 만들어져야 하므로 만약 요구사항에 에러가 있었다면 재작업되어야 할 수 있다.

Chapter 06

Philosophy 101: 설계 사례를 통한 설계 보장

DATDP

- 디바이스 선택
- 설계 철학
- 설계 수행

앞서 언급한 것처럼 DO-254는 안전하고 신뢰할 수 있는 전자 기기를 만들기 위해 엔지니어가 사용할 수 있는 기술적인 정보를 거의 혹은 전혀 가지고 있지 않다. 대신 첫째, 설계에 오류가 부주의하게 삽입되는 것을 최소한으로 하고, 둘째, 삽입된 오류를 드러내고 수정할 수 있도록 보장하는 프로세스와 방법론에 초점을 맞춘다. 전자 기기처럼 빠르게 발전하는 분야에 대해서 기술적인 기준 혹은 표준을 성문화하는 것은 항공 산업을 매우 짧은 시간에 심각하게 마비시킬 수 있기 때문에 기술적인 지침이 없는 것은 적절하다. 따라서 설계의 기술적인 측면은 FAA 감독자와 그들의 지정된 개인 혹은 조직의 기술적인 리뷰와 승인에 종속되는 설계 엔지니어 그리고 그들 회사의 설계 표준의 결정에 대부분 맡겨진다. 따라서 설계의 기술적인 내용은 DO-254에 의해서 가이드되지 않을지 모르지만, 기술적인 내용이 FAR의 기술적인 목표를 따른다는 것을 표면적으로는 보장하기 위한 다른 체크가 마련되어 있다.

일부 사람들에게는 설계 보증의 이러한 측면이 다소 당황스러울 수 있지만, 설계자에 의해서 사용되는 프로세스가 DO-254에 있는 목표를 따르고 성실한 태도로 수행된다면, 설계에서의 불확실성 중 상당 부분이 문제에서 제외될 것이라는 점은 주목할 만한 가치가 있다. 이러한 불확실성을 제거하는 것은 DO-254의 설명되지 않은 목표이다.

DO-254는 규정 요구사항을 만족하기 위한 방법으로 설계 보증을 에러를 식별하고 수정하기 위한 방법론으로 정의한다. 여러 면에서 그러한 DO-254의 정의는 구체적인 기술적 지침의 부족을 포함해서 DO-254의 내용 중 상당 부분을 요약한다.

설계 보증에 대한 DO-254의 정의는 고신뢰 시스템 설계의 전체 영역에 대해서 고려할 때, 설계 보증의 "백엔드"로 간주될 수 있는 것을 다룬다. 그것은 에러가 설계에서 발생하거나 혹은 그렇지 않으면 주입된 후에 에러를 탐지하고 제거하는 정량적인 프로세스(에러는 없지만 안전하지 않은 설계 특징으로 취급되는 대부분의 주관적 기술과 반대되는)에 주로 초점을 맞춘다는 점에서 본질적으로 반응적이다. 그것은 설계 보증의 "프론트엔드"를 직접적으로 거의 설명하지 않는데, 이는 의도적 혹은 비의도적 어느 쪽으로든 엔지니어 혹은 설계 도구에 의해서 하드웨어로 설계되는 안전하지 않은 설계 특성을 막기 위한 것이다. DO-254는 안전하지 않은 설계 특성을 탐지하기 위해 사용될 수 있는 설계 리뷰를 제공하지만, 그것은 안전하지 않은 특성을 식별하고 이해할 능력이 있는 리뷰어에 상당히 의존하며, 이는 회사의 엔지니어링 문화가 불완전한 설계 방법과 철학에 의해 물들게 되면 가능하지 않을 수 있다. 다시 말하자면, 만약 회사의 엔지니어링 문화가 안전하지 않은 설계 특성과 방법의 사용을 장려하고 표준화한다면, 리뷰어의 관점은 그런 문화를 반영하고 그러한 특성과 방법을 정당화할 것이며, 그래서 동료 검토는 단지 그러한 안전하지 않은 설계 특성과 방법이 설계에 "적절하다"는 것을 확인할 것이다.

DO-254에서 제시된 바와 같이 설계 보증은 프로젝트 수행의 다양한 레벨에서뿐만 아니라 설계 프로세스 내에 여러 지점에서 여러 방법을 통해서 구현된다. 잘 계획된 그리고 체계적으로 수행된 설계 프로세스에 초점을 맞춘 설계 보증의 분명한 측면에 더해서, 설계 프로세스가 정확한 시간과 정확한 무결성으로 정확한 출력을 생성하고 있다는 것을 지속적으로 확인하기 위해 백그라운드에서 작동하는 지원 프로세스가 있다. 이러한 지원 프로세스는 형상 관리, 프로세스 보증, 확인, 검증 그리고 인증 교섭으로 구성되며, 이 모든 것은 설계 프로세스에 지엽적인 것이지만 만약 FAR을 만족할 수 있는 설계를 만들려고 한다면 필수이다.

설계 프로세스와 지원 프로세스 간의 상호 작용은 ARP4754와 DO-254의 Appendix B에 설명된 아키텍처적인 완화 기법과 유사한 것으로 간주될 수 있다. 이 책의 DO-254에 대한 소개 챕터에서 언급된 것처럼, 아키텍처적인 완화는 전자 회로가 상위 레벨의 아키텍처적인 설계 방법을 통해서 전자 컴포넌트 자체의 내재된 신뢰성보다 훨씬 더 높은 시스템 신뢰성을 실현할 수 있는 방법이다. 마찬가지로 프로세스 시스템에 유사한 철학을 사용하는 것은 단지 구조화된 설계 프로세스의 적용을 통해서만 가능한 것을 넘어서는 설계 보증 레벨을 얻을 수 있다. 이 경우에 설계 프로세스는 전자 회로와 같이 그 자체로 제한된 수준의 우수성을 실현할 수 있을 뿐이다. 아키텍처적인 완화가 전자 회로에 의해서 생성되는 고장과 에러를 캡처하고, 고립시키고 그리고 무효로 하는 방법과 유사하게 프로세스 주도의 방법이 설계 에러를 식별하고, 캡처하고 제거해서 프로세스의 유효한 신뢰성을 엄청나게 증가시키는 것이 — 아키텍처적인 완화와 유사한 — 지원 프로세스이다.

DO-254의 Section 5에 제시된 설계 프로세스는 "전통적인" 설계 프로세스의 예시이다. 전통적인 설계는 학생들에게 그들의 설계가 설계에 대한 통제를 최대화하고 에러의 가능성을 최소화하는 구조화된 프로세스를 따른다는 개념을 소개하기 위한 기본 엔지니어링 과정에서 종종 배우는 프로세스이다. 크기, 복잡도 혹은 목표에 관계없이 모든 프로젝트는 설계자가 그것을 깨닫지 못하고 의식적으로 그것을 따르려고 노력하지 않는다고 할지라도 설계 프로세스의 단계들을 통해서 순환할 것이다. 이것은 엔지니어가 문제를 해결할 때 자연스럽게 채택할 사고 과정—무엇이 잘못된 것인지 알아내기, 만약 문제를 수정한다면 어떤 수정 혹은 해결책으로 해야 하는지를 결정하기, 수정을 실행하기 위한 방법을 생각하기, 수정안을 만들기 그리고 그 다음 그것이 실제로 원래 문제를 수정하는지 확인하기 위해 수정을 시험하기—을 반영하기 때문이다.

DO-254의 Section 5에 있는 설계 프로세스는 다음과 같은 설계 활동의 다섯 "단계들"로 구성된다.

1. 요구사항 캡처 단계, 하드웨어 아이템의 요구사항이 문서 그리고/혹은 요구사항 관리 시스템에 구상되고, 작성되고, 캡처되며 하드웨어 DAL에 적절하게 형상 관리 시스템에 버전 컨트롤된다.
2. 개념 설계 단계, 요구사항에 표현된 기능을 구현하기 위한 상위 레벨 전략이 개념화되고 문서화된다.
3. 상세 설계 단계, 개념 설계가 하드웨어에 구현될 설계(일반적으로 PLD를 위한 HDL 코드 그리고 non-PLD 전자 하드웨어를 위한 설계 다이어그램)로 정교화되고 정제된다.
4. 구현 단계, 상세 설계가 하드웨어 구현으로 변환되고 그런 다음 하드웨어가 설계된 대로 동작하는 것을 확인하기 위해 개발 시험된다.
5. 생산 전이 단계, 하드웨어 설계의 최종 버전이 일련의 생산을 위해 준비된다.

이론적으로 이러한 단계들은 순서대로 수행될 의도를 가지고 있지만, 현실적으로 프로젝트 일정과 리소스의 실질적인 고려는 일부 단계들을 겹치거나 혹은 심지어 동시에 실행할 것을 종종 요구할 것이다. 이것은 엄격하게는 "정확한" 것이 아니지만, 프로세스는 그런 변형을 수용할 만큼 충분히 유연하고 여전히 충분한 설계 보증을 생산한다. 만약 조직의 일반적인 설계 관례가 그런 중복과 동시성을 포함한다면, 프로젝트 HDP의 설계 프로세스 설명은 그런 변형이 프로세스의 설계 보증과 그 결과로 나오는 하드웨어 아이템을 희생하거나 혹은 영향을 주지 않고 허용될 수 있다는 주장을 입증하는 정당성과 함께 이를 작성해야 한다.

또한 HDP에 설명된 설계 프로세스는 지원 프로세스, 특히 형상 관리, 확인 그리고 검증 프로세스와의 지속적인 상호 작용을 설명해야 한다.

사용되는 (그리고 HDP에 문서화된) 설계 프로세스가 DO-254에 있는 설계 프로세스와 같아야 하는 것은 아니지만, 5.1.1, 5.2.1, 5.3.1, 5.4.1 그리고 5.5.1절에 언급된 목표를 만족해야 한다. 프로세스가 그러한 목표를 완전하게 만족한다는 것을 보일 수 있고 그러한 목표가 만족되었다는 것을 증명할 산출물을 생성하는 한 사실상 어떤 설계 프로세스도 받아들여질 수 있다. 또한 프로세스는 존재하는 단계가 DO-254 목표를 지원하는 한 동일한 단계를 가질 필요가 없다. 다른 설계 프로세스의 DO-254에 있는 프로세스 목표로의 이러한 "맵핑"은 DO-254 프로세스가 개념에서 구현까지 설계 프로젝트의 자연적인 흐름을 캡처하는 방법이기 때문에 일반적으로 간단하다. 속담에도 있듯이 다른 이름을 가진 장미는 여전히 장미이듯이 설계 프로세스에 다른 라벨 및 단계를 붙여도 그 프로세스가 합리적인 무결성을 가지고 있고 너무 많은 특이한 혹은 과도하게 애매한 관례를 포함하지 않는 한 개발의 필수적인 흐름을 변경하지 않을 것이다.

설계 프로세스가 DO-254의 5.1.2, 5.2.2, 5.3.2, 5.4.2 그리고 5.5.2절에 문서화된 활동을 만족해야만 하는 것은 아니라는 것에 유의하라. 그들 단락에 나열된 활동들은 목표를 만족할 수 있는 방법에 대한 제안이지만, 설계 프로세스의 의무적인 측면이 아니며 DO-254 준수를 위한 설계 프로세스를 위해 요구되지 않는다. 하지만 AEH(Airborne Electronic Hardware) 설계를 위해 필요한 무결성을 갖춘 대부분의 설계 프로세스는 그러한 단락에 포함된 모든 지침은 아니더라도 대부분을 포함할 것이다.

또한 DO-254 Section 5는 수락 시험(5.6) 그리고 연속 생산(5.7)에 대한 하위 섹션을 포함하고 있지만 이들 주제의 어떤 것도 설계와 개발 프로세스에서 중요한 요소가 아니다.

DO-254 준수 설계 프로세스는 기본적인 설계 프로세스의 무결성을 강화하고 그것을 좀 더 효과적으로 만들기 위한 지원 프로세스를 가지고 있다는 점에서 전통적인 설계 프로세스와 다르다. 설계 프로세스는 솔루션의 요구사항이 개발되고 기록되며, 그 단계 동안에 에러가 주입되는 것이 최소화되거나 제거되는 것을 보장하면서, 그것들이 정확하고 완전하다는 것을 확인하기 위해 확인 지원 프로세스가 그 요구사항들을 조사하는 요구사항 캡처 단계를 가지고 있다. 설계는 개념 및 상세 설계 단계 동안에 만들어지고, 검증 지원 프로세스는 그 단계 동안에 에러가 주입되는 것이 최소화되거나 제거되는 것을 보장하면서, 그것이 정확하고 완전하다는 것을 확인하기 위해 설계를 조사한다. 하드웨어가 구현 단계 동안에 만들어질 때 하드웨어가 정확하고 완전하며, 그 단계에서 주입되는 에러가 최소화되거나 제거되는 것을 보장하면서, 검증 지원 프로세스는 다시 하드웨어에 대한 조사에 나서고 그것에 대한 상세 시험을 수행한다.

이들 단계 내내 형상 관리 지원 프로세스는 잘못 취급된 데이터를 통해서 에러가 주입되지 않을 것을 보장하면서 요구사항, 설계 그리고 검증 데이터의 각 버전이 문서화되고, 식별되며 관리되는 환경을 만든다. 동시에 프로세스 보증 지원 프로세스는 모든 것이 수행되어야 하는 시점과 방법대로 수행되었다는 것을 확인하기 위해 설계와 지원 프로세스에 의해서 생성된 데이터를 조사하며, 설계와 지원 프로세스가 적절하게 구현되고 실행되고 있는 것을 확인하기 위해 인증 교섭 지원 프로세스는 전체 프로젝트를 조사한다.

최종 결과는 그것으로부터 나오는 어떤 하드웨어든 가능한 만큼의 무결성을 가지고 있다는 것을 보장하기 위해 지원 프로세스가 설계 프로세스로부터 모든 유효성을 얻는 것이다.

하지만 앞서 언급된 것처럼 설계와 지원 프로세스가 설계로 주입되는 에러를 효과적으로 최소화하고 발견되지 않은 그리고 수정되는 에러를 최대화할 수 있지만, 그것이 본질적으로 안전하지 않거나 혹은 하드웨어의 무결성에 불리하게 영향을 줄 수 있는 설계 특성을 식별하고 수정하도록 설계되지는 않는다. 취약하고 본질적으로 신뢰할 수 없는 설계 특성을 식별하고 수정하는 것은 ― 프로세스 혹은 그것을 관리하는 문서로부터 얻어질 수 없는 것들인 ― 경험, 지식 그리고 기술적인 역량에 의해 뒷받침되는 정성적인 판단이 필요하다. 한편, 이러한 기술력의 개발은 안전하지 않거나 신뢰할 수 없는 설계 특성의 도입을 최소화하거나 제거하기 위해 프로세스 내에서 사용될 수 있는 좋은 설계 표준 및 철학을 채택하고 준수함으로써 육성되거나 합성될 수 있다.

DATDP

DATDP(Design Assurance Through Design Practice)는 안전하고 신뢰할 수 있는 설계를 장려하기 위한 견고한 엔지니어링 관례와 방법론을 만들어내기 위해 훌륭한 설계 철학의 사용을 강조하는 엔지니어링 접근법이다. 이는 회로 설계 레벨에서 적용되며, 대체로 고신뢰 전자 기기 시스템을 설계(그리고 감사)하는 수십 년의 경험으로부터 배운 학습의 결과이다. 근본적으로 이러한 접근은 신뢰성이 담기도록 설계하기 위해 에러가 추출되는 시험에만 의지하기보다는 강건한 설계 기법과 철학을 사용하는 것이다. 이는 반응적으로 에러를 제거하는 대신 사전에 신뢰성에 기반해서 설계하는 프로세스이다.

DO-254처럼 DATDP는 비록 DATDP로부터 나올 수 있는 설계 표준이라고 해도, 특정 설계 기법 혹은 회로 아키텍처를 규정하지 않는다. 대신 그 초점은 엔지니어가 안전한 설계를 만들고 그런 다음 시스템의 통합을 약화시킬 수 있는 잠재적인 약점을 발견하기 위해 모든 각도에서 그러한 설계를 객관적으로 조사하는 것을 가능하게 하는 사고방식을 개발하는 것에 있다.

DATDP는 프론트엔드 방식 설계 보증의 세 가지 측면 — 디바이스 선택, 설계 철학 그리고 설계 수행 — 을 설명한다.

디바이스 선택

디바이스 선택은 설계에 사용되는 컴포넌트에 초점을 닺춘다. 대부분의 컴포넌트는 그들이 시스템의 환경 요구사항을 만족한다면 신뢰성 관점에서는 충분하겠지만, 항공 시스템을 위해 필요한 신뢰성을 지원하기 위한 컴포넌트의 능력에 영향을 미칠 수 있는 비환경적 고려사항이 여전히 존재한다.

몇 가지 추천되는 디바이스 선택 지침은 다음을 포함한다. 이 책에 있는 지침은 프로그래머블 로직 디바이스에 초점을 맞추어 작성되어 있는데 그것은 DO-254의 현재 적용이 초점을 맞추고 있는 곳이기 때문이다. 하지만 다른 컴포넌트에도 마찬가지로 적용될 수 있다.

- **시스템이 디바이스를 선택하게 하기** 다시 말해서, 개인적인 선호가 아니라 시스템의 기능, 신뢰성, 안전성, 비용 그리고 관련된 요구사항이 컴포넌트 선택 프로세스를 가이드하도록 하라. 선호하는 컴포넌트를 가지는 것은 허용되지만 그들의 사용은 시스템 요구사항에 의해서 좌우되어야 한다.
- **전력 요구사항, 시퀀싱 그리고 소비량 vs. 온도** 전력 공급의 범위, 전력 공급이 어떻게 관리되어야 하는지, 전력 소비가 온도에 따라 어떻게 달라질 수 있는지에 대한 전력 소비의 기본적인 파라미터를 넘어서는 더 큰 스케일의 고려사항이 있다. 좀 더 전체적인 관점을 유지하고 디바이스가 시스템의 나머지 복잡도와 비용에 어떻게 영향을 미칠지를 고려하라. 예를 들면, 특정 방식으로 배열되어야 하는 두 개의 전력 공급이 필요

한 FPGA는 만약 전력 공급과 관리 회로가 시스템의 복잡도를 뚜렷하게 증가한다면 좋은 선택이 아닐 수도 있다. 추가로 실온에서 매우 적은 양의 전력을 소비하는 일부 디바이스는 더 높은 온도에서 현저히 더 많은 전력 소비가 될 수 있다. 만약 시스템의 동작 온도 범위가 디바이스가 좀 더 전력을 소비하는 때의 온도와 겹친다면, 그 디바이스는 원래 의도했던 낮은 전력 레벨에서 동작하지 않을 수 있고 어떤 경우에는 열 폭주에 취약할 수 있다. 어떤 디바이스를 선택하기 전에 전력 고려사항을 철저하게 조사하라.

- **전자파 허용치** 비록 전자파는 일반적으로 상용 항공기를 위한 고려사항이 아니지만, 전자파 허용치는 상용 항공기의 정상 순항 고도에서 비교적 일반적인 SEU(Single Event Upset)에 대한 민감성을 포함한다. 서로 다른 반도체 소자 기술은 SEU에 대해서 서로 다른 레벨의 민감도를 가지기 때문에 디바이스를 선택할 때는 SEU를 염두에 두어라.
- **서비스 수명** 시스템의 수명 기간 동안 생산이 중단될 수도 있는 부품을 선택함으로써 시스템을 망치지 마라. 성숙한(신뢰도를 형성하기에 충분할 만큼 광범위하고 오랫동안 사용되어 온), 하지만 곧 생산이 중단될 것 같지 않은 부품을 찾아라. 또한 의료 및 자동차 시장을 위한 적절한 부품의 가용성을 보장하는 제조사를 찾아라.
- **리드타임** 디바이스를 회로로 설계한 이후에 실제 디바이스가 당신의 프로젝트를 위한 시간 내에 만들어지지 않을 것임을 발견하는 것은 일정 지연 그 이상을 초래하며, 그것은 새로운 디바이스 유형이 대안으로 설계될 때 설계 에러를 낳을 수 있다. 설계자가 놀라지 않도록 디바이스의 가용성과 리드타임을 숙지하라.
- **기술 지원** 모든 디바이스 판매자들이 이와 관련하여 동일한 것은 아니다. 빠르고 신뢰할 수 있는 기술 지원을 가진 회사와 일하는 것은 일정이 타이트하고 문제가 발생할 때 실제 시간(그리고 비용) 절감이 될 수 있다.
- **제품 지원** 주어진 디바이스에서 설계를 구현하는 것은 하드웨어를 만드는 것의 나머지 절반이다. 판매자의 설계 도구가 사용하기 쉽고 이해하기 쉬운가? 사용자 인터페이스가 논리적인가? 그리고 그 도구들이 설계에 에러를 주입할 수 있는 특징을 가지고 있는가?
- **패키지** 선택된 디바이스가 시스템의 요구에 가장 적합한 유형의 패키지로 제공되고 있는가? 어떤 패키지는 다른 유형들보다 가혹한 환경 조건에 더 적합하다. 디바이스와 그 패키지를 선택할 때 시스템의 환경 및 전기적인 조건에 대해서 생각하라. 디바이스 저장소와 취급 특성 또한 패키지 선택에 영향을 줄 수 있다. 또한 회로 내 검사를 위한

디바이스 핀으로의 접근과 시험을 용이하게 하기 위한 적절한 소켓을 사용할 수 있는지를 고려하라.

- **디바이스 특성** 집적 회로는 수십 년 동안 발전해 왔고 10년마다 복잡도의 증가와 함께 디바이스가 현저하게 더 강력해져 왔다. 특히 FPGA는 수학적인 리소스부터 내장 프로세서에 이르기까지 점점 더 많은 특성들로 가득 차 있다. 이것은 디바이스의 능력을 엄청나게 더하지만, 그 능력은 복잡도를 가져오고 복잡도와 함께 아래쪽으로 갈수록 검증의 부담을 증가시킨다. 게다가 만약 설계가 이들 특성을 모두 사용하지 않으면, 일부 인증 당국은 이들 사용되지 않는 기능들에 대해서 그리고 그것들이 안전 문제를 일으키지 않을 것임을 설계로 어떻게 보장할 수 있는지에 대해서 우려를 표명할 수 있다.
- **서비스 히스토리** 새로운 디바이스를 사용하는 것은 그것이 설계에 아무리 가용하고 이상적이더라도 언제나 최선인 것은 아니다. 상업적인 혹은 산업계의 실적이 없는 디바이스는 인증 당국에게는 문제가 될 수 있다. 설계를 위해 그런 디바이스를 선택하기 전에 동의를 얻기 위해 인증 당국과 논의하라.
- **반도체 기술** 서로 다른 반도체 재료와 제작 기술은 서로 다른 강건성 특성을 가질 것이며, 소비자 제품 영역에서 결점 없이 수행한 어떤 종류의 반도체가 항공기 시스템에서는 그 사용이 배제될 수 있는 약점을 가질 수도 있다. 디바이스를 선택하기 전에 반도체 재료, 아키텍처, 형상 크기, 게이트 유형 및 프로그래밍 방법이 모든 잠재적 운용 환경에서 항공기에 탑재되는 조건에 따라 시스템의 안전에 영향을 미칠 수 있는지 여부를 결정하기 위한 분석을 수행하라.
- **SEU** SEU(Single Event Upset)에 대한 민감성은 반도체 기술에 의해서 많은 영향을 받기 때문에 SEU 고려사항은 반도체 기술과 관련되어 있다. 일부 유형의 디바이스는 단순히 이러한 에러 소스에 더 민감하다. 소프트 에러는 모든 기술에 어느 정도 동일하게 영향을 미칠 것이며 구조적인 완화 혹은 단순히 주기적으로 데이터를 리프레시하는 것과 같은 시스템 레벨 설계 특징을 통해서 완화될 수 있다. PLD의 프로그래밍을 바꿀 수 있는 하드 에러는 더 심각한 이슈이며 반도체 기술에 의존한다.
- **PLD 크기** PLD 크기는 그저 얼마나 많은 회로가 그것에 설계될 수 있는가보다 더 영향을 미칠 수 있다. 때로는 그 응용에 비해 현저하게 큰 디바이스는 사용되지 않는 리소스의 처분에 대해서 인증 당국으로부터 질문과 걱정을 불러일으킬 수 있다. 더 크게 할 수 있는 공간을 허용하면서 PLD를 그 응용에 맞는 크기로 설계를 하되 타당성을 유지하라.

- **속도** 더 빠르게, 더 크게 하는 것이 항상 더 좋은 것은 아니다. 더 빠른 디바이스는 노이즈와 잘못된 신호에 대한 더 높은 민감도, 회로 카드 레벨에서의 더 많은 크로스 토크와 리플렉션 그리고 더 많은 방사 노이즈를 의미할 수 있다.
- **Flash 디바이스에 데이터 저장** Flash 기반 PLD는 제한된 데이터 저장 기간을 가지고 있으며 그 기간은 온도에 따라 달라질 수 있다. 데이터시트의 첫 페이지에 있는 데이터 저장 문구에 전적으로 의지하지 마라. 좀 더 현실적인 값을 얻기 위해 데이터시트에 있는 데이터 저장 테이블을 연구하라. 만약 디바이스가 높은 온도에서 운영된다면 광고되는 20년 혹은 그보다 오랜 기간의 데이터 저장 기간은 상당히 떨어질 수 있다.
- **Power-on 성능** 일부 디바이스는 전원이 켜질 때마다 외부 메모리로부터 그들의 설정을 로드해야 한다. 만약 설정 시간이 정의된 시작 시간 혹은 시스템을 위해 필요한 가용성보다 크다면 그 부품을 선택하는 것은 현명한 일이 아닐 것이다.

설계 철학

설계 철학은 설계 프로세스를 가이드하고 안전하고 신뢰할 수 있는 설계를 만들기 위한 건전한 기초를 제공하는 정신적인 태도, 사고 과정 그리고 설계 규칙을 채택한다. 설계 철학은 높은 무결성의 설계를 유도하는 사고방식과 태도를 만들기 위해 사용된다.

DATDP의 핵심은 안전하고 신뢰할 수 있는 설계를 만들기 위한 기준으로 지금까지 역할을 잘해 온 설계 철학을 함께 구성하는 규칙의 집합이다. "Roy's Rules"이라고도 불리는 이러한 규칙들은 때로는 하찮은 것이지만 본질에 있어서는 그것들이 설계에 적용될 때 신뢰할 수 있는 고수준의 무결성 시스템과 취약하거나 혹은 불충분한 것 사이의 차이를 만들 수 있는 엔지니어링 사고방식을 구체화한다.

Roy's Rule #1: 책임을 전가하는 것은 비싸다 (즉, 자신의 짐을 스스로에게 지워라)

문제가 늦게 수정되는 것은 수정이 더 어렵고 더 비싸다는 것을 경험은 증명해 왔다. 비슷하게 하나의 작업을 제품의 하위 사용자에게 넘기는 것은 유사한 영향을 가져올 수 있고 또한 에러의 가능성을 증가시킨다. 예를 들면, 만약 요구사항 작성자가 스펙의 세부사항을 작성하는 노력을 하지 않고 문서의 독자가 "스스로 알아내기"로 결정한다면 그 요구사항은 상당히 더 비싸지고 에러의 가능성 또한 높아지게 된다. 하나의 문서(혹은 이 경우에는 하나의 요구사항)는 일반적으로 한 명의 작성자와 많은 독자들을 가지며, 작성자는 그 주제를 가장 잘 알고 다른 누구보다 더 효과적으로 상세 내용을 제공할 수 있는 반면에 독자들은 전문지식이 부족하고 같은 정보를 생성하기 위해 훨씬 더 많은 시간을 사용할 것을 감안하면, 독자들에게 스스로 상세 내용을 얻도록 하는 것은 기껏해야 나쁜 비즈니스 결정일 뿐이며 독자가 정보를 얻을 때 실수를 하기가 더 쉽기 때문에 역시 문제가 될 수 있다. 요구사항 작성자가 하나의 요구사항에 대한 세부 내용을 5분 안에 작성할 수 있다고 가정하면 반면에 독자는 그들 스스로 그것을 알아내는 데 10분이 걸릴 것이다. 그리고 만약 그 요구사항을 사용하는 10명의 독자가 있다면, 상세한 정보를 제공하는 것에 대한 작성자의 실패는 그 요구사항에 대한 비용을 20배 증가시킨다. 만약 그 숫자가 문서 내의 불완전한 요구사항의 수로 곱해진다면 (작성자의 태도로 보면 그것은 중대한 것이 될 것 같은데) 상세한 내용을 독자에게 위임하는 단순한 행동이 매우 비싼 제안이 될 수 있고 심지어 나중에 발생할 수도 있는 에러를 수정하는 것과 관련된 비용과 시간을 포함하지도 않을 것이라는 것은 금세 명백해진다.

일반적으로 독자들이 그들 스스로 알아낼 수 있을 것 같은 것들에 작성자가 시간을 소비하는 것을 피하는 방법으로써 일부 상세한 내용을 독자가 알아내도록 남겨두는 것이 요구사항 작성자에게는 유혹적이다. 다른 경우에 있어서는 작성자가 그들의 지식 혹은 경험이 공통되거나 혹은 보편적이지 않다는 것을 이해하지 못한다. 하지만 앞서 설명한 것처럼 이런 식으로 상세 내용을 위임하는 것은 시간과 노력을 낭비하고, 요구사항 상세 내역을 알아내는 과정에서 실수로 인해 지연되며, 요구사항이 검증을 위해 사용될 때 (만약 검증 엔지니어가 요구사항을 잘못 해석해서 잘못된 시험 케이스를 만든다면 훨씬 더한) 지연과 에러가 발생하며, 잘못된 해석이 일찍 잡히지 않고 하드웨어로 들어간다면 비싼 비용으로 하드웨어를 수정하는 결과가 될 수 있다. DO-254는 확인의 목표 중 하나로 완전성을 열거하는데, 그것은 모든 관련된 상세 내용을 제공하지 않는 파생 요구사항은 불충분하며 수정되어야 한다는 것을 의미한다.

일을 위임하려는 강력한 유혹이 있는 또 다른 영역은 HDL 소스 코드에 주석을 작성하는 것이다. 이번에도 그 이유는 일반적으로 설계자가 (좋은 의도로) 독자에게 노력을 전가하는 일부 레벨은 해가 되지 않으며 그들 입장에서 시간과 노력을 줄여줄 것이라고 느끼기 때문이다. 하지만 프로젝트에서 나중에 변경을 할 때 혹은 새로운 응용에서 나중 시점에

코드를 재사용할 때 코드 리뷰를 하는 동안의 리뷰어와 같이, 그 코드를 읽는 어떤 사람에 의해 소비되는 시간과 노력이 배가될 것을 깨닫지 못하기 때문이다. 그리고 요구사항과 마찬가지로 부실하게 주석이 달린 코드는 독자가 해석하고 기능을 알아내는 것이 필요할 것이며, 그것은 이제 오해와 분명한 실수가 발생할 가능성이 있다는 것을 의미하고, 만약 그 실수가 최종 하드웨어로 들어간다면 더 심각한 지연과 비용이 발생할 수 있다. 주석이 잘 작성된 코드는 종종 코드의 라인보다 더 많은 라인의 주석을 가질 것이다. 이것은 어떤 사람들에게는 불필요하게 보일 수 있지만 이것보다 더 적게 주석이 되어 있었던 코드로 리뷰하거나 작업해야 했던 누군가는 세부 내용을 독자에게 위임하는 것이 시간과 노력을 줄이는 방법이 아니라는 것을 증언할 수 있다.

Roy's Rule #2: 예측가능성은 사람들에게는 재미없는 것일 수 있다 하지만 그것은 전자 기기에는 미덕이다

시스템이 매번 동작하는 방법에 있어서 변수 혹은 불확실성이 없는 결정론적인 동작은 사람에게 보일 때는 매우 지루할 수 있지만 전자 기기 시스템에게는 매우 매력적일 수 있는 동작 특성 중 하나이다. 결정론적인 시스템은 모든 구동 조건하에서 예측가능하게 동작할 것이며 시스템의 나머지로부터 받는 입력에 관계없이 근본적으로 그 동작을 바꿀 수 없다. 시스템 혹은 회로가 이런 식으로 동작하도록 설계되면 비정상적인 입력을 포함해서 본질적으로 외부 요인에 영향을 받지 않는다. 하지만 이런 면역성을 생성하는 것은 결정론적인 동작이 아니다. 대신 그러한 결정론과 면역성은 둘 다 환경에 반응하기보다는 환경을 컨트롤하거나 환경에 독립적인 시스템 혹은 회로 유형의 특징이다. 혹은 그 대신 입력이 그 운영이나 동작이 아닌 데이터 출력을 정의한다면 결정론적인 동작을 보여줄 것이다.

이런 개념의 매우 간단한 예제가 [그림 6-1]부터 [그림 6-3]까지 보여지고 있다. [그림 6-1]은 아날로그 디지털 변환기(ADC) 디바이스에 대한 컨트롤 인터페이스를 구현하는 매우 간단한 유한 상태 머신(FSM)을 보여준다.

이것은 컨트롤 회로, 특히 피드백을 제공하는 디바이스에 대한 일반적인 구현 방법이다. 이 경우에 상태 머신은 ADC에서 변환 사이클을 시작하기 위해 상태 1로 증가하고 그런 다음 ADC의 EOC(End of Conversion)를 기다리기 위해 상태 2로 증가하는 지점에서 변환 트리거를 받을 때까지 Idle 상태를 유지한다. EOC 신호를 받을 때 상태 머신은 ADC 읽기

▶ 그림 6-1 | 예제 1: 일반적인 FSM 컨트롤 회로

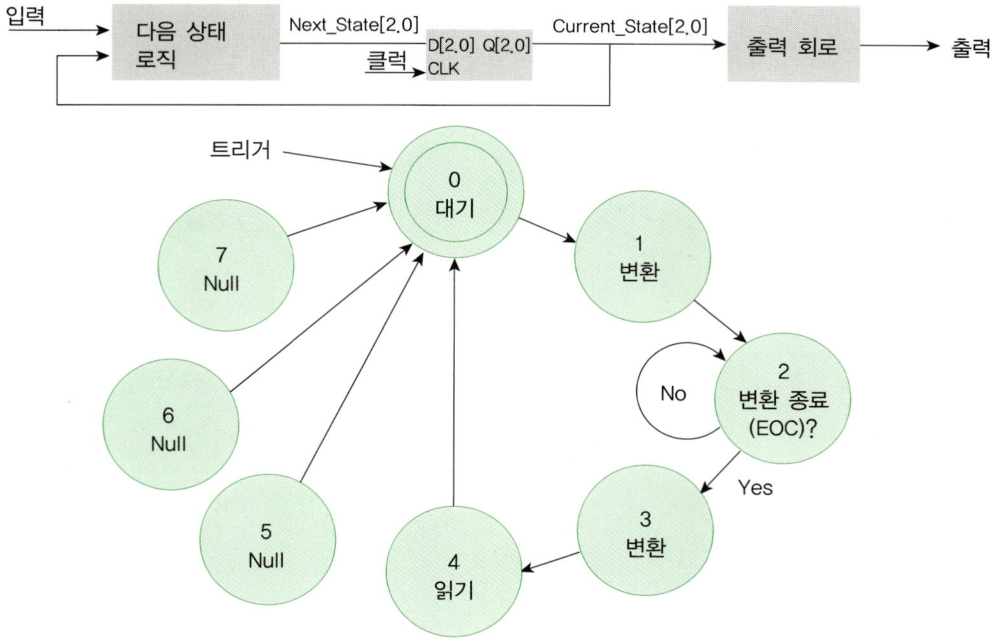

컨트롤 신호를 assert하기 위해 상태 3으로 전환하고 다음 변환 트리거를 기다리기 위해 상태 0으로 돌아가기 전에 ADC의 출력 데이터를 읽기 위해 상태 4로 전환한다.

만약 변환 신호의 끝단이 예상대로 도달하지 않으면 상태 머신이 그 상태에 래치될 수 있기 때문에 잠재적인 고장 모드를 식별하기 위한 이 구현의 조사는 상태 2에서 즉시 0이 될 것이다. 또한 소스 코드와 합성 도구 양쪽에서 적절하게 관리되지 않으면 정의되지 않은 상태가 될 수 있는 세 개의 사용되지 않는 상태(상태 5, 6 그리고 7)가 있다.

이 회로에 대한 개선은 [그림 6-2]에서 보이고 있다.

[그림 6-2]에서 회로는 상태 머신을 대신해서 카운터를 사용하고 있다. 카운터는 변환 시작 트리거에 의해서 0으로 리셋된 다음 0에서부터 TC(Terminal Count)까지 증가하면서 다음 변환 트리거를 래치하고 기다린다. ADC에 대한 컨트롤 신호는 카운터를 디코딩함으로써 생성된다. 이 회로는 이전 예제에서 상태 2에 해당하는 것을 가지고 있지 않으며, 사용되지 않는 상태를 포함하고 있지도 않지만 카운터를 0(시작 상태)으로 리셋하는 트리거 입력을 포함하고 있다는 점에서 반(semi)결정론적이다.

그림 6-2 | 예제 2: 결정론적인 회로

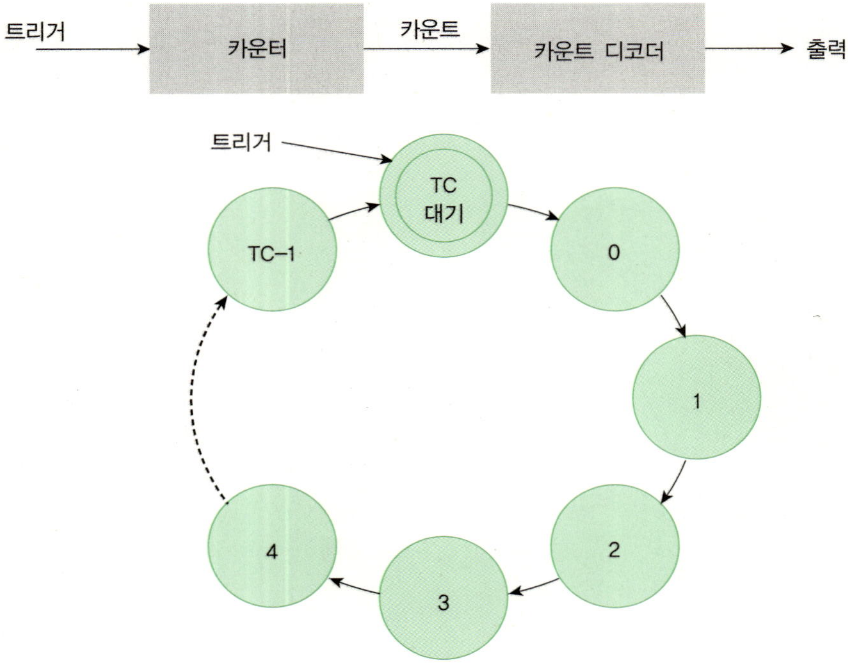

이들 두 예제 사이의 한 가지 중요한 차이점은 두 번째 회로가 만약 첫 번째 회로와 같이 비동기식 ADC의 같은 유형을 사용한다면, ADC의 최대 혹은 워스트 케이스 변환 주기(데이터시트로부터 가져온)를 통해서 카운트할 것이고 그런 다음 ADC로부터의 EOC 신호를 기다리기보다는 출력 데이터를 읽는, 그래서 개방 루프 방식에서 ADC를 구동할 것이라는 점이다. 하지만 이런 유형의 회로를 위한 더 나은 선택은 변환과 출력이 회로에 의해서 생성되는 컨트롤 신호에 의해서 명시적으로 컨트롤되는 동기식 ADC가 될 것이다.

비동기식 ADC를 위해 시간을 표시하기 위한 카운트 상태의 사용은 어떤 이유로든 만약 EOC를 발생하는 것이 실패하는 경우 회로가 끊어지지 않는 것을 보장한다. 따라서 고장난 ADC 혹은 인터럽트된 EOC 신호의 영향은 기껏해야 null 데이터, 상실된 샘플, 혹은 무효화된 데이터가 될 것이며, 이는 시스템 레벨에서 관리될 수 있고 어떤 식으로든 회로의 동작에 영향을 미치지 않을 것이다. 이러한 접근은 특히 데이터 혹은 소스가 손상되거나 아니면 유지될 수 없게 되는 것과 관계없이 회로가 정상적으로 그리고 결정론적으로 동작할 것을 보장하면서 회로의 (그리고 시스템의) 조작성과 데이터 특성 사이의 뚜렷한 분할을 만들어낸다.

이들 예제 중 가장 결정론적이고, 그래서 강건한 것이 [그림 6-3]에서 보이고 있다. 이 회로는 트리거 입력을 제거하고 모든 외부 신호로부터 독립적으로 동작하는 자유 증가형 카운터로 회로를 바꿈으로써 예제 2를 개선하고 있다. 이 회로의 다른 모든 측면은 예제 2와 동일하게 동작한다.

그림 6-3 | 예제 3: 더 결정론적인 회로

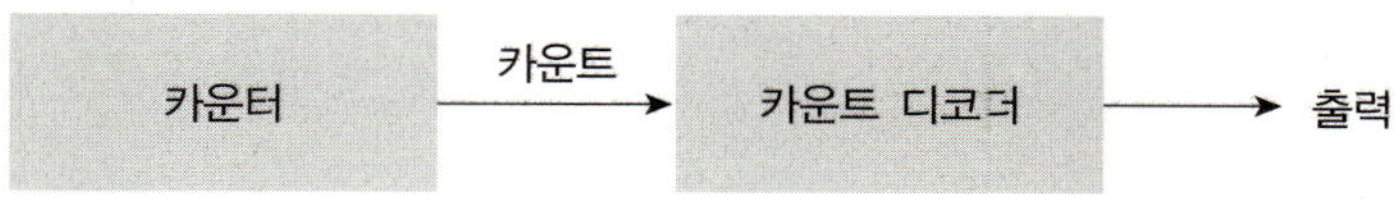

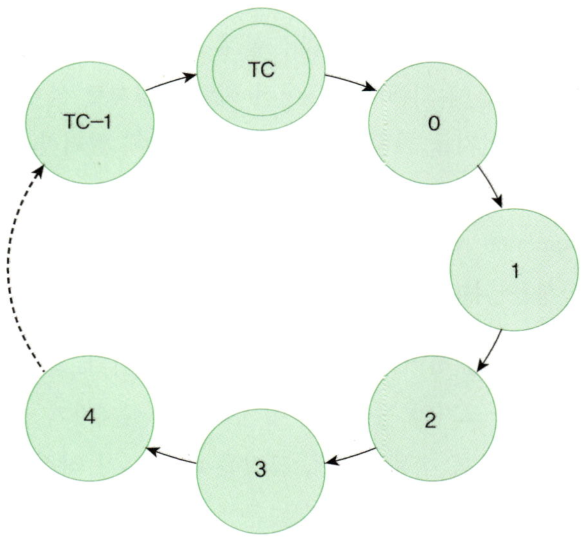

이러한 회로 접근법은 카운터가 시스템에 대해서 주기성 혹은 프레임 속도를 생성하는 마스터 역할에서 가장 잘 동작하므로 예제에서 보이는 것보다 높은 수준에서 가장 흔히 사용될 것이다. 이런 유형의 시스템에서 모든 기능과 회로는 시스템의 모든 특성이 전체 동작과 각각에 대해서 정확하게 타이밍을 맞추는 것을 보장하는 중앙 카운터에 의해서 생성되는 카운트를 디코딩함으로써 동작하고 타이밍이 맞추어진다. 이러한 유형의 자유 증가형 카운터로 설계된 시스템은 시스템이 구동을 시작한 이후 어떤 지점에서든 모든 노드, 레지스터 그리고 심지어 데이터 값까지도 정확하게 예측하고 모델링할 수 있는 진정한 결정론적 동작을 나타낼 것이다.

Roy's Rule #3: 동작이 아닌 설계 로직에 HDL 사용하기

HDL 설계의 세 가지 레벨(동작적, RTL 그리고 구조적) 중 RTL(Register-Transfer Level)은 DO-254에서의 목표 및 프로세스와 가장 호환성이 높다. RTL 설계는 요구사항에 대한 핀레벨 설명 및 각각의 핀레벨 시험과 호환된다. 구조적 HDL은 매우 낮은 수준의 설계 표현이기 때문에 DO-254에서의 프로세스와 방법론이 서브 기능 레벨에 적용될 것을 요구함으로써 프로그램의 비용을 증가시킬 것이다. PLD 설계가 기능적 레벨에서 표현되는 것을 허용하는 장점을 가진 동작적 HDL은 프로그램의 설계 과정에서 시간과 노력을 줄여줄지 모르지만 코드가 하드웨어 그 자체보다는 설계의 행동을 설명하고 있기 때문에 로직 설계는 설계자보다는 설계 도구에 맡겨지게 된다. 설계 도구의 프로세스와 알고리즘은 설계자에게 보이지 않기 때문에 툴에 의해서 만들어진 회로가 실제로 설계자가 그의 설계에 넣고자 의도했던 바로 그 회로인지를 최종적으로 결정하기 위해 철저한 시험을 거치는 것 이외에 다른 방법은 없다. 게다가 설계가 코딩된 상위 레벨은 결과적으로 더 큰 구성요소가 되고, 그것은 설계의 Elemental Analysis에 영향을 미칠 수 있다. 이러한 느슨함의 끝은 설계 보증에서 큰 불확실성을 나타낸다.

RTL 코딩은 두 코딩 방법 사이에 좋은 절충안을 제공한다. 회로 카드의 그것과 동등한 레벨에서 구성요소들의 크기와 복잡도를 유지하면서 설계자가 설계의 구현에 대한 컨트롤의 높은 수준을 가지도록 허용하는데, 그것은 DO-254가 작성된 레벨이다. RTL 코딩의 추가적인 장점은 설계가 툴이 가지고 있는 문제의 축소 특성이 관여될 때 합성 과정에서 마주칠 수 있는 함정의 많은 부분을 낮은 수준의 설계 표현이 피할 수 있도록 해준다는 점이다. 이런 현상의 예는 이 챕터의 설계 수행 부분에 있는 두 번째 예제 회로에서 논의된다.

Roy's Rule #4: 당신의 회로 방탄막을 만들어라 (비록 아무도 그것을 향해 쏘지 않더라도)

이것은 레벨 A 설계의 심각성을 인정하는 엔지니어에게는 정말로 확실해야 한다. 동작하는 회로를 설계하는 것으로는 충분하지 않다. 안전과 신뢰성에 초점을 맞추는 성실한 설계자는 그들의 회로가 방탄막이 되어 있고 예상할 수 있는 모든 동작 조건에 대해서 오동작하거나 예상외의 동작을 하지 않을 것임을 보장하기 위해 최선을 다할 것이다(FAR로부터의 이 구절이 이제는 익숙해져야 한다). 이 룰의 예는 이 챕터의 설계 수행 부분에 있는 첫 번째 예제 회로에서 논의된다.

Roy's Rule #5: 하향식 설계를 사용하라 혹은 상향식을 준비하라

시스템 혹은 기능이 가장 최상위 레벨에서 먼저 정의되고 그 다음 설계의 가장 낮은 레벨로 내려가면서 분해되는 하향식 설계는 시스템 기능과 설계를 정의하기 위해 추천되는 유일한 방법론이다. 최하층 구성요소들로부터 시스템 혹은 설계를 정의하고 그 다음 시스템을 정의하기 위해 위쪽으로 작업하려고 시도하는 상향식 설계는 절대 추천되지 않으며 보통은 이상한 설계 그리고 프로그램적인 재앙이 된다. 하지만 하드웨어 아이템이 하향식으로 정의되고 설계되며 그런 다음 상향식으로 조립되고 시험되는 하향식 설계와 상향식 구현의 조합은 결과적으로 양쪽 세계에서 최선이 된다.

Roy's Rule #6: 당신 자신만의 고장 모드를 찾아라

이 룰이 적용되어야 하는 두 곳이 있다. 첫 번째는 모든 가능성 있고 잠재적인 설계의 고장 모드를 발견하는 것이다. 두 번째는 우리 자신의 고장 모드를 발견하고 인지하는 것이다. 즉, 다시 말하자면 우리 자신과 우리들의 이슈를 이해하고 그래서 우리 자신의 작업을 망치는 것으로부터 우리 스스로를 보호할 수 있다. 첫 번째는 설계가 일반적으로 직접적이며 모든 가능한 고장 원인을 고려하기 위해 분석될 수 있기 때문에 사실상 가장 쉬운 것이다. 반면에 두 번째는 인간 본성과 경험의 예측 불가능성 때문에 복잡하고 어려울 수 있다. 하지만 우리의 한계, 편견 및 비정상 그리고 그것들이 우리의 작업에 영향을 미치는 법을 인식할 수 있는 지점까지 우리 스스로를 이해하는 것은 우리가 그러한 부정적인 영향을 줄이도록 해줄 것이다.

Roy's Rule #7: 절대 가정하지 마라

가정은 지식의 부족에 기반하는 결정이다. 충분히 알고 있다는 것은 가정이 불필요하다는 것을 의미한다. 일부 가정은 지식이 없기보다는 불완전한 것에 기인할 수 있지만, 그것조차도 여전히 정보에 근거한 결정 대신 가정으로 이끄는 지식의 부족이 있다. 가정을 하는 것은 모든 하위 흐름의 결정과 행위를 위험에 빠트릴 수 있으므로 최고의 행동 방침은 가정을 피하고 가능한 한 많은 정보에 근거한 결정에 의지하는 것이다.

Roy's Rule #8: 어려움을 자초하지 마라 (완화보다는 회피가 더 낫다)

이것은 어떤 종류의 위험한 혹은 의문스러운 설계 특성이든 그것을 넣고서 그 영향을 완화하는 것보다는 피하는 것이 더 좋은 생각이라는 의미이다. 예를 들어, one-hot state machine은 신뢰할 수 없을 수 있다. 따라서 one-hot state machine을 PLD에 설계하고 그 약점을 완화하는 방법을 찾는 것보다는 그것을 전혀 사용하지 않고 대신 더 신뢰할 수 있는 대체 회로 유형을 의지하는 것이 더 낫다. 설계에 의도적으로 약점을 주입하는 것은 아무리 그 약점을 잘 완화하더라도 안전 필수 설계의 목표에는 양립할 수 없다.

Roy's Rule #9: DO-254는 우리의 친구이다

DO-254는 업계 모범 사례의 모음이다. 시스템의 신뢰도를 개선할 수 있고 제대로 적용한다면 개발 비용을 줄일 수 있으므로 DO-254에 있는 프로세스들은 수용되어야 하며 꺼리거나 피해서는 안 된다. 사실 DO-254가 모범 사례를 포함하고 있다는 것을 고려하면 레벨 A 하드웨어를 만드는 이는 누구나 이미 DO-254를 따르고 있어야 한다.

Roy's Rule #10: 지금 리뷰하거나 혹은 나중에 비용을 지불하라

동료 검토를 생략하거나 대충 살펴보거나, 혹은 심지어 낮은 품질의 리뷰를 수행함으로써 시간과 돈을 절약하는 것은 유혹적이다. 하지만 이것은 단지 에러를 간과하게 만들 뿐이며, 그것을 아래쪽으로 전파하면서 수정비용이 더 많이 든다. 부족한 리뷰 때문에 통과되는 모든 문제들을 수정하는 것보다는 리뷰가 완전하고 철저한지 확인하기 위한 동료 검토에 조금 더 시간과 노력을 들이는 것이 훨씬 더 쉽고 덜 비싸다.

Roy's Rule #11: 그냥 받아들여라

레벨 A 설계는 흔히 어렵고 비싸다. 일반적으로 그것과 싸우기보다는 그냥 그것을 받아들이고 처리하는 것이 결국은 훨씬 더 쉽다. DO-254를 준수하는 것에도 똑같이 적용된다.

DO-254로의 가장 비싼 접근법은 그것을 피하려고 노력하는 것이고 그것을 피하기 위해 더 많이 노력할수록 그것은 더 비싸진다.

Roy's Rule #12: 나무를 보지 말고 숲을 보라

때때로 프로젝트가 지연되고 시간이 중요할 때는 즉각적인 작업에 집중할 필요성이 큰 그림을 보는 것을 어렵게 만들 수 있다. 결정을 할 때 단지 단기간의 비용 혹은 이익에서가 아니라 프로젝트의 장기간의 운영에서 모든 결정의 영향을 바라보는 것을 항상 기억하라. 잘 동작하고 매력적으로 보이고 혹은 즉각적인 문제를 수정할 수 있는 것이 잘 동작하지 않거나 심지어 장기적으로 문제를 일으킬 수도 있다.

Roy's Rule #13: 요구사항을 요구하라

이 책의 다른 곳에서 설명한 것처럼, DO-254 프로세스는 기능과 기능성에 초점을 맞추며 기능성이 정의되는 방법은 요구사항을 통해서이다. 그리고 이 책의 요구사항, 확인 그리고 검증 챕터에서 설명한 것처럼, 요구사항의 수와 품질은 DO-254를 준수하는 비용과 노력에 엄청난 영향을 미칠 것이다. 요구사항이 그만큼 중요하기 때문에 높은 품질의 요구사항을 만들어내는 데에 많은 노력을 투자하는 것은 타당하다. DO-254의 경험에 따르면 요구사항은 개발 프로젝트의 과정에 영향을 미칠 때 일관되게 가장 영향력 있는 단일 데이터 항목이므로 부족한 요구사항을 나중에 채우기로 고려하는 것조차도 개발 시간, 비용 및 노력의 잠재적 증가를 초래하는 것이다.

요구사항은 프로젝트의 부속물 혹은 문서화에 대한 부담이 아니다. 그것은 설계와 검증 프로세스의 중요한 부분이며 요구사항의 품질이 전체 프로젝트의 수행을 좌우할 것이라고 말하는 것은 과장이 아니다. 그래서 요구사항을 존중해서 다루고 그것에 투입되는 노력과 시간을 줄임으로써 시간과 돈을 절약하려고 시도하는 것을 절대 하지 않는 것이 우리의 의무이다.

Roy's Rule #14: 믿음을 가지지 마라

우리의 설계에 믿음을 가지는 것이 쉬울 수 있지만 종종 현실은 우리의 믿음이 잘못되거나 혹은 현실적이지 않다는 것이다. 다시 말해서, 무언가를 믿는다고 해서 그렇게 되는 것은 아니다. 믿음에 기반한 인증은 FAR을 준수하기 위해 받아들여지는 접근법이 아니다. 받아들일 수 있는 유일한 접근법은 모든 결정과 주장을 확실한 데이터로 뒷받침하는 것이고 그래서 우리는 믿는 것이 아니라 알 필요가 있다.

Roy's Rule #15: 희망은 없다

희망은 레벨 A 설계의 비즈니스로 가는 길에서는 결코 가져서는 안 되는 용어 혹은 개념의 하나이다. 우리는 절대 우리의 설계가 안전하다는 희망을 가져서는 안 되며, 우리는 단지 사실을 통해서 그것을 알아야 한다. 만약 우리 스스로가 최선에 대해서 희망하는 것을 발견한다면, 우리는 아마도 우리의 일을 이제까지 성실하게 하지 않은 것이다. 레벨 A 설계에서는 희망은 없어야 하며, 오직 확신만이 존재해야 한다.

설계 수행

설계 수행은 디바이스 선정과 DATDP의 설계 철학 측면을 조합하고 그것들을 개별 회로의 구현으로 적용한다. 설계 수행은 설명과 개념보다는 간단한 회로 예제를 통해서 가장 잘 제시된다. 다음의 FPGA 설계 예제는 좀 더 신뢰할 수 있는 설계를 구현하고 잠재적인 에러 소스를 완화하기 위해 사용될 수 있는 설계 철학을 사용할 수 있는 방법을 설명하기 위해 실제 회로 이슈를 설명한다.

예제 6.1: 시프트 레지스터

시프트 레지스터는 기본 디지털 로직 회로의 가장 단순하고 가장 유용한 것들 중 하나이다. 하지만 그러한 단순성과 유용성 때문에 흔히 정밀 조사를 벗어나고 잠재적인 에러의 원천으로는 간과될 수 있다.

[그림 6-4]는 FPGA에서 공통 클럭의 상승 엣지에서 시프트하는 간단한 3상 시프트 레지스터를 보여준다.

이 회로를 조사하고 "Roy's Rule" 6번(당신 자신만의 고장 모드를 찾아라)을 적용해 보면, 시프트 레지스터가 동작하는 방법의 근본적인 기준에 근거하는 잠재적인 에러 모드 혹은 약점이 있다. 각 레지스터 출력의 홀드 타임은 클럭 입력의 상승 엣지에 대해서 이어지는

그림 6-4 | 단순 시프트 레지스터

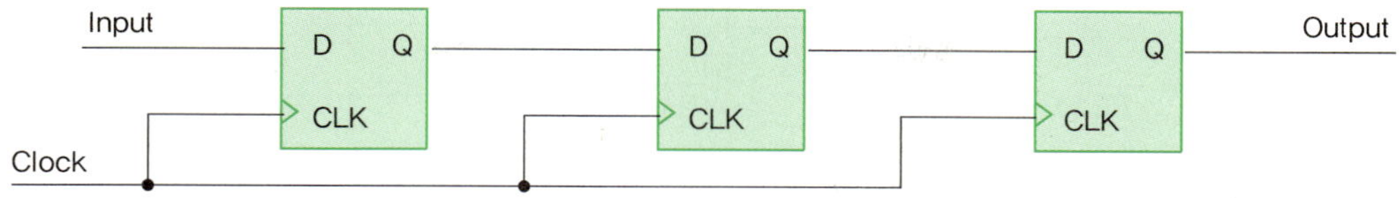

레지스터 입력 셋업 타임과 같거나 초과해야 한다. 다시 말하면, 만약 레지스터의 클럭 엣지와 입력 셋업 타임 그리고 이전 레지스터의 출력 홀드 타임 사이의 타이밍이 정상적인 스펙으로부터 벗어나면 시프트 레지스터는 더 이상 제대로 동작하지 않을 것이다. 이러한 편차는 앞단 레지스터의 출력 홀드 타임에서의 감소, 입력 셋업 타임에서의 증가, 혹은 클럭의 활성 엣지에서의 불균등한 지연을 포함해서 여러 요인들에서 비롯될 수 있다. 이들 중 가장 공통인 것은 라우팅 지연으로 인한 클럭 엣지에서의 지연으로, 이는 클럭 엣지가 서로 다른 시간(clock skew)에 각각의 레지스터에 도달하도록 만든다.

[그림 6-5]는 클럭의 상승 엣지가 세 레지스터 각각에 동시에 도달하는, 정상 동작 시프트 레지스터의 전형적인 파형을 보여준다.

그림 6-5 | 정상 동작 시프트 레지스터에 대한 파형

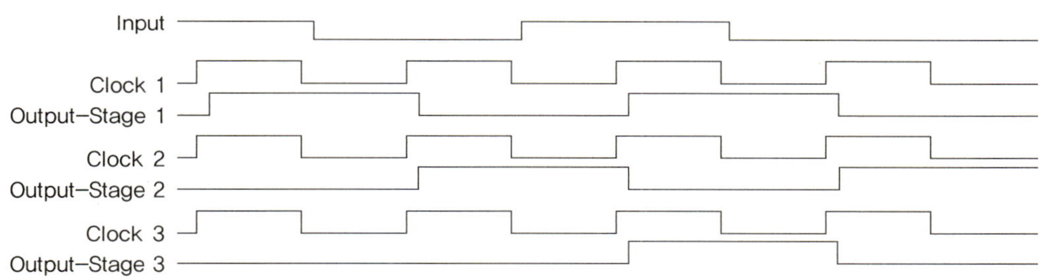

파형에서 볼 수 있는 것처럼 입력 데이터 스트림의 각각의 비트는 세 개의 레지스터 상태를 통해서 시프트되고 시프트 레지스터의 출력에서 나타난다.

정상적으로 동작하는 시프트 레지스터와는 대조적으로, [그림 6-6]은 클럭의 상승 엣지가 세 레지스터 중 두 번째에서 늦게 도달하는 시프트 레지스터에 대한 파형을 보여준다.

그림 6-6 | 두 번째 스테이지에 클럭 스큐를 가진 시프트 레지스터

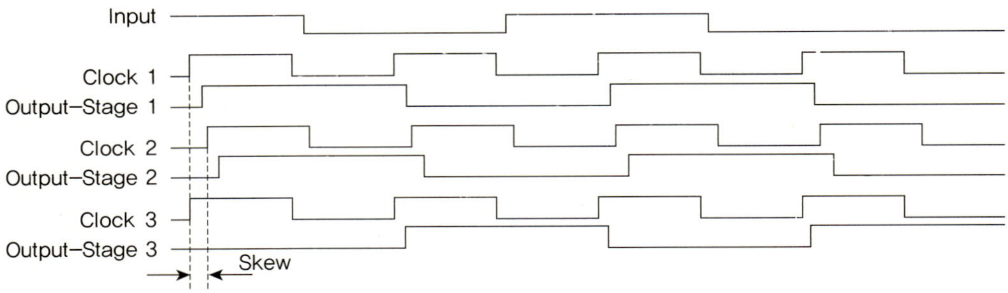

클럭의 상승 엣지가 첫 번째 시프트 레지스터 스테이지의 홀드 타임보다 늦게 도달하기 때문에 두 번째 레지스터는 데이터의 각 비트가 동시에 처음 그리고 두 번째 스테이지 모두 시프트되도록 만들면서, 첫 번째 스테이지로 들어가는 데이터를 통해서 즉시 시프트될 것이다.

클럭 스큐는 다음과 같은 여러 가지 요인에 의해서 발생할 수 있다.

1. 디바이스에서 전용 로우 스큐 클럭 네트를 사용하는 것에 대한 실패
2. 전용 로우 스큐 클럭 네트를 예상대로 수행하는 것을 실패(실제 디바이스에서 이들 네트들은 간헐적으로 여전히 시프트 레지스터가 잘못 동작하도록 만들기에 충분한 스큐를 가지고 있다는 것을 보여왔다)
3. 사용가능한 클럭 네트에 대해서 너무 많은 클럭이 있기 때문에 정상 라우팅 리소스를 사용할 필요성
4. 배치 및 배선 도구의 할당이 도구의 배선 규칙과 충돌되기 때문에 배치 및 배선 도구가 클럭 네트로부터 자동으로 클럭을 제거
5. 네트로의 접근은 핀 할당에 의해서 결정되는데, 입력 클럭 신호가 디바이스상의 잘못된 핀에 할당되어 클럭이 클럭 네트상에 배치될 수 없음

클럭 스큐의 주입은 여러 가지 원인이 있을 수 있고 그러한 원인들 중 일부는 우발적이거나 심지어 설계자에게도 알려지지 않을 수 있기 때문에 Roy's Rule 4번(당신의 회로 방탄막을 만들어라. 비록 아무도 그것을 향해 쏘지 않더라도)은 잠재적인 클럭 스큐 문제를 방지하기 위한 훌륭한 방법이다.

시프트 레지스터를 어떻게 신뢰할 수 있게 만드는가? 문제는 이전 시프트 레지스터 스테이지의 홀드 타임을 초과하는 클럭 스큐로부터 기인하기 때문에 그리고 이 스큐에 대해서 할 수 있는 것이 거의 없다는 것을 가정하면, 논리적인 대안은 클럭 스큐에 영향을 받지 않는(물론 현실적인 한계 내에서) 시프트 레지스터를 설계하는 것이고, 그것을 하는 한 가지 방법은 이전 스테이지의 홀드 타임을 예상되는 어떤 클럭 스큐에 대해서도 초과하도록 강제하는 것이다.

[그림 6-7]은 동기 로직을 사용해서 이것을 하는 한 가지 방법을 보여준다.

그림 6-7 | 컨트롤되는 지연을 가지는 시프트 레지스터

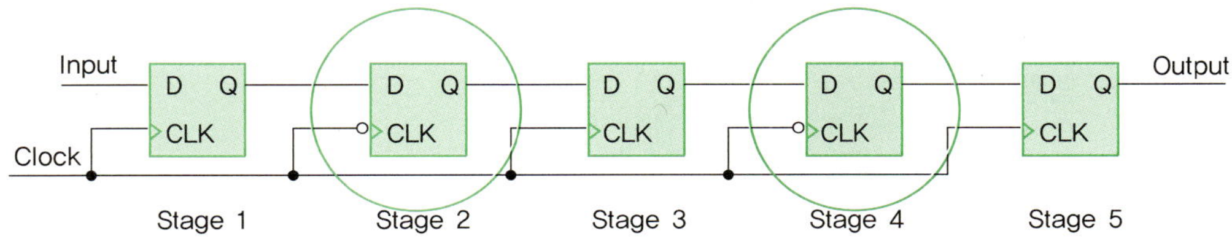

이 솔루션에서는 클럭의 교차 위상을 사용하는 여분의 레지스터들이 시프트 레지스터의 스테이지 사이에 컨트롤되는 지연(스테이지 사이에 비동기 로직이 추가되는 경우 제어되지 않는 것과 대조적으로)을 구현하기 위해 시프트 레지스터 스테이지 사이에 삽입된다. 이것은 시프트 레지스터의 수가 거의 두 배에 이를 수 있지만, 이러한 추가적인 레지스터의 비용은 레지스터가 풍부한 FPGA에서는 미미한 것이다.

[그림 6-8]은 이러한 시프트 레지스터에 대한 파형을 보여준다.

그림 6-8 | 컨트롤되는 지연을 가지는 시프트 레지스터에 대한 파형

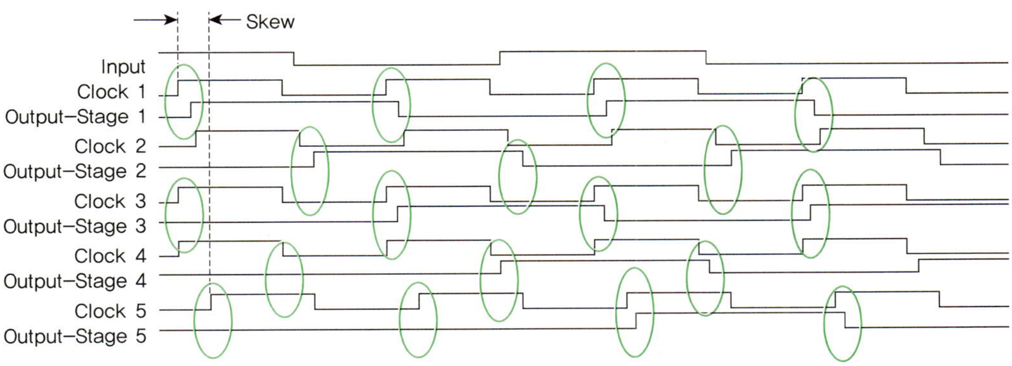

새롭게 삽입된 시프트 레지스터 스테이지는 클럭의 교차(하강) 엣지에서 동작하기 때문에, 시프트 레지스터는 이제 클럭의 상승에서 하강 엣지의 기간까지 어떤 분량의 클럭 스큐에 대해서도 올바로 동작할 것이며, 이는 대칭 클럭에 대해서는 클럭 주기의 절반 정도가 될 것이다.

앞서 언급된 것처럼, 이 예제로부터의 교훈은 강건한 시프트 레지스터를 설계하는 방법이 아니라 그보다는 높은 신뢰도의 설계 철학을 적용하는 것이 일반적으로는 정밀한 조사를 면하는 가장 간단하고 평범한 회로에서조차도 잠재적인 고장 모드를 예측하고 식별할 수 있다는 것이다. 이러한 약점을 식별하고 수정하면 잠재적인 고장가능성을 현저하게 감소시킬 수 있다.

예제 6.2: 합성 도구

회로 설계자들은, 특히 경험이 적은 이들에게는 그들의 설계 도구에 너무 많은 신뢰를 두는 경향이 있다. 이에 대한 문제는 도구가 완전히 그러한 신뢰를 받을 만큼의 자격을 갖추고 있지 않을 수도 있다는 점이다.

[표 6-1]은 하나의 소스 클럭을 3으로 나누는 매우 간단한 클럭 디바이더에 대한 VHDL 코드를 보여준다.

표 6-1 간단한 클럭 디바이더에 대한 VHDL

```
process(clock)
begin
if rising_edge(clock)then
  if Q(1) = '1' then Q <= "00";
  else Q <= Q + 1;
  end if;
end if;
end process;
```

이것은 0에서 2까지 카운트한 다음 0으로 돌아가는, 3은 사용되지 않는 카운트인 간단한 modulo 3 카운터이다. 이것이 사용되는 동기식 장치가 리셋 중 작동 및 초기화를 위해 클럭이 필요하기 때문에 이 회로에는 리셋이 없다. 코드에 대한 회로 다이어그램은 [그림

6-9]에서 보이고 있다.

그림 6-9 | 간단한 클럭 디바이더에 대한 로직 다이어그램

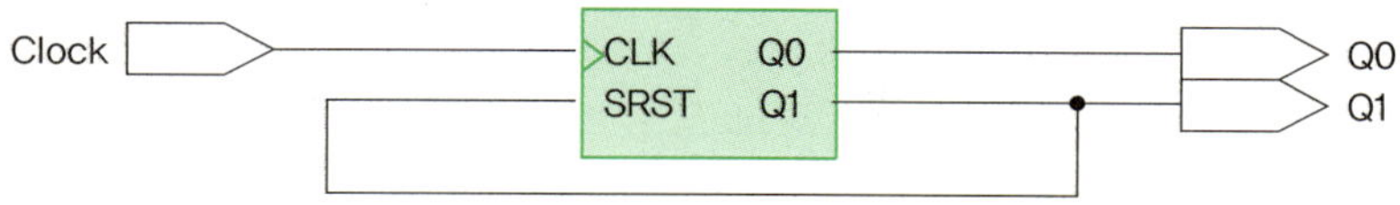

Q(n) => Q(n+1)
0 => 1
1 => 2
2 => 0
3 => 0

카운터의 최상위 비트가 동기 클리어 입력으로 다시 전달되기 때문에, 2 혹은 3의 카운트 값(바이너리 값 10과 11) 모두 카운터가 자신의 카운트 시퀀스를 동시에 리셋하고 재시작하게 할 것이다. 따라서 어떤 이유로든 카운터가 카운트 3(바이너리 11)에 도달하면 즉시 복구되고 다시 시작할 것이다.

[그림 6-10]은 합성 도구로부터 예상되는 출력에 대한 로직 다이어그램이다. 이에 대한 진리표는 그것이 원래 설계와 같은 방식으로 동작해야 한다는 것을 보여준다.

그림 6-10 | 합성 도구의 예상되는 출력

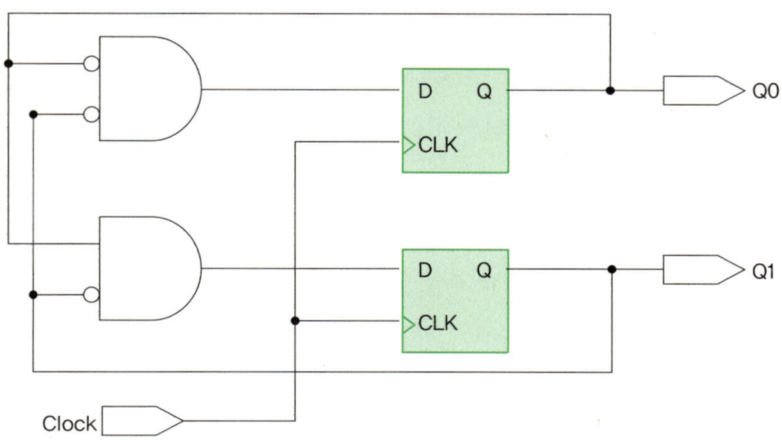

Q(n) => Q(n+1)
0 => 1
1 => 2
2 => 0
3 => 0

[그림 6-11]은 도구의 합성된 netlist 출력으로부터 직접 가져온, 클럭 디바이더에 대한 VHDL을 처리하는 합성 도구의 실제 출력에 대한 로직 다이어그램이다.

그림 6-11 | 합성 도구의 실제 출력

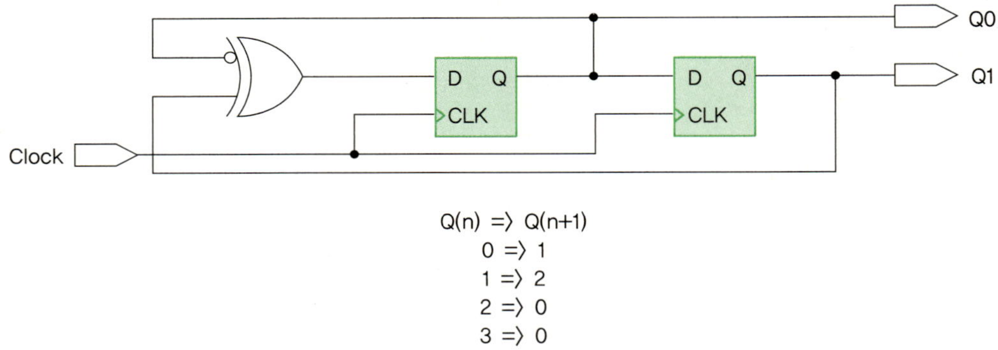

합성된 출력을 빠르게 분석해 보면 그것이 원래 회로와 다르게 보일 뿐만 아니라 카운트 3에서 래치될 것이라는 점에서 다르게 동작한다는 것이 드러날 것이다. 이것은 회로가 클럭을 생성하기 때문에 시스템이 락업되고 고장을 일으킬 수 있는 잠재적인 실패 조건이다. 하드웨어 시험은 회로 안의 두 레지스터가 3을 카운트하기 위해 무작위로 초기화하기 때문에 전원이 켜지는 동안 혹은 전원 서지 동안 PLD가 실제로 주기적으로 락업되는 것을 보여주었다.

합성 도구 제조사에 문의한 결과 그 도구는 설계된 대로 작동하고 있는 것으로 드러났다. 즉, 그 회로를 modulo 3 카운터로 인식하고 회로의 토폴로지를 가능한 한 효과적이 되도록 의도적으로 변경한 것이다(사용되지 않는 상태의 제거는 하나 혹은 두 개의 로직 셀에 의한 회로의 크기를 줄였다). 불행히도 그것은 fail-safe 미사용 카운터를 결함으로 바꾸는, 시스템 고장을 일으킬 수 있는 희생을 하면서 그렇게 했다. 또한 도구 제조사는 의심스러운 감소 알고리즘이 도구의 해당 모델에서는 끄거나 혹은 무효화할 수 없다는 것을 밝혔다. 거기에는 설계 도구 사용자 인터페이스 내에 그 특성을 끄기 위한 소프트웨어 "스위치"가 없었고, 그것이 문제를 일으킬 수 있다는 것은 말할 것도 없고, 설계자가 그 알고리즘이 존재한다는 것을 알 수 있는 방법조차 없었다.

PLD 로직 감소를 위해 사용되는 합성 도구는 디바이스 선택의 논의에서 제기되었던 기능성/복잡도 이분법의 또 다른 예로, 기능성의 증가는 종종 일반적으로 그것을 사용하는 것과 관련된 불확실성을 증가시키는 그에 상응하는 복잡도의 증가를 가져올 것이다. 설계 보증의 목표는 불확실성을 관리가능한 레벨로 줄이는 것이 필수이기 때문에, 불확실성에 대한 가능성을 증가시킬 수 있는 어떠한 디바이스, 도구, 설계 특성, 혹은 설계 방법이든 이 목표에 상충되며 신중한 방법으로 다루어질 필요가 있다. 이 경우에 PLD로 설계할 때 합성 도구를 사용하는 것에 대한 대안이 없기 때문에 그리고 합성 도구는 설계 프로세스의 필수 부분이기 때문에 이런 유형의 영향을 감소시키는 몇 가지 다른 방법들(이것은 이러한 매우 복잡하지만 능력 있는 도구에 그런 특징들이 얼마나 많이 존재하는지를 누가 아는지에 대한 단지 하나의 예시이다)이 설계의 구현에 대한 일정 정도의 컨트롤(그리고 그에 따른 확실성)을 유지하기 위해 이용되어야 한다.

합성 도구는 때때로 설계자의 인지(혹은 동의) 없이 특정 코드 구조와 설계 기법을 인식하고 그런 다음 그것들을 개선하기 위해 기술적인 마법을 적용하는 데에 대단히 능숙하다. 대부분의 경우에 있어서 이러한 지원은 유용하지만 높은 신뢰도 설계의 맥락에서 고려할 때는 이 예제와 같은 에러 주입의 드문 사례가 여전히 걱정될 정도로 자주 일어나며, 가능한 한 예상되어야 하고 그런 다음에는 방어 설계 기법을 통해서 완화되어야 한다. 따라서 만약 회로가 툴에 의해서 "개선되는" 것으로 선택될 잠재성을 가진다면, 혹은 Roy's Rule 6번의 적용이 회로 토폴로지가 내재된 고장 모드에 대한 어떤 잠재성을 가지고 있다는 것을 나타낸다면, 도구가 그것을 인식할 기회를 막거나 혹은 최소화하는 방법으로 설계되어야 한다.

카운터와 유한 상태 머신과 같은 공통 회로 토폴로지는 합성 도구에 의해서 가장 변경되기 쉬운 것이다. 이 문제의 본질은 합성 도구가 그 회로를 인식하고 있고 그것을 최적화하려는 시도에서 동작하고 있지만 그것이 기능과 강건성을 희생하면서 하고 있다는 것이다. 완전히 예측할 수 없는 최적화 특성을 비활성화하기 위해 도구를 사전에 구성하는 스위치 설정에만 의존하지 않고 Roy's Rule 3번에 포함된 접근법이 사용될 수 있는데, 그것은 설계를 하기 위한 합성 도구에 의지하기보다는 설계자에게 실제 로직 설계를 맡기는, 동작적 HDL을 사용하지 않고 로직을 설계하는 것이다. 이 접근법은 유한 상태 머신 그리고 멀티플라이어 같은 복합 수학 함수와 같은, 일반적으로 동작적 HDL과 함께 설계되는 기능과 잘 동작할 수 있다. 하지만 로직이 RTL 레벨에서 이미 설계되어 있는 이 예제와 같은 회로의 경우, 또 다른 옵션은 도구가 그것이 무엇인지를 인식할 기회를 최소화할 수 있는 방식으로 회로를 설계하거나 혹은 대안으로 회로가 더 이상 표준 형태처럼 동작하지 않도록 회로 토폴로지를 변경하는 것이다.

[그림 6-12]는 레지스터로 터미널 카운트 피드백 경로를 차단하는 divide by 3 카운터의 수정된 버전에 대한 로직 다이어그램으로, 합성 도구가 그 회로를 modulo 카운터로 인식할 가능성을 줄일 수 있다. 또한 레지스터의 추가는 카운터의 동작을 변경하여, 여전히 정상적인 방식으로 카운트되지만, 터미널 카운트를 비동기적으로 피드백하는 것에 의존하지 않는다.

그림 6-12 | 차단된 피드백 경로를 가진 Modulo 카운터

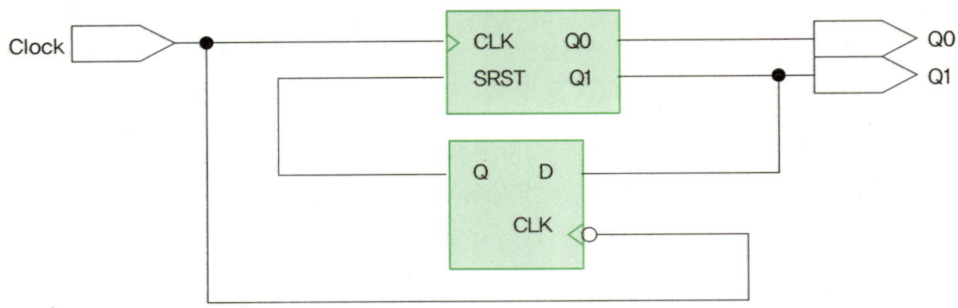

이 회로가 원래 설계처럼 동일한 설정을 사용하는 합성 도구에 의해서 처리될 때, 그 결과는 [그림 6-13]에 보이는 netlist이다. 이 회로는 피드백 경로 내에 지연 레지스터의 추가를 제외하면 [그림 6-10]에 보이는 예상되는 합성 결과와 동일하다는 것을 즉시 알 수 있다.

이 동작에 대한 분석은 결과적으로 회로의 동작 또한 원래 설계와 동일하다는 것을 보여주는 [그림 6-13]에 보이는 진리표가 된다. 따라서 레지스터의 추가와 함께 이 카운터는 합성 도구의 문제가 될 만한 특성을 피할 수 있었고 원래 (그리고 안전한) 기능을 유지할 수 있었다.

일부 합성 도구 제조사들은 이러한 우려를 인식하게 되었고 고장 모드를 주입할 수 있는 최적화 특성을 우회하는 "안전" 옵션을 가진 도구를 소개해 왔다. 이것은 높은 신뢰성의 설계로 일하는 이들에게는 매우 환영받는 특성이다. 하지만 이런 멋진 추가에도 불구하고 설계자들은 여전히 안전과 방어적인 설계 기법을 지속할 필요가 있다.

그림 6-13 | 차단된 피드백 경로를 가진 Modulo-3 카운터에 대한 실제 합성 결과

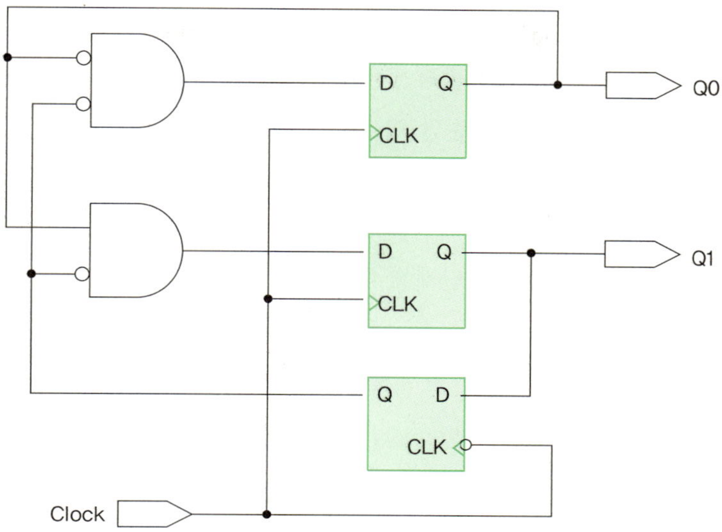

Q(n) => Q(n+1)
0 => 1
1 => 2
2 => 0
3 => 0

이 예제는 만약 설계자가 그들의 도구를 너무 신뢰하려고 한다면 발생할 수 있는 문제를 설명한다. 그들의 도구를 신뢰하는 것은, 사실 대부분의 설계자들에게는 첫 번째 충동이다. 도구로 인한 고장 모드의 한 가지 방심할 수 없는 현실은 전부는 아니더라도 이러한 고장 모드의 대부분은 잠재적이며 정상적인 요구사항 기반 검증을 통해서 드러나지 않을 것이라는 점이다. 설계는 그들이 의도했던 대로 동작할 것이고 여전히 그들의 요구사항을 만족하며 따라서 모든 요구사항 기반 시험을 통과할 것이다. 이들 도구로 인한 고장 모드를 발견하는 것은 유한 상태 머신 및 카운터와 같은 잠재적인 고장 모드를 포함할 수 있는 회로 유형을 목표로 하는 추가적인 강건성 검증이 필요하다.

완전하게 이해될 수 없는 복잡한 도구를 다룰 때 설계자가 그 도구에 대해서 가능한 한 많이 아는 것이 중요하지만 절대 그것들을 신뢰하지 마라. 추가로 설계자는 실용적인 많은 진보된 특성을 비활성화해야 하며, 도구가 설계자의 의도된 기능을 정확하게 구현할 것임을 절대 가정하지 않아야 한다. 또한 설계자는 그들의 설계에서 카운터와 상태 머신에서 사용되지 않는 상태와 같은 추론되는 기능을 알아야 하며, 도구가 원인인 모든 생각할 수

있는 에러를 설명하는 검증 표준을 만들어야 한다.

여기서 제시된 자료는 DATDP의 포괄적인 취급이 아니다. DATDP는 가장 순수한 혹은 완전한 구체화에 있어서 패러다임일 뿐만 아니라 라이프스타일이며, 단일 챕터로 그것들에 대한 모든 측면을 충분히 표현할 수 없다. 하지만 여기에 제시된 소개는 여기에서 제공되는 정보에 기반하든 혹은 조직이나 개인을 위해 맞춰진 아이디어의 동등한 세트에 기반하든, 그런 생활 방식으로의 첫 번째 단계에 대한 시작점을 제공할 수 있다. 그래서 그것이 Roy's Rules, Larry's Laws, Mark's Mandates 혹은 다른 어떤 이름으로 불리든 DATDP는 어떤 형태로든 높은 신뢰도의 설계 환경의 필수 부분이 되어야 한다.

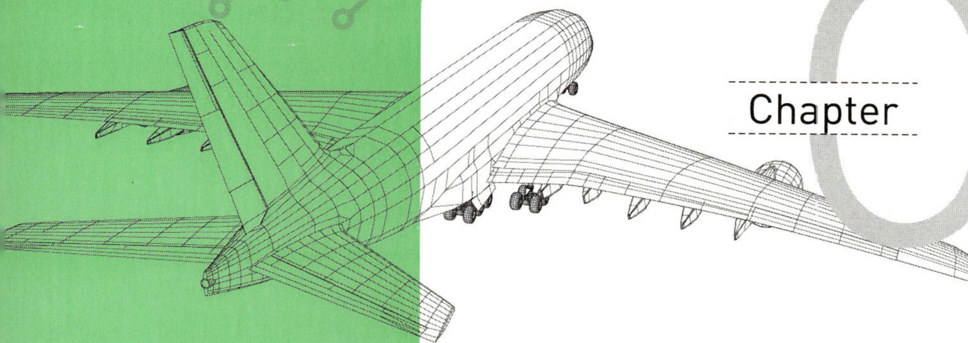

Chapter 07 검증

검증은 요구사항이 하드웨어에 의해서 충족된다는 것을 보장하기 위해 수행된다. 검증은 할당, 분해, 혹은 파생과 같은 그 원천과 관계없이 모든 요구사항에 대해서 수행된다. 설계 구현(하드웨어)은 하드웨어가 의도된 기능을 수행하는지를 증명하기 위해 요구사항에 대해서 평가된다. 검증은 요구사항 기반이기 때문에 요구사항의 품질이 높을수록 관련된 검증이 더 쉽게 수행될 것이다.

그림 7-1 | 하드웨어 개발 라이프 사이클의 검증 측면

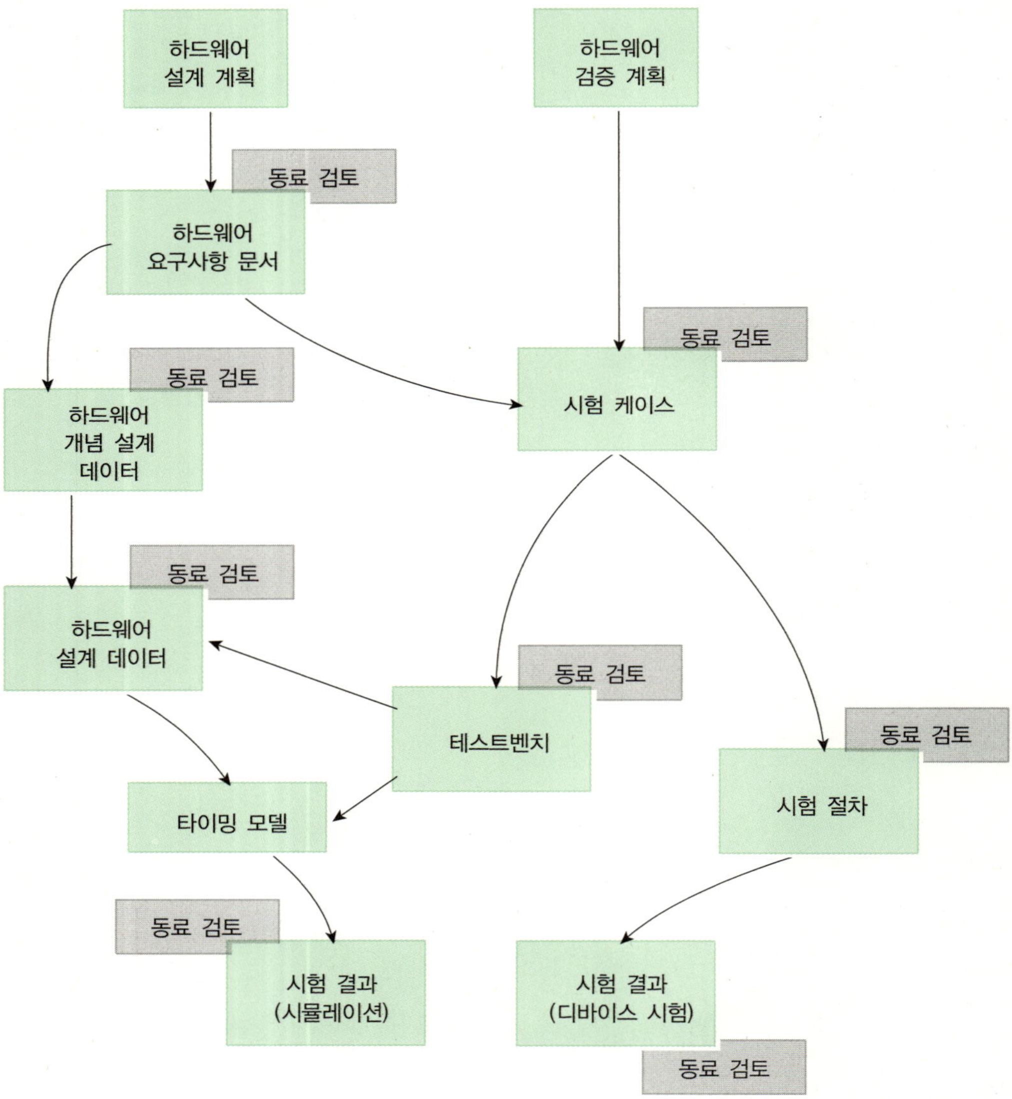

검증 활동은 리뷰, 분석 그리고 시험을 포함한다. 레벨 A와 B 하드웨어는 독립된 검증이 필요하다. 독립성은 작성자가 아닌 다른 사람에 의해서 데이터에 대한 기술적인 리뷰를 통해 달성될 수 있다. 시험 결과 체크와 같이 도구가 정확성에 대해서 데이터를 평가할 때 도구 역시 독립성을 달성하기 위해 사용될 수 있다.

분석이 정량적인 평가인 반면에 리뷰는 정성적인 평가이다. 리뷰는 기준 세트에 대해서 문서 혹은 데이터를 체크하기 위해 사용된다. 분석은 측정가능한 혹은 산정된 성능 혹은 행위에 대해서 하드웨어 설계 혹은 회로를 평가한다.

시험은 실제 하드웨어의 행위가 관찰될 수 있고 측정될 수 있는 단일한 방법이다. 검증 활동, 방법 그리고 전이 기준은 하드웨어 검증 계획에 기술된다. [그림 7-1]은 하드웨어 개발 라이프 사이클의 검증 측면을 강조하고 있다.

이 챕터에서 "테스트벤치"는 HDL(특히 VHDL)의 세계에서는 그것이 유사한 목적을 제공하기 때문에 시뮬레이션에서 사용되는 시험 절차에 대한 동의어로 사용될 것이다. "시험 절차"는 문자 그대로의 의미, 즉 하드웨어 시험에 사용되는 절차를 말할 때 사용될 것이다.

효과적인 기법은 검증 전략을 구성할 계획으로 시작하는 것이다. 각각의 하드웨어 요구사항은 리뷰, 분석 그리고/혹은 시험에 적합한지에 대해서 평가되어야 한다. 그런 다음 각각의 요구사항을 검증하기 위한 최상의 방법이 선택되고 문서화된다. PLD 요구사항의 경우, 기능적인 시뮬레이션과 포스트 레이아웃 타이밍 모델이 분석 환경에 가장 적합하다. 타이

표 7-1 시험 계획 예시

요구사항 ID	리뷰	분석	시뮬레이션		회로 내 검사	
			기능	포스트 레이아웃 타이밍	회로 카드 시험	HW/SW 통합
Functional Element 023 (UART)						
HRD-ABC-123-001	HRD 리뷰	동적 타이밍	X	X	X	
HRD-ABC-123-002	HRD 리뷰	동적 타이밍	X	X		X
HRD-ABC-123-003	HRD 리뷰	정적 타이밍	X			X
HRD-ABC-123-004	HRD 리뷰	동적 & 정적 타이밍	X	X		X
HRD-ABC-123-005	조사	정적 타이밍	X		X	X

밍 분석은 레이아웃 도구로부터의 정적 타이밍 분석 리포트 혹은 그 조합을 사용하는 시뮬레이션 도구에서의 포스트 레이아웃 타이밍 모델이 목표가 될 수 있다. 시험 계획 매트릭스 예시가 [표 7-1]에 보이고 있다.

기능 고장 경로 분석

기능 고장 경로 분석(Functional Failure Path Analysis)은 검증 프로세스에 앞서 수행된다. 기능 고장 경로 분석은 설계의 어떤 부분들이 '대재앙의'(레벨 A) 혹은 '위험한'(레벨 B)으로 분류되어 온 고장의 원인이 될 수 있는지를 결정하는 데 사용된다. 레벨 A와 레벨 B 기능 경로에 있는 회로들은 DO-254의 Appendix B에 설명된 것처럼 추가적인 검증 방법의 대상이 된다.

기능 고장 경로 분석은 시스템 레벨 기능 고장 경로로부터 시작하는 하향식 분석이다. 기능 고장 경로는 기능 위험 평가에서 '대재앙의' 혹은 '위험한'으로 구분되는 각각의 시스템 레벨 기능에 대해서 식별된다. 시스템 레벨 기능 고장의 예시는 PFD(Primary Flight Display) 상에서 위험하게 잘못 인도하는 데이터 혹은 주조종 날개면의 명령에 없는 이동이 될 수 있다. 그 분석의 아이디어는 시스템 레벨 기능 고장 경로에서 전자 하드웨어를 식별하는 것이고, 그런 다음 전자 하드웨어 기능 고장 경로를 그 경로를 구성하는 회로로, 회로 기능 고장 경로를 그 회로를 구성하는 컴포넌트로 분해하는 것이며, 최종적으로 회로 내의 구성요소를 식별하는 것이다.

회로 구성요소는 더 이상 분해 없이 포괄적으로 분석되고 시험될 수 있는 작은 기능으로 생각될 수 있으며 설계 추상화의 가장 낮은 레벨에 있다. 다시 말하면, 설계 엔지니어가 설계를 생성하기 위해 조립한 가장 작은 기능 구성 블록이다. 예를 들면, 회로 카드 설계자는 필터 내에 사용되는 연산 증폭기의 내부가 아니라 필터를 설계할 것이다. 회로 카드의 경우, 구성요소는 시험될 수 있는 잘 묶여진 그리고 잘 특징지어진 기능을 가진 회로 기능이다. 회로 카드상의 회로 구성요소에 대한 예는 증폭기, 비교기, 필터, 아날로그-디지털 혹은 디지털-아날로그 컨버터 혹은 이산 로직을 포함할 것이다.

구성요소의 크기 또한 시험 및 검증 도구의 능력에 의해서 정의될 수 있다. PLD의 경우, 구성요소의 작업 정의는 12개 혹은 그보다 적은 입력을 가진 로직 기능이 될 것이다(코드 커버리지 도구 동작과의 호환성을 보장하기 위해). PLD 구성요소의 예는 카운터, 디코더, 비교기, 멀티플렉서, 레지스터 혹은 유한 상태 머신과 같은 RTL 레벨 빌딩 블록 기능을 포함할 것이다.

기능 고장 경로 분해의 예는 다음 그림에서 보이고 있다. [그림 7-2]는 주 비행 컨트롤 시스템 내에 동작 상실 위험에 대한 시스템 레벨 기능 고장 경로를 보여준다. 이 예제는 입력상의 센서로부터 기능 고장 경로로의 기여도를 식별한다.

그림 7-2 | 동작 상실에 대한 기능 고장 경로

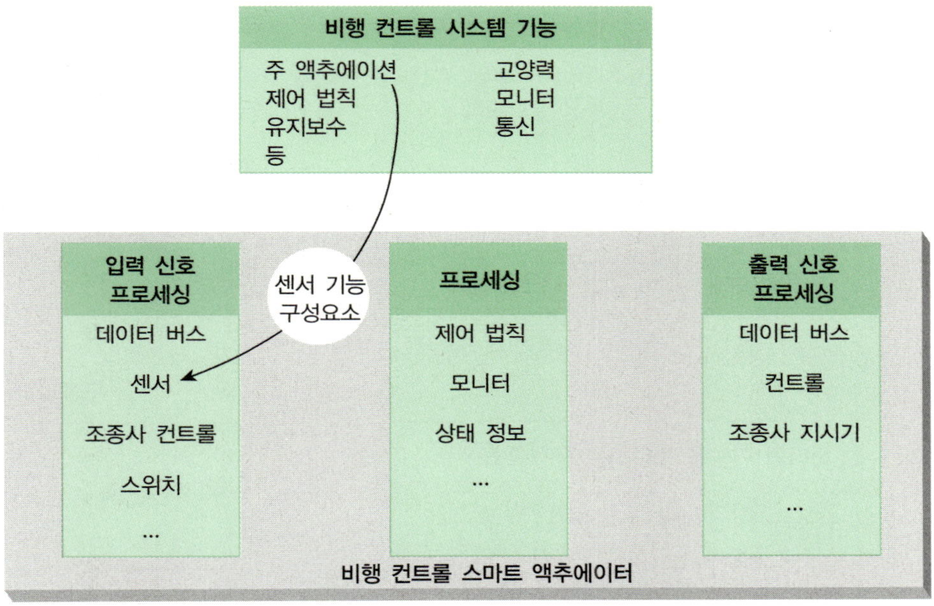

[그림 7-3]은 센서 기능 고장 경로로부터 회로 카드상의 하드웨어 내에 있는 기능 구성요소로의 분해를 보여준다.

[그림 7-4]는 그 기능을 구현하는 기본적인 기능 혹은 회로에 대한 회로 카드상 기능 구성요소 중 하나의 분해를 보여준다.

그리고 최종적으로 [그림 7-5]는 각각의 기본적인 기능에 대한 회로를 보여준다.

그림 7-3 | 기능 고장 경로 내의 기능 구성요소

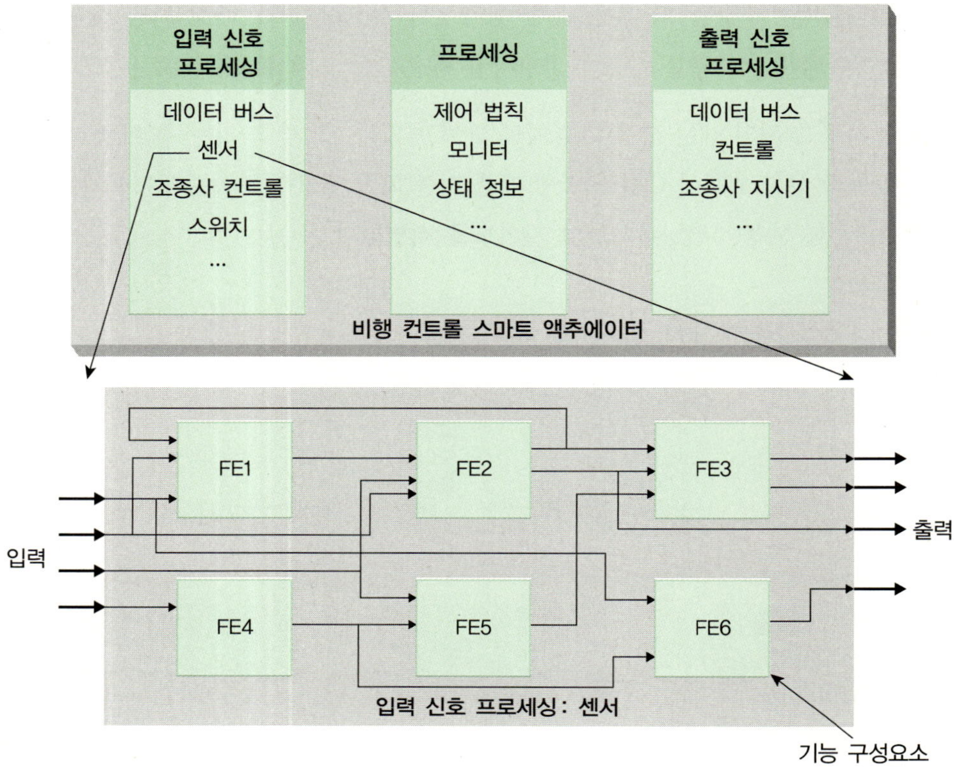

그림 7-4 | 하나의 기능을 구현하는 구성요소

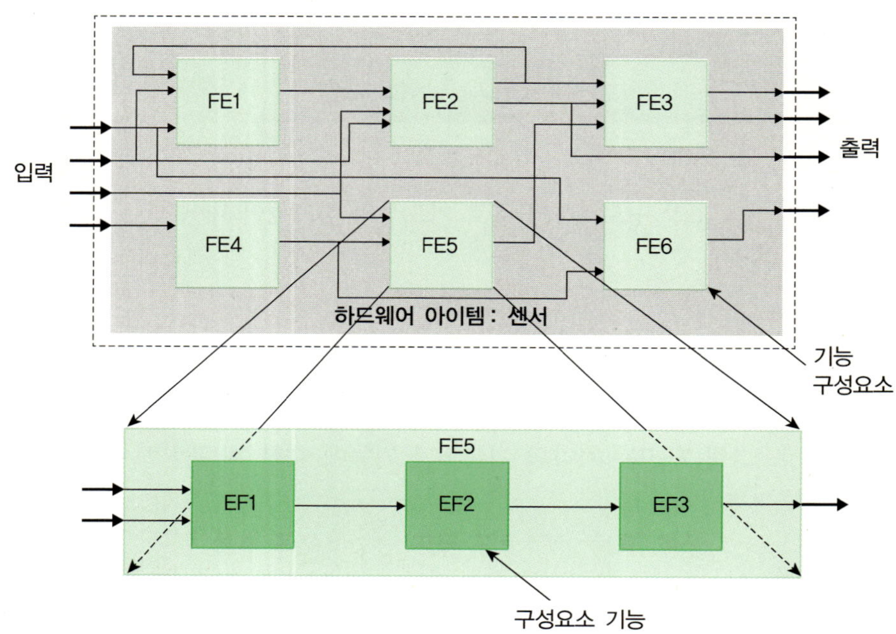

그림 7-5 | 구성요소 내의 회로

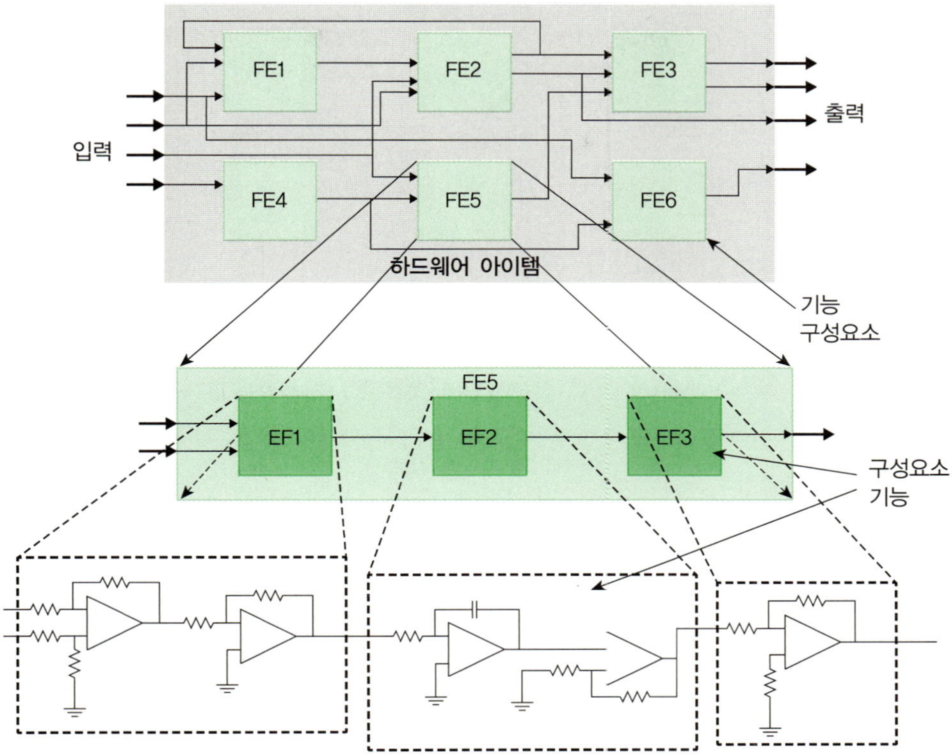

또 다른 예는 PLD가 기능 고장 경로의 분해에 어떻게 적용하는지를 보여주기 위해 제공된다. 이것은 오직 설명을 목적으로 한 가상의 시스템이다. 이 예제는 두 개의 기능 고장 경로를 가지고 있다. 하나는 컨트롤 액추에이터 출력을 위한 것이고 두 번째는 위치 피드백과 모니터링을 위한 것이다. [그림 7-6]은 시스템의 블록 다이어그램을 보여준다.

분해는 가장 높은 곳에서 시작하고 구성요소 기능으로 내려간다.

- 시스템 레벨에서 하드웨어 레벨로
- 하드웨어 레벨에서 회로 레벨로
- 회로 레벨에서 컴포넌트 레벨로
- 컴포넌트 레벨에서 구성요소 레벨로

그림 7-6 | 두 개의 기능 고장 경로를 가진 비행 컨트롤

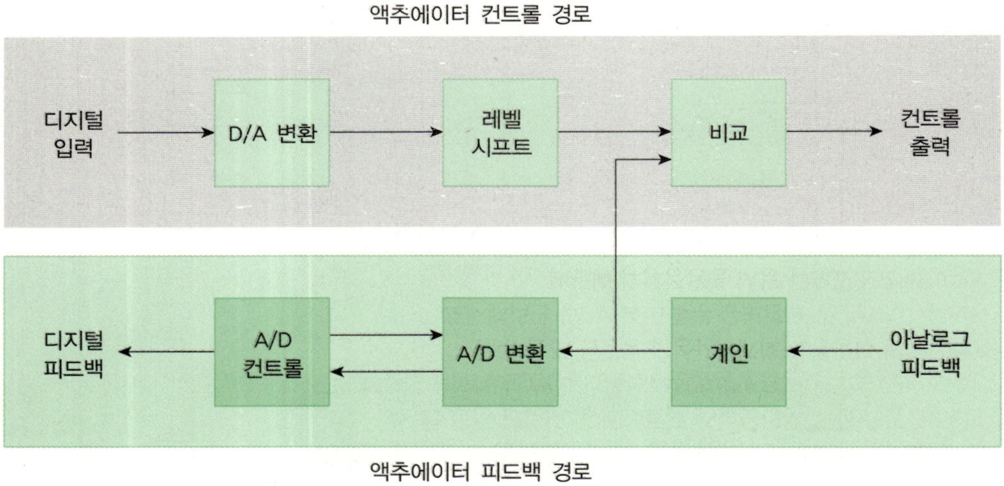

[그림 7-7]은 대시박스로 표시된 것처럼 기능 고장 경로(컨트롤 및 피드백), 각각의 FFP 내의 전자 기기 하드웨어 그리고 각각의 FFP 내의 기능 구성요소를 보여준다.

그림 7-7 | 각각의 기능 고장 경로 내의 기능 구성요소

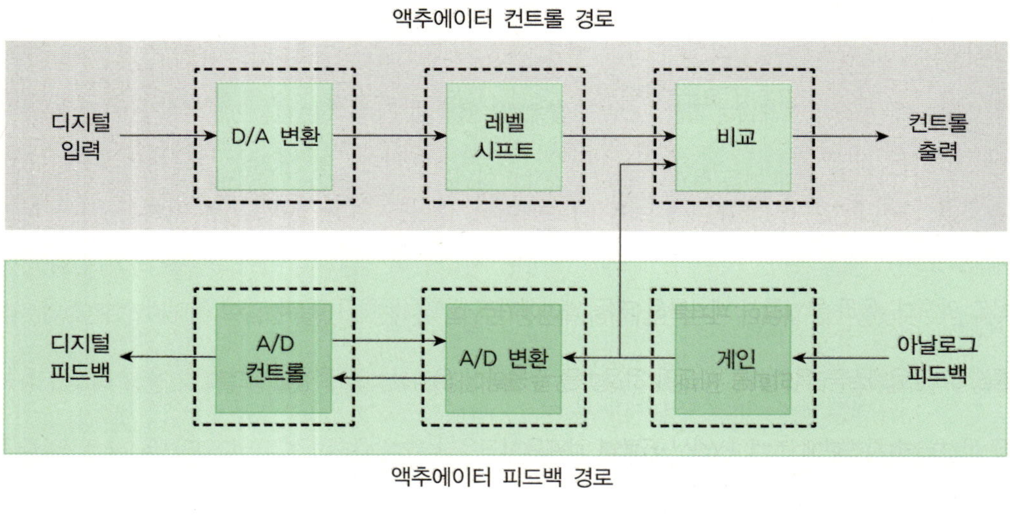

다음 다이어그램인 [그림 7-8]은 각각의 기능 고장 경로 내의 기능 구성요소, 각각의 기능 구성요소 내의 구성요소 기능 그리고 각각의 구성요소 기능 내의 컴포넌트들을 보여준다.

그림 7-8 | 설계상에 오버레이된 기능 구성요소

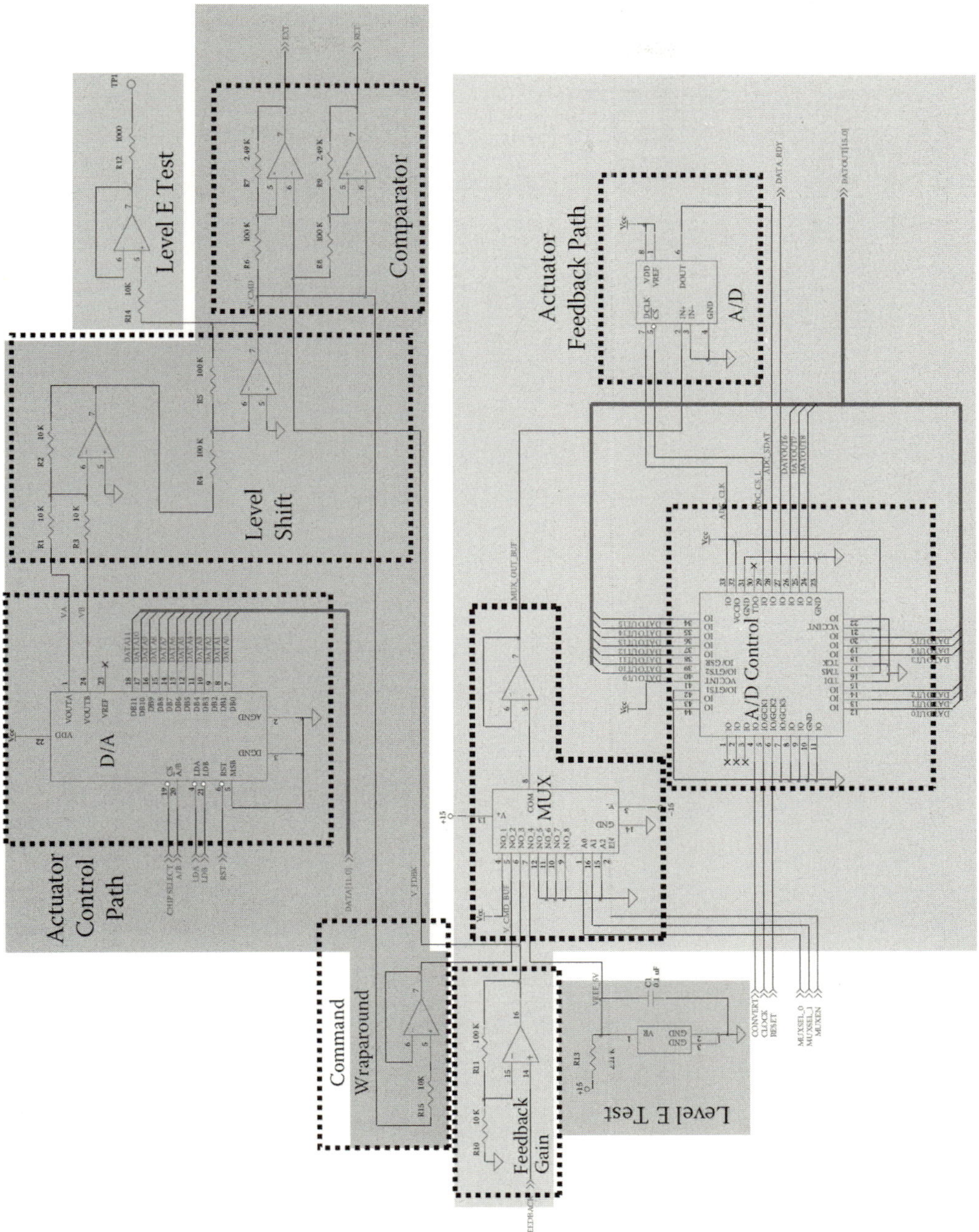

이어서 [그림 7-9]는 각각의 구성요소 기능 내의 구성요소들을 보여준다.

그림 7-9 | 구성요소 기능

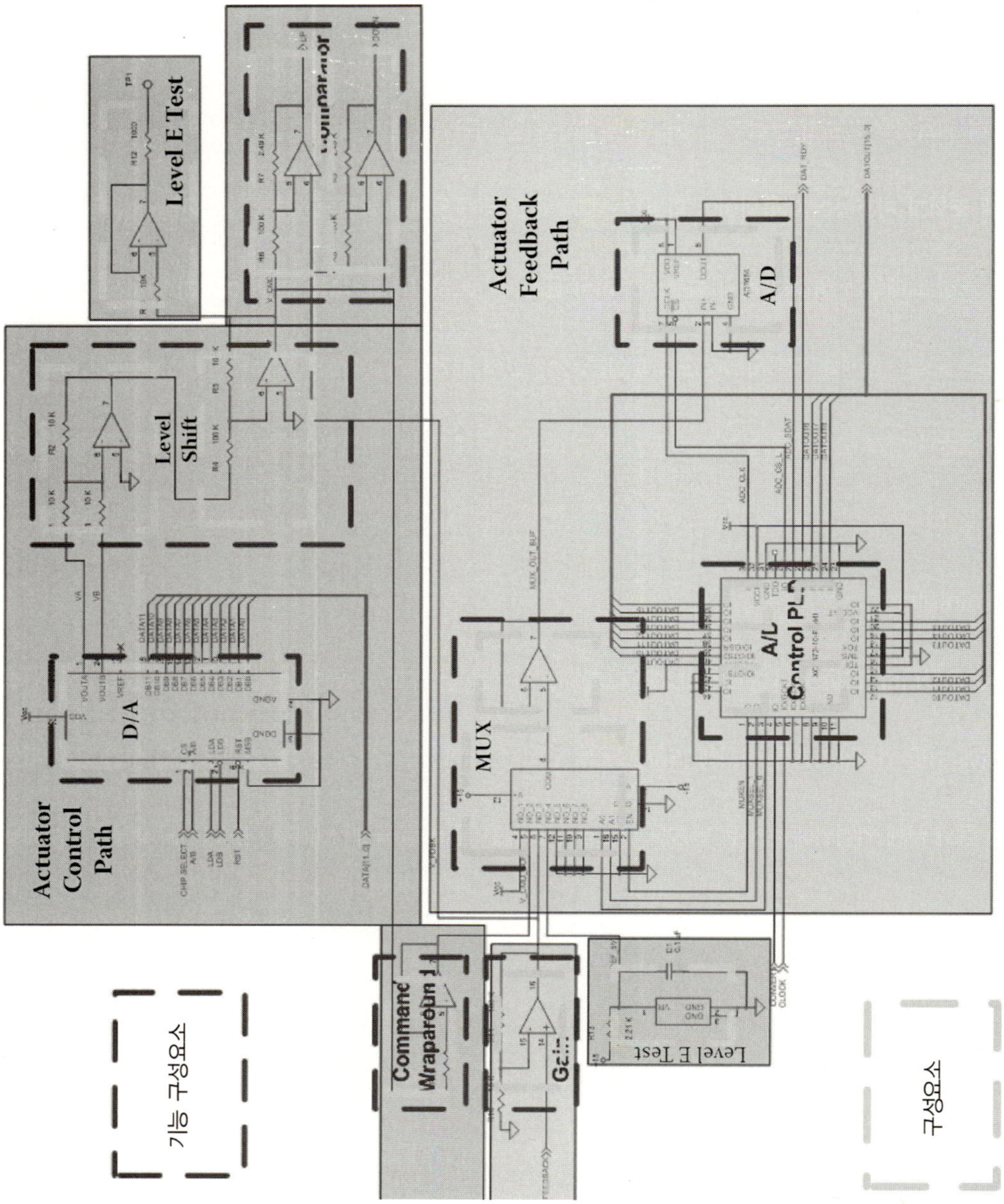

이 예제에서는 일부 회로 기능 구성요소들은 하나의 회로 구성요소를 가진 반면에 다른 것들은 하나 이상을 가지고 있다. 아날로그 디지털 변환기를 위한 컨트롤러는 PLD로 선택되었다. PLD가 전적으로 액추에이터 피드백 기능 고장 경로에 있기 때문에, PLD의 설계 보증 레벨은 엑추에이터 피드백 기능 고장 경로의 설계 보증 레벨과 동일할 것이다. 이 경우에 그것은 레벨 A이다. 또한 이 예제에서의 PLD는 디바이스 내에 여러 구성요소를 보여준다.

PLD가 여러 개의 기능 고장 경로가 있는 기능을 가지고 있을 때, 그 PLD에 대한 설계 보증 레벨은 각각의 기능 고장 경로와 관련된 가장 높은 레벨이다. 그 이유는 PLD 내에 게이트, 클럭 그리고 전력이 완전하게 분리되어 있다는 것을 증명할 수 없기 때문이다. 심지어 하나의 PLD 내에 레벨 A, B, C, D 기능 간의 분리를 보이는 것이 가능했다고 하더라도, 그들은 여전히 동일한 물리적 패키징과 전력 및 그라운드드르의 연결을 공유한다.

[그림 7-10]은 PLD에 대한 그와 같은 개념을 보여준다. 기능 고장은 잘못된 동작이 있는 출력에서 발생한다. 요구사항 작성에 대해서 이 책에서의 제안을 따르는 것은, 기능 고장

그림 7-10 | PLD에 대한 기능 고장 경로

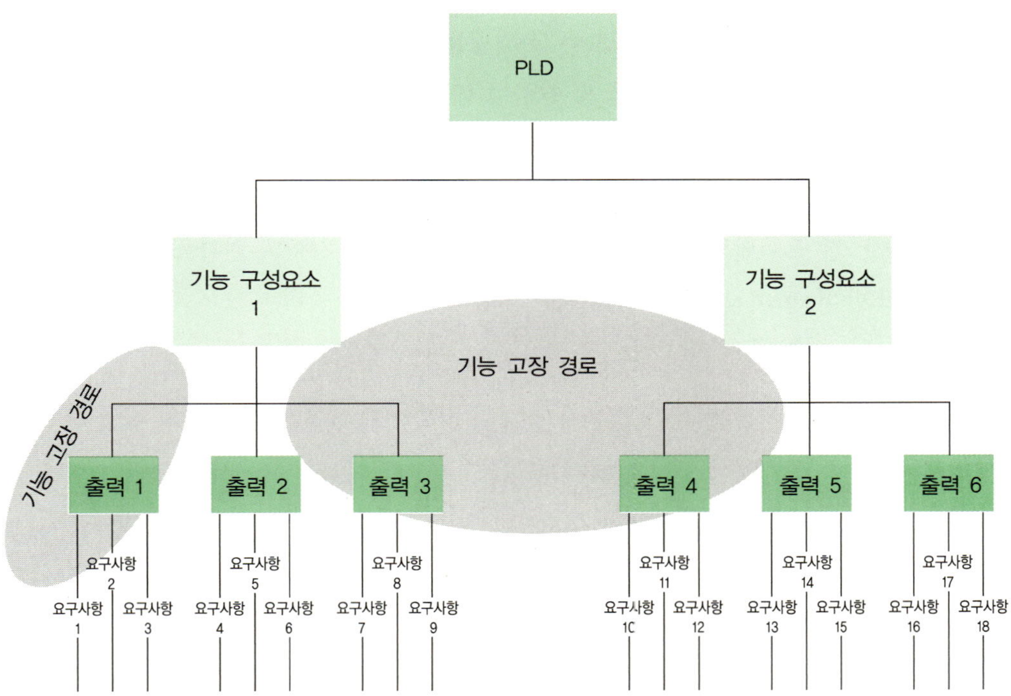

경로가 PLD 내에 하나 혹은 그 이상의 기능 구성요소에서 하나 혹은 그 이상의 출력을 가로지를 것이다.

일단 기능 고장 경로 분석이 수행되면, 레벨 A와 레벨 B 회로 혹은 구성요소를 위해 추가적인 검증 방법이 선택된다.

APPENDIX B 추가적인 검증

DO-254의 Appendix B는 레벨 A와 레벨 B 하드웨어에 적용될 수 있는 여러 가지 진보된 검증 방법들을 식별하고 있다. 이들 방법들 중 적어도 하나는 선택되고 적용될 필요가 있다. DO-254는 인증 당국의 동의를 조건으로 추가적인 검증을 위해 제안되는 다른 방법들을 허용한다. DO-254에서 식별되는 진보된 검증 방법에는 Elemental Analysis, Safety-specific Analysis, Formal Methods를 포함한다. 단연코 가장 공통적으로 사용되며 상업적으로 이용가능한 도구에 의해서 지원되기 때문에 이 책은 Elemental Analysis에 집중할 것이다.

Elemental Analysis는 설계(구성요소 기능)의 얼마나 많은 부분이 관련된 기능 구성요소의 요구사항 기반 검증을 통해서 커버되었는지에 대한 측정 기준을 제공한다. 다시 말하면, 요구사항을 검증하는 시험 케이스 혹은 입력 및 예상 출력의 모음이 관련된 하드웨어 설계와 회로 또한 완전하게 검증되는지를 결정하기 위해 분석된다. Elemental Analysis는 요구사항 기반 검증에 근거하기 때문에 요구사항이 분명하게 시험가능하도록 만들어지는 것이 가장 중요하다. 잘 구성된 요구사항 그리고 요구사항과 설계 사이의 연결을 보여주는 추적성 데이터 또한 Elemental Analysis를 지원한다.

코드 커버리지는 흔히 Elemental Analysis로 묘사되지만 이것이 항상 그렇지는 않을 수 있다. 코드 커버리지는 시뮬레이션으로부터 설계 커버리지의 수준을 측정할 수 있지만, 커버리지의 정확성, 즉 설계에서 구성요소들이 그들의 기능에 따라서(요구사항 기반 시험을 통해서) 수행되었는지 혹은 무작위나 비기능적인 방법에서 수행되었는지를 평가할 수 없다. 코드 커버리지는 실제로 어떤 것을 검증하는지에 관계없이 오로지 커버리지를 증가하기 위해 설계된 시험 벡터의 추가를 통해서 인위적으로 증가될 수 있다. 이것은 완전한 커버리지를 생성하겠지만 그것은 설계 보증을 지원하는 데 아무런 도움이 되지 않는다.

유사하게 PLD의 포스트 레이아웃 타이밍 모델상에서 수행되는 코드 커버리지는 종종 복잡하고 우회적인 신호 라우팅과 결합된 모델 내에서 타이밍 지연이 정당한 논리 조합을 모방하는 경쟁 상태와 글리치를 생성하도록 조합될 수 있기 때문에 내부 설계의 토글 커버리지에 대해 인위적으로 높은 레벨을 리턴할 수 있다. 거기에는 또한 설계(HDL 소스 코드) 내의 구성요소(코드의 라인)들과 포스트 레이아웃 타이밍 모델 내의 네트 및 노드들 간에 상관관계가 거의 없어서, 포스트 레이아웃 타이밍 모델의 내부에 대한 코드 커버리지는 실제 효용이 거의 없다. 게다가 DO-254는 설계자가 설계(이 경우에는 명목상 코드 라인인 HDL 구성요소)를 표현하는 레벨에서 Elemental Analysis가 수행되어야 한다고 하는 반면에, 합성되고 라우트된 netlist는 실제 설계보다는 상당히 낮은 표현 레벨에서 설계를 표현한다. 따라서 코드 커버리지는 기능 시뮬레이션(포스트 레이아웃 타이밍 모델 혹은 포스트 합성 netlist와 반대로 HDL 소스 코드의 시뮬레이션) 동안에 측정될 때, 혹은 토글 커버리지가 포스트 레이아웃 타이밍 모델상의 시뮬레이션 동안에 입력과 출력을 측정할 때에만 유용하다. 시험 케이스의 리뷰가 모든 입력과 출력이 포스트 레이아웃 시뮬레이션의 정상적인 과정 동안에 적절하게 토글되었다는 것을 나타낸다면 포스트 레이아웃 시뮬레이션 동안에 토글 커버리지를 측정하는 것이 불필요할 수 있다. 하지만 코드 커버리지 측정 기준은 시뮬레이션 동안에 백그라운드에서 측정되기 때문에 그것들은 일반적으로 더 적은 문제와 더 높은 정확도를 가지고 시뮬레이션 동안에 수집될 수 있다.

아날로그 회로와 PLD에서 구현되지 않은 회로의 경우, 얼마나 많은 설계가 요구사항 기반 시험에 의해서 커버되었는지에 대해서 어떤 양의 코드 커버리지도 드러나지 않을 것이다. 최근에는 자주 사용되지 않지만, 스키매틱 캡처로 상세화된 PLD는 코드 커버리지가 아닌 설계자에 의해서 구체화되는 설계의 분석이 필요할 것이다. 동작적 코드로 작성된 혹은 SystemC와 같은 상위 레벨 언어로 작성된 코드 또한 설계자가 설계 자체가 아니라 기능을 구체화하기 때문에 문제가 될 수 있다. PLD에 대한 Elemental Analysis를 위한 코드 커버리지는 요구사항이 기능적으로 구체화되고 핀레벨에서 작성되며 관련된 설계가 RTL(Register Transfer Level)에서 표현될 때 가장 잘 나온다. RTL 설계는 핀레벨 요구사항과 가장 가까운 정렬을 가질 것이다.

DO-254에 있는 Elemental Analysis에 대한 정의와 핀레벨에서 작성된 기능 요구사항을 가진 PLD 그리고 RTL 레벨 정의로의 유효한 추적 데이터를 사용해서, 요구사항 기반 검증이 완료될 때 분석이 완료된다. 어떻게 이것이 가능한가? 만약 요구사항이 철저하게 검증되

그림 7-11 | HDL 설계에서 기능 구성요소와 구성요소 기능 간의 관계도

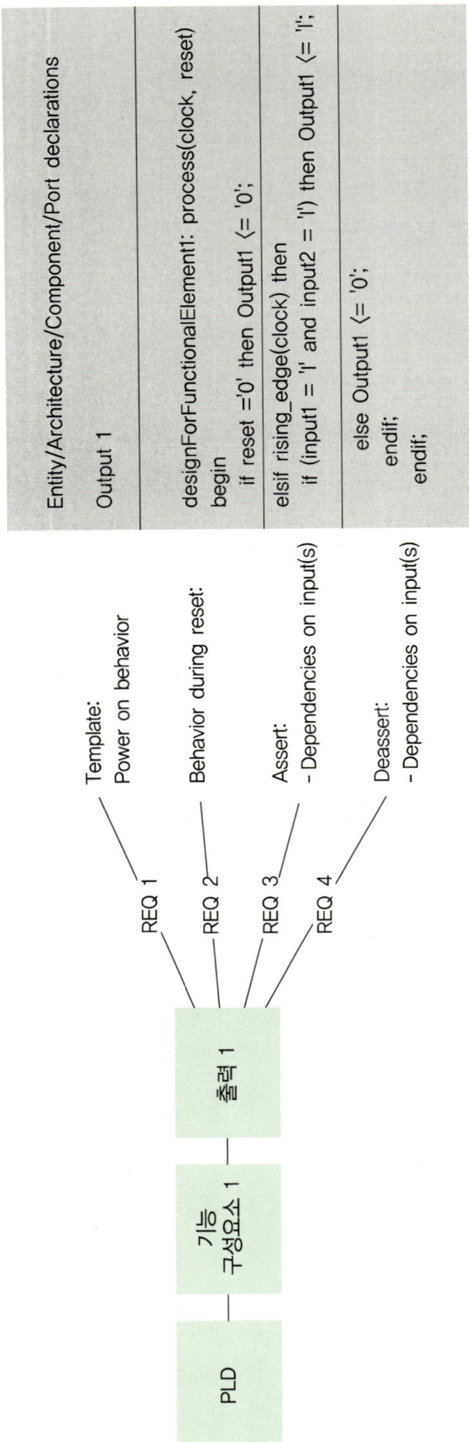

면, 모든 출력이 커버되고 모든 입력이 커버된다. 설계는 요구사항에 밀접하게 연관되어 있고 설계에는 관계없는 구성요소들이 없기 때문에 — 하향식 그리고 상향식 추적성을 통해서 보이는 것처럼 — 포괄적인 요구사항 기반 검증이 또한 설계의 포괄적인 검증 커버리지가 되는 것을 보여줄 수 있다. 이러한 정렬은 전원을 켜는 조건, 리셋 조건에 대한 응답 그리고 연관된 입력(들)에 대응하여 출력(들)을 assert 및 deassert하는 방법을 커버하는 템플릿으로 출력으로부터 역으로 입력까지 요구사항을 작성하는 데 따른 자연적인 부산물이다. [그림 7-11]은 요구사항과 관련된 설계를 정렬하는 방법을 보여준다.

요구사항과 설계 사이의 연결을 보여주는 추적 데이터와 함께 요구사항을 검증하기 위한 시험 케이스는 설계가 요구사항 기반 검증을 통해서 완전하게 커버된다는 것을 증명할 것이다. 코드 커버리지는 FAA Order 8110.105를 만족하기 위해 여전히 수행되어야 한다. 대안으로 요구사항, 설계 그리고 시험 케이스 간의 적절한 정렬과 추적성이 있을 때 Elemental Analysis에 대한 코드 커버리지가 제시될 수 있다.

Elemental Analysis, 특히 코드 커버리지는 요구사항 기반 시험 케이스에 의해서 완전하게 수행되지 않은 구성요소들을 밝혀낼 수 있다. 커버리지 부족이 밝혀질 때, 첫 번째 충동은 누락된 입력 조합을 식별하기 위해 결함을 분석하고 그런 다음 그러한 조합을 시험 케이스에 추가하는 것이 될지 모른다. 이런 접근이 결함을 제거하고 커버리지를 높일 수 있지만 이것이 실제로 올바른 대응인지 확인하는 주의를 기울여야 한다.

Elemental Analysis의 목표는 설계의 완전한 커버리지를 얻는 것이 아니다. 사실, Elemental Analysis는 목표가 없다고 주장할 수 있다. 그것은 단지 설계의 검증 커버리지를 측정하는 기능을 수행한다. 설계의 완전한 커버리지는 요구사항 기반 검증의 목표이다. 따라서 Elemental Analysis가 설계의 완전한 커버리지보다 적다는 것을 나타낼 때, 어떤 종류의 실패로 해석되어서는 안 된다.

커버리지 부족은 부적절한 시험 케이스, 설계 에러, 사용되지 않는 설계 특성, 관계없는 기능, 방어적인 설계 사례, 혹은 초과, 누락, 에러, 혹은 부적절한 요구사항과 같은 요구사항 이슈들이 원인이 될 수 있다. 커버리지에서 각각의 결함은 그 결함의 원인을 식별하기 위해 분석되어야 하며 그런 다음에만 그 결함이 해결되어야 한다.

결함을 수정하기 위한 첫 번째 충동 — 오로지 결함을 제거하기 위해서 입력 조합을 추가하는 — 은 가능한 원인의 어떤 것도 직접적으로 기술하지는 않을 것이고, 따라서 분석 없이 해결로 뛰어드는 것은 건전한 접근법이 아니다. 만약 추가적인 입력 조합을 원한다면, 해당되는 요구사항이 어떻게 완전히 검증되지 않았는지를 식별하기 위해 적용가능한 시험 케이스의 분석을 통해서 조직적으로 그리고 신중하게 추가되어야 한다. 그 분석이 시험 케이스에서 결함을 밝혀낼 때에만(즉, 시험 케이스에 의해서 검증되지 않은 요구사항의 측면) 추가적인 입력이 추가되어야 하며, 그럴 때조차도 추가적인 입력은 결함을 제거하는 입력이 아니라 요구사항의 기술되지 않은 측면을 검증하는 것에 기반해야 한다. 만약 분석이 시험 케이스가 요구사항의 모든 측면을 완전하게 검증했다는 것을 나타낸다면, 그 커버리지 결함이 더 중요한 이슈의 증상인지를 결정하기 위해 추가적인 분석이 수행되어야 한다. 한편, 만약 그 분석이 단지 결함이 데이터 버스상의 다른 데이터 패턴을 선택하는 (그리고 정확한 데이터 패턴이 아무런 기능적인 중요성을 가지고 있지 않은) 문제였다는 것을 보인다면, 그 결함을 제거하기 위해 입력 데이터를 변경하거나 추가하는 것이 적절할 것이다.

독립성

DO-254는 모든 레벨 A와 B 기능의 독립된 검증을 요구한다. 독립성은 설계자 혹은 데이터의 작성자와는 다른 사람, 도구, 혹은 프로세스에 의해서 검증이 수행될 때 달성된다. 시험 케이스와 분석의 이어지는 리뷰가 설계자가 아닌 다른 사람에 의해서 수행되는 한 시험 케이스와 분석은 하드웨어 설계자에 의해서 생성될 수 있다. 설계자는 하드웨어 설계에 대한 상세한 지식을 가지고 있기 때문에, 검증 활동이 하드웨어가 설계된 대로 동작하는 것을 체크하는 쪽으로 치우쳐질 가능성이 있다. 다시 말하면, 설계자는 하드웨어가 의도된 기능보다는 의도된 설계에 대해서 검증되는 것을 확인하는 공통된 형태의 에러를 유발할 수 있다. 독립성은 하드웨어가 요구사항에 따른 의도된 기능에 대해서 검증되는 것을 보장하기 위해 사용된다.

독립된 리뷰어들은 동일한 팀 내에서 일할 수 있다. DO-254는 설계자가 설계팀에 있어야 하고 리뷰어는 검증팀에 있어야 한다고 명시하지 않는다. 도구 또한 독립성을 달성하기 위해 사용될 수 있다. 예를 들면, 적절하게 평가된 혹은 인증된 시뮬레이션 도구는 각각의 그리고 모든 시뮬레이션 결과를 체크하기 위해 사람을 요구하는 대신 자동 결과 체크를 사용할 수 있다.

DO-254에 사용된 정의뿐만 아니라 독립성에 대한 위의 논의는 오로지 기능적인 혹은 역할 기반의 독립성, 즉 리뷰어가 리뷰되는 자료에 독립적인지에 의해서 정의되는 독립성이다. 거기에는 또한 DO-254에는 설명되지 않은 그리고 그 미묘함 때문에 간과될 수도 있는, 하지만 그것이 인식되지 않고 완화되지 않으면 독립성을 훼손할 수 있는 독립성의 좀 더 미묘한 부분이 있다. 그 부분은 문화적인 독립성이다. 이 논의의 문맥에서 "문화적인"은 조직의 혹은 심지어 기업의 만연한 엔지니어링 문화를 말한다. 엔지니어링 문화가 독립성을 훼손할 수 있는 방법은 항상 분명한 것은 아니며 완화하는 것은 말할 것도 없고 인식하기도 어려울 수 있지만 그 영향은 실제적이고 설계 보증의 무결성에 해로울 수 있다.

조직의 엔지니어링 문화는 동료 검토, 혹은 실제로는 사실상 모든 엔지니어링 측면에 영향을 미칠 수 있거나 (그리고 자주 그러하다) 심지어 지배할 수도 있다. 대부분의 경우에, 특히 문화가 무결성과 완전함을 강조할 때 문화의 영향은 긍정적인 것이다. 하지만 일부 경우에는 비록 DO-254에 있는 독립성 기준을 준수함에도 불구하고 강력한 엔지니어링 문화는 동료 검토가 실제로 독립적이라는 것을 보장하는 것을 어렵게 만들 수 있다. 만약 엔지니어링 부서가 요구되는 설계 보증에 대해서 적절함이 덜한 제도화된 사례와 표준을 가지고 있다면, 같은 환경으로부터의 리뷰어는 비록 그들이 그것들을 주의 깊게 살펴보더라도 결함을 인식할 수 없을지도 모른다. 즉, 다시 말해서 만약 설계자가 엔지니어링 표준과 문화가 불안전한 특성을 받아들일 만한 것으로 부정확하게 지지하기 때문에 하드웨어에 위험한 설계 특성을 생성한다면 그리고 리뷰어가 그와 동일한 문화와 표준의 산물이라면, 설계의 독립성에도 불구하고 리뷰어는 위험한 설계 특성을 받아들일 만한 것으로 부정확하게 해석할 것이다.

이 현상의 또 다른 (그리고 거의 틀림없이 더 흔한) 예시는 요구사항을 작성하고 리뷰할 때 발생할 수 있다. 만약 만연한 엔지니어링 문화가 부족한 요구사항 사례를 채택해 왔고, 심지어 조직 내에 누구도 부실하게 작성된 요구사항을 인식하지 못하고 요구사항 작성자와 리뷰어가 모두 그런 문화의 산물일 정도로 높은 품질의 요구사항 생성과 사용을 강조해 오지 않았다면, 독립된 요구사항 리뷰조차도 단지 만연한 표준을 준수해서 "올바르게" 작성되었다는 것을 확인할 뿐일 것이다. 이 영향은 비록 작성자와 리뷰어가 서로 다른 부서(설계 vs. 검증 부서와 같은)이더라도 발생할 수 있다.

따라서 만약 독립성의 문화적인 측면이 설명되지 않으면, 독립성에 대한 DO-254 정의를 준수할 때조차도 효과적인 독립성이 달성될 수 없을 수 있는 실제적인 가능성이 있다. 이런 현상을 완화하는 것이 어려울지 모르지만, 만약 리뷰어의 선택이 이런 문화적인 영향을 고려한다면, 혹은 리뷰 체크리스트가 상세화되고 알려진 높은 무결성 개념을 반영하는 리뷰 기준을 사용한다면, 그 영향은 실제로 제거되지는 않더라도 감소될 수는 있다.

리뷰

리뷰는 모든 DO-254 라이프 사이클 데이터에 대해서 수행된다. 레벨 A와 B 하드웨어는 DO-254의 Appendix A에 따라서 독립적인 리뷰가 필요하다. 리뷰는 일반적으로 리뷰어, 리뷰되는 아이템, 리뷰를 위해 사용되는 기준을 나열하는 체크리스트로 문서화된다. 리뷰 체크리스트는 하드웨어 검증 계획 혹은 하드웨어 검증 표준으로부터 참고되고 하드웨어 형상 관리 계획에 따라서 형상 관리 시스템에 저장되어야 한다. 리뷰 절차 혹은 체크리스트는 레벨 A 그리고 B 하드웨어에 대해서 HC1으로 컨트롤되어야 한다. 완료된 체크리스트는 하드웨어 형상 관리 계획에 따라서 형상 관리 시스템에 HC2로 컨트롤되는 데이터로 저장된다.

하드웨어 문서와 데이터의 리뷰는 처음에 전체 리뷰를 수행함으로써 달성된다. 일단 데이터 혹은 문서의 전체 리뷰가 수행되면, 이어지는 변경에 대해서 점진적인 리뷰가 사용될 수 있다. 즉, 리뷰 기준은 오로지 데이터 혹은 문서에 행해진 변경에만 적용될 필요가 있다.

리뷰가 수행될 때 모든 체크리스트의 질문이 답변되어야 한다. 어떤 코멘트든 체크리스트상에 적혀야 하며 문서 작성자 혹은 기술 당국과 논의되어야 한다. 각각의 코멘트는 동의된 개선 조치를 문서화해야 한다. 일단 합의된 코멘트와 조치가 해결되면, 리뷰어는 문서가 적절하게 업데이트되었는지를 검증할 수 있다.

체크리스트는 하드웨어 설계 라이프 사이클 데이터가 다음과 같은 특징들을 가지고 있는 것을 보장하기 위해 선택된 일련의 질문들을 제시한다.

- 모호하지 않은 : 정보 그리고/혹은 데이터는 그것이 단지 단일 해석만을 허용하는 그런 방식으로 문서화된다.
- 완전한 : 정보 그리고/혹은 데이터는 표준과 일치하는 모든 필요한 그리고 관련된 설명 자료를 포함한다. 그림은 분명하게 라벨링되고, 모든 용어들은 정의되며 측정의 단위가 구체화된다.

- 검증가능한: 정보 그리고/혹은 데이터는 정확성에 대해서 리뷰, 분석 혹은 시험될 수 있다.
- 일관된: 정보 그리고/혹은 데이터는 문서 내 혹은 다른 문서와 충돌이 없다.
- 변경할 수 있는: 정보 그리고/혹은 데이터는 기존 구조 내에서 변경, 업데이트 혹은 변경이 완전하게, 일관되게 그리고 정확하게 만들어질 수 있는 방식으로 구조화된다.
- 추적가능한: 정보 그리고/혹은 데이터의 기원 혹은 파생이 증명될 수 있다.

또한 동료 검토 체크리스트는 요구사항, 설계, 검증 그리고 확인 데이터의 리뷰를 위한 하드웨어 표준의 모든 측면을 체크하는 기준을 포함해야 한다.

[표 7-2]는 수행되어야 하는 리뷰와 각각의 관련된 리뷰 체크리스트를 나열한다. 만약 데이터 아이템이 해당하는 설계 보증 레벨에 대해서 필요하지 않으면, 관련된 리뷰는 필요하

표 7-2 라이프 사이클 데이터 아이템 및 관련된 리뷰 체크리스트

리뷰되는 라이프 사이클 산출물	리뷰 체크리스트
Plan for Hardware Aspects of Certification	Plan for Hardware Aspects of Certification Review Checklist
Hardware Design Plan	Hardware Design Plan Review Checklist
Hardware Verification Plan	Hardware Verification Plan Review Checklist
Hardware Process Assurance Plan	Hardware Process Assurance Plan Review Checklist
Hardware Configuration Management Plan	Hardware Configuration Management Plan Review Checklist
Hardware Requirements Standards	Hardware Requirements Standards Review Checklist
Hardware Design/Code Standards	Hardware Design/Code Standards Review Checklist
Hardware Requirements Document	Hardware Requirements Document Review Checklist
Hardware Design Data	Hardware Design Data Review Checklist
Test Cases	Test Cases Review Checklist
Test Procedure/Testbench	Test Procedure/Testbench Review Checklist
Test Results	Test Results Review Checklist
Hardware Verification Report	Hardware Verification Report Review Checklist
Hardware Configuration Index	Hardware Configuration Index Review Checklist
Hardware Environment Configuration Index	Hardware Environment Configuration Index Review Checklist
Hardware Accomplishment Summary	Hardware Accomplishment Summary Review Checklist

지 않다.

하드웨어 관리 계획과 표준의 리뷰는 완전한 문서 리뷰에 의해서 이루어진다. 또한 문서 리뷰는 하드웨어 형상 인덱스, 하드웨어 환경 현상 인덱스 그리고 하드웨어 완수 요약의 리뷰를 위해 사용된다. 점진적인 리뷰가 이어지는 변경에 대해서 사용될 수 있다.

요구사항 리뷰는 각각 그리고 모든 요구사항에 체크리스트 질문 혹은 기준을 적용해야 한다. 편의를 위해서 리뷰어는 요구사항 기반으로 체크리스트 응답을 기록하기 위한 스프레드시트를 만들 수 있다. 설계의 리뷰는 각각의 그리고 모든 회로도(혹은 HDL 기반 설계에 대한 파일)에 체크리스트 질문을 적용한다. 리뷰어는 파일 기반으로 체크리스트 응답을 기록하기 위한 스프레드시트에 여러 개의 탭을 만들 수 있다.

시험 케이스의 리뷰는 시험 케이스 파일 내의 각각의 그리고 모든 시험 케이스에 체크리스트 질문을 적용한다. 리뷰어는 시험 케이스 기반으로 체크리스트 응답을 기록하기 위해 각각의 시험 케이스 파일에 대한 스프레드시트를 만들 수 있다.

시험 절차와 테스트벤치의 리뷰는 각각의 그리고 모든 시험 절차나 테스트벤치 파일에 체크리스트 질문을 적용한다. 리뷰어는 파일 기반으로 체크리스트 응답을 기록하기 위해 스프레드시트를 만들 수 있다.

시험 결과 혹은 시뮬레이션 결과의 리뷰는 각각의 그리고 모든 시험 혹은 시뮬레이션 결과 파일에 체크리스트 질문을 적용한다. 리뷰어는 파일 기반으로 체크리스트 응답을 기록하기 위해 스프레드시트를 만들 수 있다.

리뷰는 위반 항목, 불일치 그리고 리뷰 기준을 만족하지 않는 어떤 항목이든 분명하게 나열해야 한다. 작성자는 리뷰 코멘트를 해결하기 위해 필요한 업데이트를 하거나 리뷰어의 입장에서 오해를 분명하게 하기 위한 응답을 제공해야 한다. 일단 문서 혹은 데이터가 업데이트되면 리뷰어는 업데이트를 체크하고 리뷰 코멘트를 완료해야 한다. 리뷰 체크리스트를 위해 형상 식별자 및 초기 리뷰된 문서의 버전 그리고 문서의 최종 수정된 버전을 명시하는 것이 도움이 된다.

분석

앞서 언급된 것처럼 분석은 하드웨어 설계의 정량적인 평가를 위해 사용된다. 회로 설계는 극도로 높은 그리고 낮은 온도에서 특정 허용치 내에 설계가 동작하는 것을 보장하기 위해 일반적으로 열분석을 사용한다. 또한 회로는 컴포넌트 허용치가 변할 때 설계가 특정한 대로 동작하는지를 보장하기 위해 분석된다. 신뢰성 분석은 설계의 실제 구현이 신뢰성 요구사항을 만족하는지를 결정하기 위해 사용된다. 설계는 유사성 분석을 통해 이전에 승인된 설계와 비교될 수 있다.

PLD 설계는 설계가 기능 요구사항을 만족하는지를 검증하기 위해 일반적으로 시뮬레이션으로 표현되는 분석을 사용한다. 시뮬레이션은 컴퓨팅 리소스 집약적이며, 그래서 가장 뛰어난 성능을 위해서는 이용가능한 가장 성능이 좋은 컴퓨팅 플랫폼상에서 시뮬레이션이 수행되는 것이 추천된다. 일반적으로 리눅스 호스팅 기반의 시스템은 시뮬레이션 실행에 가장 뛰어난 성능을 제공할 수 있다. 시뮬레이션을 구동하는 워크스테이션 혹은 서버는 충분한 RAM, 빠른 속도의 디스크 혹은 SSD 그리고 빠른 속도의 이더넷 컨트롤러로 구성되어야 한다. 더 빠른 워크스테이션 혹은 서버 클럭 스피드와 멀티코어 프로세서 또한 시뮬레이션 성능을 가속할 것이다. 랩탑 컴퓨터상에서 시뮬레이션을 구동하는 것은 성능을 감소시킬 것이며 또한 만약 랩탑이 전자 메일 그리고 문서 편집과 같은 오피스 애플리케이션을 위해 사용된다면 직원의 생산성을 방해할 수도 있다. 도구 판매업체들은 시뮬레이션 도구를 호스팅하기 위한 최선의 환경에 대한 정보를 제공할 수 있다.

일단 요구사항의 포괄적인 커버리지를 위해 시험 케이스들이 선택되면, 시뮬레이션을 실행하기 위해 테스트벤치가 만들어진다. 이들 테스트벤치는 다양한 유형의 데이터 및 측정기준을 모으기 위해 여러 시나리오 혹은 구성에서 구동될 수 있다. [그림 7-12]는 PLD 설계의 시뮬레이션을 위해 사용되는 시나리오를 보여준다.

기능 시뮬레이션은 HDL상에서 수행되며 시험 케이스에 정의된 그리고 테스트벤치에 구현된 입력 자극을 적용한다. 이들 시뮬레이션은 타이밍 시뮬레이션보다 더 빨리 구동하고 디버그와 설계 튜닝을 할 수 있게 한다. 또한 기능 시뮬레이션은 커버리지 측정기준을 모으기 위해 코드 커버리지 도구를 사용할 수 있다. 이들 커버리지 측정기준은 Elemental Analysis를 지원하기 위해 사용될 수 있다.

그림 7-12 | PLD 시뮬레이션

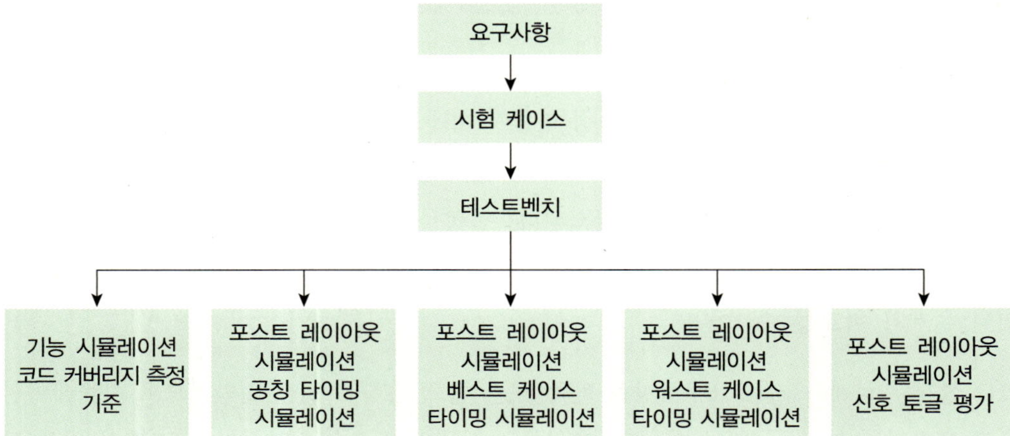

포스트 레이아웃 시뮬레이션은 타깃 PLD 디바이스의 대표적인 타이밍 딜레이로 분류되어 온 배치 및 배선 도구의 netlist 출력인 포스트 레이아웃(때로는 포스트 라우트로 불리는) 타이밍 모델상에서 수행된다. 이 타이밍 모델은 프로그램된 PLD의 가능한 가장 사실적인 표현이며 가능한 한 프로그램된 디바이스에 충실한 모델상에서 시뮬레이션 결과가 수행될 수 있게 한다. 타이밍 데이터와 함께 포스트 레이아웃 시뮬레이션은 워스트 케이스 타이밍 분석, 일반적인 타이밍 분석 그리고 베스트 케이스 타이밍 분석을 할 수 있게 한다. 이들 시뮬레이션은 모든 타이밍 변수하에서 디바이스 요구사항이 만족한다는 것을 증명하기 위해 사용된다. 일반적인 타이밍 시뮬레이션은 디바이스 시험과의 비교가 필요할 때 유용하다. 또한 포스트 레이아웃 시뮬레이션은 토글 커버리지를 검증할 수 있다. 토글 커버리지는 디바이스 신호가 존재하고 사용되며 정적 입력과 사용되지 않은 출력은 토글되지 않는다는 것을 검증한다.

DO-254 요구사항 기반 시험을 위한 하드웨어 시험은 일반적으로 실내 온도에서 수행된다. 하드웨어는 실제 회로 컴포넌트로 만들어지지만 가장 극한의 허용치를 가진 컴포넌트를 선택하는 것은 실용적이지 않을 것이다. 게다가 시험은 베스트 케이스 타이밍 혹은 허용치 그리고 다시 워스트 케이스 타이밍 혹은 허용치를 위해 선택된 컴포넌트로 여러 번 수행하는 것이 필요할 것이다. 포스트 레이아웃 시뮬레이션은 최소 그리고 최대 전달 지연에서 PLD 동작의 효과적인 평가를 가능하게 한다. 이것은 하드웨어 시험이 선별된 혹은 선택된 컴포넌트보다는 표준 컴포넌트를 사용하는 것을 가능하게 한다. 타이밍 시뮬레이션은 또한 PLD가 요구사항을 충족하고 온도, 클럭 또는 전압 변동에 대해 혹은 PLD와 인터페이스 하는 PLD 또는 외부 컴포넌트의 조합에 대해 주변 장치에 정확한 신호를 제공할 것이라는 증거를 제공한다.

검증 신뢰를 위해 수행된 분석은 사용된 절차, 분석된 데이터의 형상 식별, 리뷰를 수행한 사람, 분석의 결과, 설계 혹은 데이터를 수정하기 위해 필요한 조치 그리고 결과에 대한 결론 혹은 요약을 언급해야 한다.

시뮬레이션이 PLD 분석을 위해 사용될 때 시뮬레이션 도구로부터의 모든 원천 데이터 파일들이 수집되어야 한다. 파형은 파일로 추출되어야 하며, 최소한 프로젝트를 위해 보관되어야 한다. 시험 케이스는 인덱싱될 수 있으며 그 인덱스는 파형 파일 내에서 빠른 검색이 가능하도록 파형에 포함될 수 있다. 시험 케이스 카운터는 파형 파일을 통해서 인덱싱하는 효과적인 방법이다. 일부 엔지니어들은 파형에서 타임라인을 빨리 인덱스하기 위해 "do" 파일을 사용한다. "do" 파일은 검증 리포트에 나열되어야 하며 검증 데이터와 함께 보관되어야 한다.

실제 타이밍 및 로직 레벨을 테스트 케이스에서 예상되는 결과와 비교하기 위해 시뮬레이션 파형을 수동으로 분석하지 않을 경우, 즉 다시 말하자면 테스트벤치가 pass/fail 결과를 유도하기 위해 데이터를 평가할 예정이라면, 테스트벤치는 파형 데이터를 문서화하는 텍스트 로그 파일을 출력하도록 작성되어야 한다. 이러한 로그 파일은 상세하게 작성되어야 하며 다음을 포함해야 한다.

- 날짜, 시간, 시험자의 이름 그리고 테스트벤치의 형상 식별자
- 시험되는(시뮬레이션되는) 설계의 형상 식별자
- 자극에 대한 타임 스탬프와 함께 시험되는 설계에 적용되는 모든 자극들
- 출력에 대한 타임 스탬프와 함께 시험되는 설계로부터의 모든 출력
- 각각의 pass/fail 평가의 경우, 예상 결과, 실제 결과, pass/fail 평가 그리고 타임 스탬프

단순히 PASS 혹은 FAIL(각각의 예상 결과에 대해서든 혹은 전체 시험 케이스에 대해서든)을 언급하는 시뮬레이션 로그 파일은 DO-254 검증 목표의 준수에 대한 충분한 증거가 아니다.

추가로 데이터를 평가하고 pass/fail 결과를 생성하는 테스트벤치 코드는 코드가 그 결과를

정확하게 평가할 것이라는 높은 수준의 확신을 코드 리뷰가 결정할 수 있게 쉽게 이해되고 규정되도록 설계되어야 한다. 분명히 테스트벤치 코드에 대한 신뢰도는 설계의 설계 보증 레벨에 비례해야 한다. 그런 테스트벤치 코드가 어떻게 작성되어야 하는지에 대한 공식적인 지침이 없고, 그것이 어떻게 동작해야 하는지에 대한 공식적인 지침도 없지만, 현명한 접근법은 에러의 가능성을 최소화하고, 그래서 인증 당국으로부터의 염려를 최소화하기 위해 그것을 가능한 한 간단하고 이해하기 쉽게 만드는 것이다.

분석의 요약은 검증의 하이라이트와 결과를 요약할 것이다. 분석의 결론은 데이터에 기반한 결론을 제공할 것이다. PLD가 지정된 타이밍, 전압, 클럭 그리고 온도에 대한 작동 요구사항을 충족하는지 여부에 대한 구문이 포함되어야 한다.

또한 DO-254 Section 6.2.2는 검증이 완료되었는지를 평가하기 위해 분석이 수행되어야 한다고 언급한다. 검증 커버리지 분석은 모든 요구사항이 리뷰, 분석, 혹은 시험에 의해서 검증되어 왔는지를 결정한다. 검증은 설계의 가장 적절한 계층에서 수행될 수 있다. PLD는 소프트웨어 시험과 함께, 혹은 시스템이나 상위 레벨 시험의 과정에서 회로 카드 레벨 시험과 함께 전기적으로 시험될 수 있다. 상위 레벨 시험은 여전히 PLD 입력과 출력이 컨트롤되고 관찰되며 기록될 필요가 있다는 것에 유의하라. 또한 검증 커버리지 분석은 리뷰, 분석 혹은 시험이 요구사항에 대해서 적절했는지를 결정한다. 밀폐된 상자 방식으로 수행되는 시스템 레벨 시험은 요구사항 기반 시험을 위해 PLD를 인스트루먼트하는 것에는 적절하지 않을 것이다. 박스 레벨 출력으로 직접 이동하고 PLD 타이밍을 관찰할 수 있는 PLD로부터의 출력 신호는 대응하는 PLD 요구사항을 위해 사용될 수 있을 것이다. PLD와 박스 출력 사이의 회로에 대한 조사는 그 회로들이 신호 레벨과 타이밍에 어떻게 영향을 주는지를 결정하기 위해 필요할 것이다. 마지막으로, 검증 커버리지 분석은 결과가 정확한지를 결정한다. 실제 결과와 예상 결과 사이의 모든 차이점이 포착되고 설명된다. 특히 검증 결과가 예상된 것과 정확하게 일치하지 않으면, 안전성과 관련된 것으로 지정된 요구사항에 대한 검증 결과에 특별히 주의해야 한다.

시험

시험은 구현이 요구사항을 만족한다는 것을 보이기 위한 실제 하드웨어의 검증이다. 시험은 일반적으로 생산 혹은 생산 등가 하드웨어와 함께 회로 내에서 수행된다. 생산 등가는 회로와 카드 레이아웃이 항공기에 사용될 것과 같다는 것을 의미한다. 어떤 차이점이든 영향에 대해서 평가되어야 한다. 회로 카드상의 컨포멀 코팅은 전기적인 시험을 방해할 것이며 생산과 생산 등가 전자 하드웨어 간의 일반적인 차이점 중 하나이다. 핀으로의 접근을 허용하는, 디바이스를 위한 헤더 혹은 소켓 또한 시험 대상인 보드에 대한 일반적인 변경사항이다. PLD가 제조 환경에서 사용되는 것과 동일한 디바이스 유형이 되는 것 그리고 동일한 내용과 동일한 프로그래밍 방법으로 프로그램되는 것이 필수이다.

시험은 시스템 레벨, 회로 카드 레벨, 회로 레벨, 혹은 컴포넌트 레벨에서 수행될 수 있다. DO-254는 시스템 내에서 가능한 최고 레벨의 통합에서 시험이 수행되는 것을 추천한다. 좀 더 통합된 방식에서의 시험은 인터페이스에 대한 더 쉬운 평가와 의도되지 않은 사이드 이펙트의 탐지를 가능하게 한다. 프로세서 카드에 대한 하드웨어 시험은 DO-178C 신뢰를 위해 수행되는 소프트웨어 시험의 장점을 이용할 수 있다. 또한 하드웨어 시험은 요구사항으로의 상호 관계와 추적성이 가능한 한 기존의 생산, 환경 그리고 수락 시험을 사용할 수 있다. 사용된 테스트 베드 유형에 관계없이 시험은 시험 과정에서 입력 및 출력이 기록될 수 있도록 회로와 설계를 갖추어야 한다. 회로 카드와 PLD의 일부 측정은 밀폐된 박스 시스템 시험 중에는 가능하지 않다. 밀폐된 박스 시험은 DO-254 준수를 위해 필요한 많은 요구사항 기반 시험에 대해서는 적절한 시험 환경이 아닐 것이다.

그림 7-13 | 하드웨어 시험

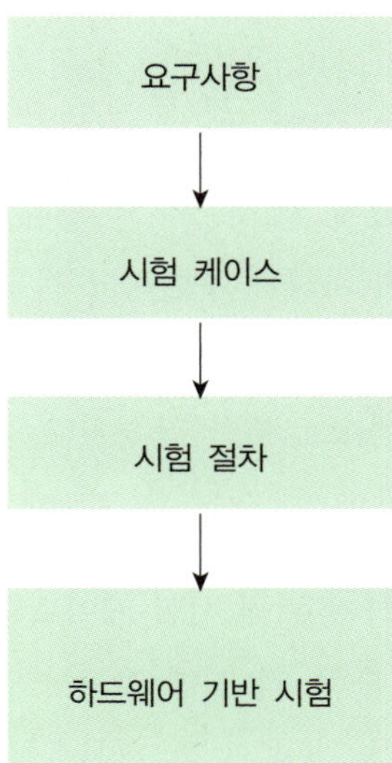

일단 요구사항의 포괄적인 커버리지를 위한 시험 케이스들이 선택되면, 시험을 실행하기 위해 시험 절차들이 만들어진다. 이들 시험 절차들은 회로 카드상에서 회로 카드상에 탑재된 PLD의 주변에서, 혹은 PLD를 위한 독립형 디바이스 테스터상에서 실행될 수 있다. 시험 결과는 오실로스코프, 전압계, 로직 애널라이저 그리고 다른 시험 장비들로 수집된다. [그림 7-13]은 PLD 설계를 시험하기 위해 사용되는 시나리오를 보여준다.

시험 케이스 선택 기준

DO-254는 시험 케이스를 분리된 데이터 아이템으로 명시적으로 요구하지 않지만, 경험에 따르면 시험 절차로부터 분리된 시험 케이스를 만드는 것이 이점이 있다. 시험 케이스는 예측되는 예상 결과와 pass/fail 기준의 상응하는 세트와 함께 하드웨어 혹은 설계에 적용되는 입력 세트이다. 시험 케이스는 하드웨어 시험 혹은 시뮬레이션에 적용될 입력 세트를 선택하기 위해 사용된다.

핀레벨 동작을 표현하는 요구사항으로 검증 프로세스는 최적화되고 좀 더 효율적으로 될 수 있다. 프로세스를 개선하기 위한 첫 번째 기회는 요구사항이 성숙하고 리뷰가 수행되면 즉시 요구사항에 대한 시험 케이스를 생성하는 것이다. 이것은 심지어 설계가 만들어지기 전에 시험 및 시뮬레이션을 위한 검증 활동을 시작할 수 있게 한다.

프로세스를 개선하기 위한 두 번째 기회는 시험 케이스를 전적으로 요구사항에 기반하며, 가능한 경우, 어떤 특정 검증 방법(특히 시뮬레이션 및 하드웨어 시험)에 독립적으로 그것을 작성하는 것이다. 이것은 동일한 시험 케이스가 하드웨어 시험, 시뮬레이션, 혹은 적절한 경우 둘 다를 위해 사용될 수 있게 할 것이다. 하드웨어 시험의 경우, 시험 절차는 물리적인 하드웨어 시험 환경에서 입력 자극을 구현하고 적용하기 위해 시험 케이스로부터 작성된다. 시뮬레이션의 경우, 테스트벤치는 시뮬레이션된 혹은 가상 환경에서 입력 자극을 구현하고 적용하기 위해 시험 케이스로부터 작성된다.

시험 케이스와의 효율성을 위한 세 번째 영역은 요구사항이 포괄적으로 검증되었는지를 리뷰어가 좀 더 빨리 평가하도록 하기 위해 시험 케이스를 형식을 정하고 조직화하는 것이다. 시험 케이스는 행으로 입력과 출력, 각 열에 걸쳐서 입력값과 예상 결과의 세트를 가진 테이블로 포맷이 만들어질 수 있다. 개별 시험 케이스를 분리하기 위해 분할을 사용하는 것은 각각의 시험 케이스가 개별 요구사항 혹은 심지어 요구사항 내의 개별 파라미터까지 좀 더 쉽게 식별되고 연관되도록 하여 시험 케이스와 시험 절차를 평가하고 리뷰하는 것을 도울 것이다. 시험 케이스 내에 단계 혹은 운용에 대한 일부 식별 수단을 포함하는 것(단계 번호와 같은) 또한 시험 프로세스의 더 쉬운 추적을 가능하게 하고 시험 케이스의 개별 특성으로의 좀 더 정확한 참조를 가능하게 할 것이다.

시험 케이스를 절차 및 벤치로부터 분리하는 것 또한 시험 케이스 설계에 집중하기 위한 노력의 분석적인 측면을 가능하게 한다. 시험 절차와 테스트벤치를 작성하는 것은 입력 자극을 각각의 환경으로 변환하는 좀 더 기계적인 방식의 작업이 된다.

[그림 7-14]는 위에서 설명한 시험 케이스 패러다임을 묘사한다.

그림 7-14 | **일반적인 시험 케이스**

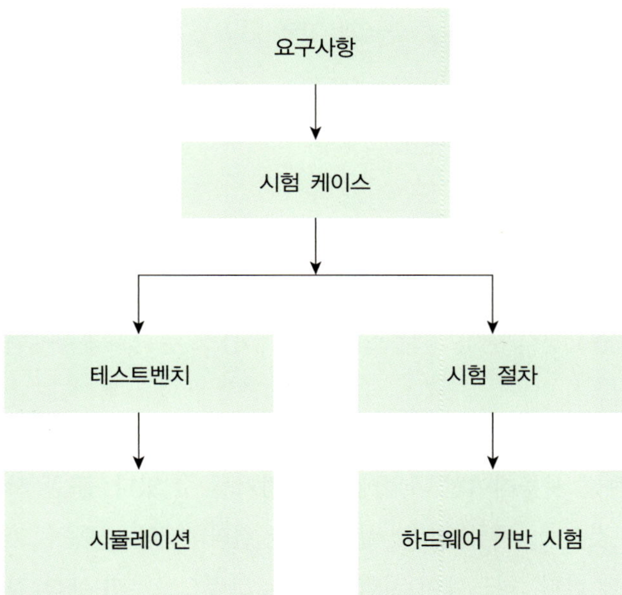

요구사항 챕터에서 설명된 대로 만들어진 요구사항으로 또 다른 최적화가 발생한다. 입력에 응답하는 출력을 설명하는 요구사항을 작성하는 것은 각각의 요구사항이 검증가능하다는 것을 보장한다. 입력이 적용될 수 있고 출력이 관찰될 수 있다. 요구사항 문장 내의 입력은 시험 케이스에 대한 입력이 된다. 요구사항 문장 내의 출력은 시험 케이스에 대한 출력이 된다. 요구사항에서 표현되는 전송 기능 혹은 동작은 시험 케이스 작성자가 입력의 존재 내에서 출력과 예상 결과를 쉽게 예측할 수 있게 한다. 요구사항과 시험 케이스의 구조와 관계가 [그림 7-15]에서 보이고 있다.

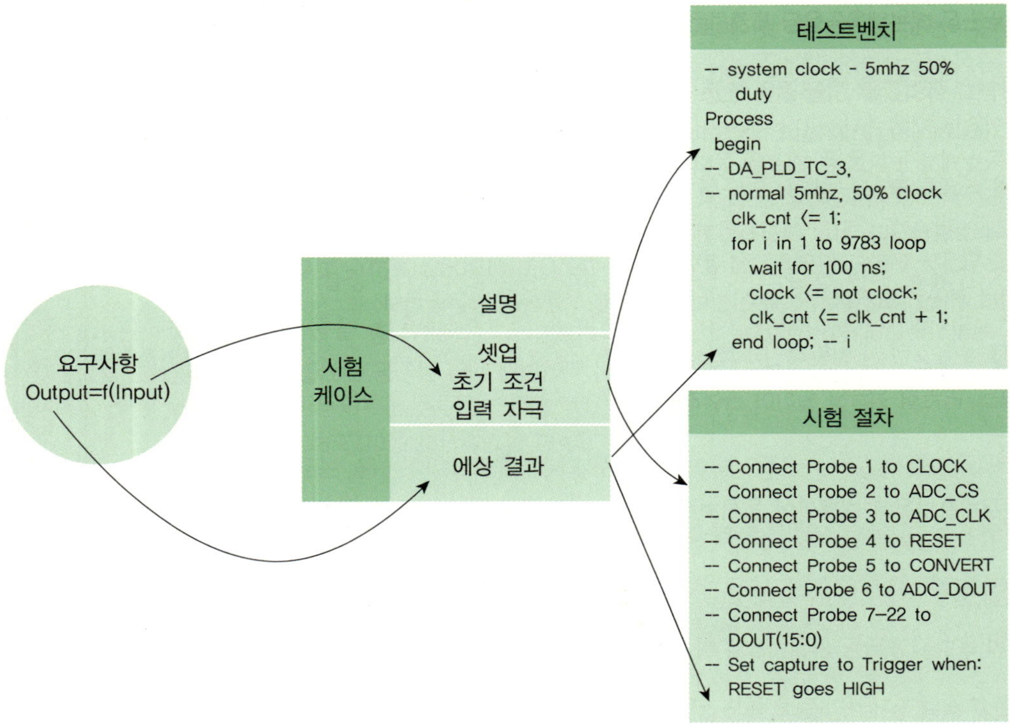

그림 7-15 | 요구사항과 시험 케이스

시험 케이스를 시뮬레이션 테스트벤치로 변환할 때, 시험 케이스의 예상 결과는 자체 점검 코드의 사용을 통해서 시뮬레이션 파형에 대해 평가될 수 있다. 또한 시뮬레이션 로그 파일은 앞서 설명된 것처럼, 예상 결과, 실제 측정 결과, 타임 스탬프 그리고 비교에 대한 pass/fail을 언급해야 한다. 하드웨어 시험의 경우, 그것으로부터 예상 결과에 대한 타이밍이 측정되는 시험 케이스 내의 이벤트 혹은 적절하다면 예상 결과 자체가 로직 애널라이저 혹은 오실로스코프에 대한 트리거 조건으로 변환될 수 있다. 또한 시뮬레이션 파형과 하드웨어 시험으로부터의 파형을 예상 결과와 나란히 비교함으로써 결과 검토의 효율성을 높일 수 있다는 점에 유의하라.

시뮬레이션에서 입력은 테스트벤치에 규정된 대로 만들어질 수 있지만, 하드웨어 시험에 대한 입력은 하드웨어에서 이미 발생하는 신호를 사용해야 할 수 있다. 그 아이디어는 요구사항이 존재할 파형 혹은 신호를 설명하는 것이다. 이러한 스타일의 요구사항이 사용될 때, 하드웨어 시험은 회로에 이미 존재하는 신호를 가지고 시험하는 이점을 가질 수 있다. 요구사항 기반 시험을 달성하기 위해 신호가 주입되어야 하는 것은 아닐 것이다. 이러한 스타일의 시험은 정상 범위 혹은 정상 조건에 잘 동작한다.

강건성에 대한 시험 ― 유효하지 않거나 예상되지 않은 입력 ― 은 신호가 시험의 대상이 되는 회로에 생성되고 적용될 필요가 있을 것이다. 카드 엣지 커넥터에 입력을 적용하는 시험 장비로 하드웨어 시험이 유효하지 않은 입력을 생성하도록 설정되거나 프로그램될 수 있다. 만약 관심 신호가 회로 내부에 있다면, 유효하지 않은 신호는 대상이 되는 회로에 직접 적용되어야 할 수도 있다. PLD의 경우, 시험되는 독립형 칩은 모든 입력핀으로의 완전한 접근과 입력핀으로의 유효한 그리고 유효하지 않은 신호의 적용을 할 수 있게 한다.

시험 케이스는 요구사항의 포괄적인 검증 혹은 시험 케이스와 관련된 요구사항들을 위해 선택되어야 한다. 시험에 대한 전형적인 순서는 초기 조건과 신호를 적용하고, 전력을 공급하며, 리셋을 적용 및 릴리즈하고, 시험 케이스에 대한 관심 입력을 적용하며 그 과정을 따라 각 단계에서의 관심 출력을 모으는 것이다.

다음 측면으로 구성된 요구사항 템플릿을 고려하라.

- 전원 동작
- 리셋 동작
- Assert 조건
- Deassert 조건
- 유효하지 않은 입력에 대한 응답

시험 케이스는 다음과 같이 구성될 것이다.

- 전력 공급, 출력 측정 그리고 예상 결과와 비교
- 전력 공급, 회로가 운영으로 들어가도록 허용, 리셋 적용, 출력 측정 그리고 예상 결과와 비교
- 전력 공급, 회로가 운영으로 들어가도록 허용, 리셋 적용, 회로가 운영으로 들어가도록 허용, 출력(들)이 assert 혹은 active/true가 되기 위해 필요한 것으로 기술된 입력 적용,

출력을 측정하고 예상 결과와 비교

- 전력 공급, 회로가 운영으로 들어가도록 허용, 리셋 적용, 회로가 운영으로 들어가도록 허용, 출력(들)이 assert 혹은 active/true가 되기 위해 필요한 것으로 기술된 입력 적용, 출력(들)이 deassert 혹은 inactive/false가 되기 위해 필요한 것으로 기술된 입력 적용, 출력을 측정하고 예상 결과와 비교
- 전력 공급, 회로가 운영으로 들어가도록 허용, 리셋 적용, 회로가 운영으로 들어가도록 허용, 유효하지 않은 입력 적용, 출력을 측정하고 예상 결과와 비교

검증되는 기능에 따라 네 번째 시험은 위의 순서에 따라 앞의 세 가지 시험을 만족(또는 통합)할 수도 있다. 이런 방식으로 시험을 결합하는 것은 검증 프로세스를 최적화하는 것을 도울 수 있다.

유효하지 않은 입력을 가진 단계에서는 항상 쉽게 예측가능한 예상 결과가 있는 것은 아닐 수 있다. 만약 입력 클럭이 주파수 혹은 작동 주기의 예상 허용치를 벗어나게 변한다면, 회로가 결정론적인 방식으로 동작하는 것을 지속할 것이라는 보장은 없다. 이 경우에 입력의 허용치를 얼마나 벗어났을 때 예상 동작이 더 이상 발생하지 않게 되는지에 대해서 하드웨어를 탐색하고 특성화하기 위해 강건성 시험이 사용될 수 있다. 유효하지 않은 입력이 기술되고 적용될 수 있지만 예상 결과는 알려지지 않는 상태에서, 시험은 여전히 수행될 수 있다. 이러한 경우, 출력 동작이 받아들일 만한 것인지 혹은 요구사항 그리고/혹은 설계가 업데이트될 필요가 있는지를 결정하기 위해 시스템 엔지니어 그리고/혹은 안전성 엔지니어에 의해서 수집되고 분석되어야 한다.

시험 케이스는 단일 요구사항 혹은 논리적으로 연관된 요구사항 그룹으로 구성된 기능 구성요소를 시험할 것이다. 시험 케이스 전략은 특정 출력을 설명하는 요구사항들에 대한 커버리지를 그룹화하도록 선정할 수 있다. 그러한 시험 케이스들은 오로지 하드웨어 요구사항에 대한 조사로부터 결정될 것이다. 설계 기반 시험은 그것이 오직 설계가 바로 그 설계라는 것만을 확인하고 설계가 의도된 기능성을 만족하는지를 확인하지 않기 때문에 허용되지 않을 것이다. 만약 요구사항이 의도된 기능성보다는 설계자의 구현(구현 요구사항)을 구체화한다면, 그 결과인 요구사항 기반 시험 케이스는 설계 기반 시험과 같은 결과를 가질 것이라는 점에 유의하라. 요구사항에 대한 챕터에서 언급한 것처럼, 이것은 구현 요구사항의 결정적인 약점 중 하나이며 그것이 회피되어야 하는 이유이다.

검증 프로세스의 무결성에 대해 요구사항에 있는 설계 정보의 영향은 [그림 7-16]과 [그림 7-17]에서 설명되고 있다.

그림 7-16 | 기능 요구사항과 효과적인 검증

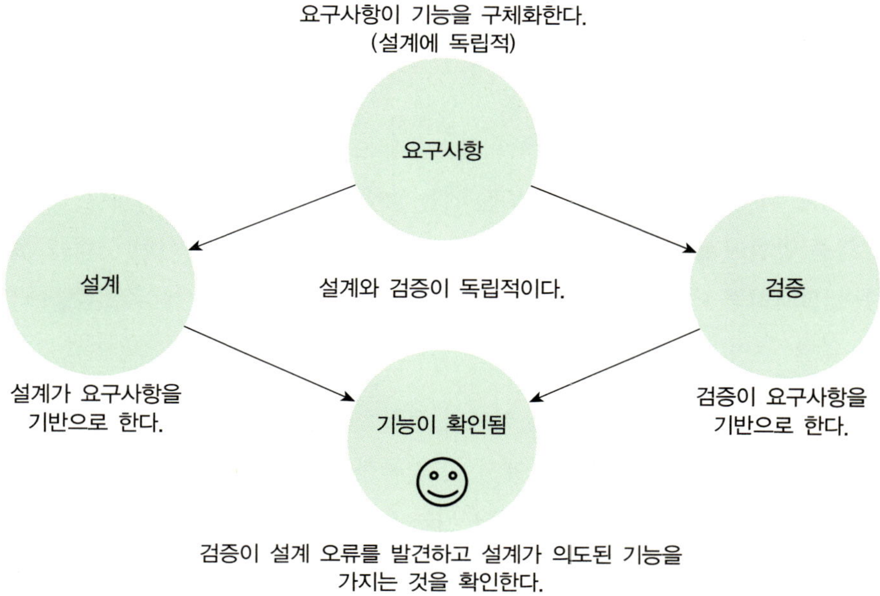

그림 7-17 | 구현 요구사항과 비효과적인 검증

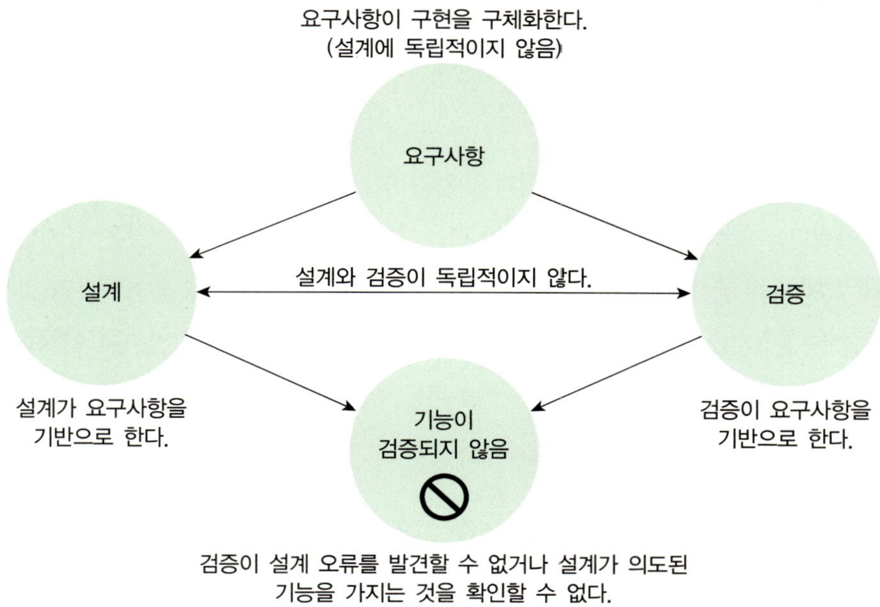

[그림 7-16]에서 보이는 것처럼 기능성을 표현하는 요구사항, 특히 이 책에서의 지침을 따라서 작성된 것들은 설계와 검증 모두에 똑같이 적절하고 양쪽 프로세스를 독립적으로 진행하는 것을 가능하게 한다. 독립성이 두 프로세스 사이에 유지되기 때문에 하드웨어가 요구사항 기반 검증을 통해서 검증될 때 설계가 요구사항 그리고 나아가 상위 레벨 시스템에 의해서 정의된 대로 의도된 기능을 준수하는 것이 독립적으로 증명된다.

반대로 설계 정보가 요구사항 속으로 들어갈 때, 거기에는 더 이상 시스템 레벨 기능으로의 연결이 없고, 의도된 기능성의 캡처가 없으며, 따라서 그 설계가 적절하게 그리고 상위 레벨 시스템에 의해서 정의된 대로 의도된 기능성에 따라서 동작하고 있다는 것을 결정하기 위한 검증 방법이 없다. 게다가 만약 요구사항 내의 설계 구현이 어떤 에러를 포함한다면, 검증이 설계처럼 에러가 있는 요구사항에 기반할 것이므로 그 에러는 검증에 의해서 탐지되지 않을 것이다. 이 관계는 [그림 7-17]에서 보이고 있다.

만약 구현 요구사항을 마주치게 되면, 설계의 정확성을 증명하는 부담은 검증에서 확인으로 이동한다. 그러면 확인은 요구사항에서 설계 구현이 의도된 기능성을 올바르게 구현할 것을 증명해야 한다. 이것을 하기 위해 사용되는 방법은 설계의 의도된 기능성을 정상적으로 정의할 상위 레벨 기능성에 대해서 수행되는 시뮬레이션 및 시험과 같은, 검증의 그것들과 병행할지 모른다. 이런 접근법은 설계가 의도된 기능성을 만족한다는 것을 증명하는 동일한 결과를 가져올 수 있지만, 그것은 목표에 도달하기 어려운 방법이다. 이러한 접근법은 설계 프로세스에서 일찍 발생해야 하는 요구사항 확인이, 필요한 설계와 하드웨어가 요구사항을 확인할 수 있는 설계 프로세스의 마지막 즈음에 대신 수행할 것을 요구할 수 있다는 점 또한 유의하라. 결국 그것은 설계 보증에 추천되는 접근법이 아니다.

시험 케이스는 디바이스 혹은 신호 입력을 자극하고 예상되는 핀레벨 응답을 예측하는 것으로 제한된다. 테스트 입력과 출력을 핀 혹은 신호 레벨로 제한하는 것은 설계를 검증하는 것과 반대로 요구사항(즉, 기능성)이 검증되는 것에 대한 보장을 돕는다. 이 방법은 또한 기능 시뮬레이션과 회로 내 디바이스 시험을 위한 동일한 시험 케이스의 사용을 가능하게 한다.

정상 시험 케이스는 다음의 기준으로 설계된다.

- 요구사항을 직접 시험함으로써 혹은 다른 요구사항과의 조합에서의 요구사항에 대한 시험 커버리지

- 필요한 경우, 회로 혹은 출력 동작이 요구사항(들)을 만족하는 것을 증명하기 위한 유효한 입력의 모든 조합
- 시험되는 모든 assert 조건들
- 시험되는 모든 deassert 조건들
- 입력은 요구사항에 표현된 조건과 결정의 포괄적인 커버리지를 제공하기 위해 달라진다.
- 요구사항에서 조건으로 표현되는 비교문(예를 들면, 보다 적은, 보다 큰, 보다 작거나 같은, 같은 등)은 비교값 바로 아래, 같은 그리고 바로 위의 입력을 사용한다.
- 입력의 영향은 출력의 변화로 관찰되어야 한다.
- 시험의 순서는 출력에 입력의 영향이 보이도록 고려되어야 한다.
- 필요한 경우, 회로 혹은 출력 동작이 요구사항을 만족하고 의도되지 않은 부작용을 가지고 있지 않다는 것을 증명하기 위해 유효한 입력의 모든 조합
- 일반적인 입력 신호 타이밍 허용치
- 일반적인 클럭 타이밍 허용치
- 입력 어드레스 버스를 위한 동등 클래스 값
- 입력 어드레스 버스를 위한 최소 및 최댓값
- 입력 데이터 버스를 위한 동등 클래스 값
- 입력 데이터 버스를 위한 최소 및 최댓값
- 요구사항 혹은 설계 표준에 지정된 대로 상승 혹은 하강 엣지에 대한 입력의 등록을 보여주는 클럭 전이 이전, 중간 그리고 이후 입력 변경
- 모든 가능한 상태 전이는 상태 머신이 설계에 적용될 때 커버된다. 이것은 정의에 따라 설계 기반 시험이 될 것이다.
- 시험 케이스가 반복될 때 가변 데이터를 사용
- 시험 케이스에 대해서 구조화된 순서를 사용
  - 전원 적용
  - 리셋 적용
  - 디바이스가 정상 동작을 시작하도록 허용
  - 요구되는 자극을 적용
  - 유효한 그리고 유효하지 않은 조건 간, assert와 deassert 동작 간 시험 케이스를 번갈아 수행 그리고 정상 동작 조건에서 항상 유효한 입력 및 출력으로 돌아가는 종료

강건성 시험 케이스는 다음의 고려사항을 가지고 설계된다.

- 부정확한 입력 혹은 입력의 조합
- 예상되지 않은 입력 혹은 입력의 조합
- 관련된 요구사항(들)에 나열되지 않은 입력 전환
- 유효하지 않은 상태 전이
- 규정된 허용치를 벗어나는 클럭 작동 주기 그리고/혹은 주파수의 변화
- 클럭 엣지 사이의 asserting 및 deasserting 입력 신호
- 시험 과정에서 리셋 적용하기
- 시험 과정에서 디바이스 선택/선택 해제
- 비동기 혹은 글리치 타이밍
- 추가적인 클럭 사이클 삽입하기
- 클럭 사이클 제거하기

유일한 식별자를 가진 텍스트와 같은 추적성 태그는 시험 케이스와 관련된 요구사항으로의 추적성이 추적성 매트릭스에 나열될 수 있도록 시험 케이스에 내장되어야 한다. 시험 케이스에 요구사항 식별자를 내장하는 것은 시험 케이스가 변경될 필요가 있는지와 관계없이 요구사항이 변할 때 시험 케이스를 업데이트하는 원인이 될 수 있다. 시험 케이스 작성자는 시험 케이스 파일에서 일련의 시험 케이스로 요구사항의 전체 시험 커버리지를 제공하려는 모든 노력을 해야 한다. 절대적으로 필요할 때에만 요구사항의 시험 커버리지를 여러 시험 케이스 파일들(시험 케이스 그룹)에 걸쳐서 분산시켜야 한다. 이러한 그룹화의 근본적인 이유는 데이터를 한데 모으고 리뷰를 더 쉽게 만드는 것이다.

시험 케이스는 또한 형상 관리 시스템에서 데이터를 쉽게 발견하게 만들기 위해 파일 이름에 대해서 명명 규칙을 사용할 수 있다. 명명 규칙의 예는 다음과 같다.

추적성과 이해의 용이성을 위해 다음과 같은 파일 이름 관례가 사용될 수 있다.

- 요구사항 `HRD-XXX-YYY-NNN`
- 시험 케이스 파일 `TC-HRD-XXX-YYY-NNN.xls`
- 시험 케이스 파일 내의 시험 케이스 혹은 단계 `TC-HRD-XXX-YYY-NNN_001`
  `TC-HRD-XXX-YYY-NNN_002`

	TC-HRD-XXX-YYY-NNN_003
• 테스트벤치 (시뮬레이션)	TB-HRD-XXX-YYY-NNN.vhd
• 시험 절차 (하드웨어 시험)	TP-HRD-XXX-YYY-NNN.txt
• 시험 결과 로그	TR-HRD-XXX-YYY-NNN.log 혹은 TR-HRD-XXX-YYY-NNN.wav (파형 캡처)

시험 케이스에 대한 예제 형식이 [표 7-3]에 보이고 있다.

표 7-3 시험 케이스 예제

STEP	ACTION/INPUT	EXPECTED RESULT
Initial Setup: Steps 1 and 2 initialize the device by setting all inputs to their default states, then toggling the RESET input to clear and initialize the logic.		

1	Set the inputs to their following default states:
	`CLK_50M = 50MHz` square wave, 50% duty cycle.
	`AVAL_L = 1.`
	`RW = 1.`
	`P_ADR(15:0) = 0x0000`
	`RESET = 0`
		`P_DAT(31:0) = 0xZZZZ_ZZZZ`

2	Set RESET high for 100usec and then back low to clear and initialize all internal logic to a known state, then wait for 100usec.	`P_DAT(31:0) = 0xZZZZ_ZZZZ`
Load **SDLR_DAT** with a known value and then verify that it is cleared to **0x0000_0000** within 1usec after a **RESET (CDBR-60(ii)).**		
3	Write **0xFFFF_FFFF** to address **0x8001** to pre-load the **SDLR_DAT** register.	None
4	Read address **0x8001** to confirm that the **SDLR_DAT** register is initialized for this test.	`P_DAT(31:0) = 0xFFFF_FFFF`
5	Set RESET high for 100usec and then back low. Read address **0x8001** 1usec after the falling edge of RESET to confirm that the **SDLR_DAT** register cleared to **0x0000_0000**.	`P_DAT(31:0) = 0x0000_0000`
…	…	…

Summary of Test Case: This test case confirms that the **SDLR_DAT(31:0)** data value clears to **0x0000_0000** within 1usec after the RESET input deasserts low or an SDLR clear command is generated. It reads address **0x8001** both before and after each reset method to confirm that **P_DAT(31:0)** outputs **0xFFFF_FFFF** before the reset, and then **0x0000_0000** afterward.

Type of Test Case:	Normal
Test Case Trace Tag:	**TC_CDBR-50 and _55 and _60_001**
Verification Methods:	Simulation, Test
Steps for Test Case:	

시험 케이스와 요구사항

이제 모든 것을 하나로 묶어보자. 요구사항은 입력이 특정 조건을 만족할 때 출력의 동작을 표현한다. 요구사항 챕터에서 설명된 구조를 사용하여, 시험 케이스는 요구사항의 형태로부터 쉽게 만들어질 수 있다.

예제 7.1

한 세트의 입력 조건이 동시에 모두 만족해야 할 때 assert되는 출력, 즉 입력 조건의 논리곱(AND)이 다음과 같이 표현된다.

out1 shall assert high within 50 nanoseconds when the following conditions are satisfied:

- **Condition1**
- **Condition2**
- **Condition3**

이러한 조건들을 검증하기 위한 시험 케이스가 [표 7-4]에 보이고 있다.

[표 7-4]의 시험 케이스들은 포괄적이다. 입력의 여덟 가지 모든 가능한 조합의 완전한 세트 또한 사용될 수 있다. Condition1에서 Condition3은 각각 하나의 입력에 대한 하나의 로직이 되거나 혹은 Input1이 마지막 100나노세컨드(ns) 동안 high를 유지한다, 혹은 count100이 0X0064보다 크거나 같다와 같이 좀 더 복잡한 표현이 될 수 있다.

표 7-4 AND에 대한 시험 케이스

Condition1	Condition2	Condition3	out1
True	True	True	True
True	True	False	False
True	False	True	False
False	True	True	False

예제 7.2

한 세트의 입력 조건 중 어떤 것이든 만족할 때 assert되는 출력, 즉 입력 조건의 논리합(OR)이 다음과 같이 표현된다.

out1 shall assert high within 50 nanoseconds when one or more of the following conditions are satisfied:

- Condition1
- Condition2
- Condition3

이러한 조건들을 검증하기 위한 시험 케이스가 [표 7-5]에 보이고 있다.

[표 7-5]의 시험 케이스들은 포괄적이다. 입력의 여덟 가지 모든 가능한 조합의 완전한 세트 또한 사용될 수 있다. 이전처럼 조건은 하나의 로직 입력 혹은 더 복잡한 표현이 될 수 있다.

표 7-5 OR에 대한 시험 케이스

Condition1	Condition2	Condition3	out1
False	False	False	False
False	False	True	True
True	True	False	True
True	False	False	True

예제 7.3

한 세트의 입력 조건 중 어떤 것도 만족하지 않을 때 assert되는 출력, 즉 입력 조건의 부정 논리합(NOR)이 다음과 같이 표현된다.

```
out1 shall assert high within 50 nanoseconds when none of the following conditions are satisfied:
```

- `Condition1`
- `Condition2`
- `Condition3`

이러한 조건들을 검증하기 위한 시험 케이스가 [표 7-6]에 보이고 있다.

[표 7-6]의 시험 케이스들은 포괄적이다. 입력의 여덟 가지 모든 가능한 조합의 완전한 세트 또한 사용될 수 있다. 이전처럼 조건은 하나의 로직 입력 혹은 더 복잡한 표현이 될 수 있다.

표 7-6 NOR에 대한 시험 케이스

Condition1	Condition2	Condition3	out1
False	False	False	True
False	False	True	False
True	True	False	False
True	False	False	False

예제 7.4

한 세트의 입력 조건 중 적어도 한 가지가 만족하지 않을 때 assert되는 출력, 즉 입력 조건의 부정 논리곱(NAND)이 다음과 같이 표현된다.

```
out1 shall assert high within 50 nanoseconds when at least one of the following conditions are not satisfied:
```

- `Condition1`
- `Condition2`

- Condition3

이러한 조건들을 검증하기 위한 시험 케이스가 [표 7-7]에 보이고 있다.

[표 7-7]의 시험 케이스들은 포괄적이다. 입력의 여덟 가지 모든 가능한 조합의 완전한 세트 또한 사용될 수 있다. 이전처럼 조건은 하나의 로직 입력 혹은 더 복잡한 표현이 될 수 있다.

표 7-7 NAND에 대한 시험 케이스

Condition1	Condition2	Condition3	out1
True	True	True	False
True	True	False	True
True	False	True	True
False	True	True	True

예제 7.5

한 세트의 입력 조건이 동시에 모두 만족하거나 모두 만족하지 않을 때 assert되는 출력, 즉 입력 조건의 배타적 부정 논리합(XNOR)이 다음과 같이 표현된다.

```
out1 shall assert high within 50 nanoseconds when either all or none of the
following conditions are satisfied:
```

- Condition1
- Condition2
- Condition3

이러한 조건들을 검증하기 위한 시험 케이스가 [표 7-8]에 보이고 있다.

이 예제는 다른 로직 구성으로부터 요구사항을 명확하게 하기 위해 입력의 여덟 가지 모든 가능한 조합을 사용한다. 이전처럼 조건은 하나의 로직 입력 혹은 더 복잡한 표현이 될 수 있다.

▌표 7-8 ▌XNOR에 대한 시험 케이스

Condition1	Condition2	Condition3	out1
False	False	False	True
False	False	True	False
False	True	False	False
False	True	True	False
True	False	False	False
True	False	True	False
True	True	False	False
True	True	True	True

예제 7.6

입력조건 중 오직 한 가지만 만족할 때 assert되는 출력, 즉 입력 조건의 배타적 논리합(XOR)이 다음과 같이 표현된다.

```
out1 shall assert high within 50 nanoseconds when only one of the following conditions are satisfied:
```

- `Condition1`
- `Condition2`

이러한 조건들을 검증하기 위한 시험 케이스가 [표 7-9]에 보이고 있다.

이 예제는 다른 로직 구성으로부터 요구사항을 명확하게 하기 위해 입력의 네 가지 모든 가능한 조합을 사용한다. 이전처럼 조건은 하나의 로직 입력 혹은 더 복잡한 표현이 될 수 있다.

▌표 7-9 ▌XOR에 대한 시험 케이스

Condition1	Condition2	out1
False	False	False
False	True	True
True	False	True
True	True	False

▶ 그림 7-18 | 요구사항과 관련된 시험 케이스

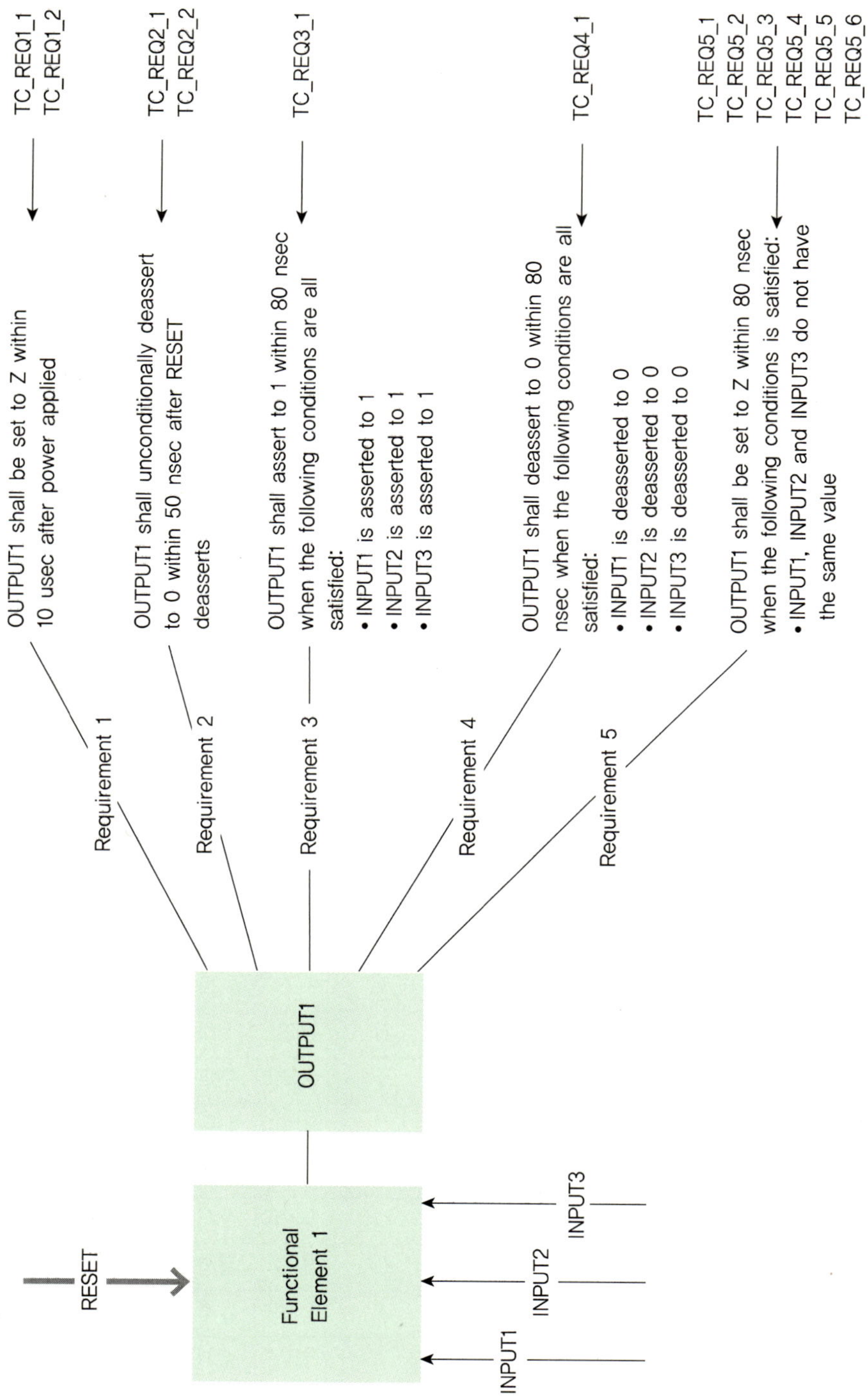

[그림 7-18]에서 입력은 INPUT1, INPUT2, INPUT3 그리고 RESET이다. 요구사항은 이 책의 요구사항 섹션에서 요약한 것처럼 구성된다. Power-on 동작은 Requirement 1에서 언급되고 리셋 응답은 Requirement 2에서 언급되며, assert 응답은 Requirement 3에서 언급되고, deassert 응답은 Requirement 4에서 언급되며 유효하지 않은 입력에 대한 응답은 Requirement 5에서 언급된다.

[그림 7-18]은 이러한 기능 구성요소를 보여주고 각각의 요구사항과 관련된 시험 케이스들을 나열한다. Requirement 3의 경우, INPUT1-INPUT2-INPUT3 모두 1이 되는 것이 검증된다. 이 시험 케이스를 사용하는 것은 "When the following conditions are all satisfied", 즉 입력의 논리곱(AND)의 커버리지를 제공한다. Requirement 4의 경우, INPUT1-INPUT2-INPUT3가 모두 0이 되는 것이 검증된다. 이 시험 케이스를 사용하는 것은 "When the following conditions are all satisfied"의 커버리지를 제공한다. Requirement 5에 대한 시험 케이스는 INPUT1-INPUT2-INPUT3의 다른 조합을 검증한다. 이 경우에 여덟 가지 조합을 모두 사용하는 것은 사소한 작업이었고 테스트벤치 혹은 시험 절차로 넣기가 쉬웠을 것이다. 시험 케이스를 테이블에 정리함으로써 열에 입력된 값과 행에 입력된 값을 사용하여 요구사항의 검증 커버리지가 쉽게 평가될 수 있다. [표 7-10]은 요구사항에 대한 시험 케이스들을 보여준다.

표 7-10 예제 요구사항에 대한 시험 케이스

시험 케이스	RESET	INPUT1	INPUT2	INPUT3	OUTPUT1
TC_REQ1_1	0	1	1	1	전원을 공급한 후 10 usec 내에 Z
TC_REQ1_2	0	0	0	0	전원을 공급한 후 10 usec 내에 Z
TC_REQ2_1	1, 다음 0	1	1	1	RESET의 하강 엣지 후 50 nsec 내에 0
TC_REQ2_2	1, 다음 0	0	0	0	RESET의 하강 엣지 후 50 nsec 내에 0
TC_REQ3_1	0	1	1	1	입력이 모두 1일 때 80 nsec 내에 1
TC_REQ4_1	0	0	0	0	입력이 모두 0일 때 80 nsec 내에 0
TC_REQ5_1	0	0	0	1	입력이 같지 않을 때 80 nsec 내에 Z
TC_REQ5_2	0	0	1	0	입력이 같지 않을 때 80 nsec 내에 Z
TC_REQ5_3	0	1	0	0	입력이 같지 않을 때 80 nsec 내에 Z
TC_REQ5_4	0	1	1	0	입력이 같지 않을 때 80 nsec 내에 Z
TC_REQ5_5	0	1	0	1	입력이 같지 않을 때 80 nsec 내에 Z
TC_REQ5_6	0	0	1	1	입력이 같지 않을 때 80 nsec 내에 Z

요구사항에 대한 이러한 세트로부터 HDL 결과를 상상한다면, 이 시험 케이스로부터 설계에 대한 시험 커버리지가 높은 커버리지를 가져올 것이라는 것 또한 쉽게 예측할 수 있다. 다시 말하면, Elemental Analysis는 요구사항 기반 시험이 설계에 대한 완전한 커버리지를 제공하는 것을 증명할 것이다.

시험 케이스는 재배치될 수 있고 케이스들 중 일부는 검증의 가시성을 확보하기 위해 재사용될 수 있다는 점에 유의하라. 그 순서가 [표 7-11]에서 보이고 있다. 출력이 하이 임피던스(Z), 1 그리고 0 사이를 교대하도록 이미 정의된 시험 케이스들이 반복되고 있고 다른 케이스들 사이에 삽입되고 있다.

표 7-11 예제 요구사항에 대한 개선된 시험 케이스

시험 케이스	RESET	INPUT1	INPUT2	INPUT3	OUTPUT1
TC_REQ1_1	0	1	1	1	10 usec 내에 Z
TC_REQ1_2	0	0	0	0	10 usec 내에 Z
TC_REQ2_1	1, 다음 0	1	1	1	RESET의 하강 엣지 후 50 nsec 내에 0
TC_REQ2_2_1	1, 다음 0, 그런 다음 1 usec 대기	1	1	1	RESET의 하강 엣지 후 50 nsec 내에 0, 그런 다음 입력이 모두 1일 때 80 nsec 내에 1
TC_REQ2_2_2	1, 다음 0	0	0	0	RESET의 하강 엣지 후 50 nsec 내에 0
TC_REQ3_1	0	1	1	1	입력이 모두 1일 때 80 nsec 내에 1
TC_REQ4_1	0	0	0	0	입력이 모두 0일 때 80 nsec 내에 0
TC_REQ5_1	0	0	0	1	입력이 같지 않을 때 80 nsec 내에 Z
TC_REQ3_1	0	1	1	1	입력이 모두 1일 때 80 nsec 내에 1
TC_REQ5_2	0	0	1	0	입력이 같지 않을 때 80 nsec 내에 Z
TC_REQ4_1	0	0	0	0	입력이 모두 0일 때 80 nsec 내에 0
TC_REQ5_3	0	1	0	0	입력이 같지 않을 때 80 nsec 내에 Z
TC_REQ3_1	0	1	1	1	입력이 모두 1일 때 80 nsec 내에 1
TC_REQ5_4	0	1	1	0	입력이 같지 않을 때 80 nsec 내에 Z
TC_REQ4_1	0	0	0	0	입력이 모두 0일 때 80 nsec 내에 0
TC_REQ5_5	0	1	0	1	입력이 같지 않을 때 80 nsec 내에 Z
TC_REQ3_1	0	1	1	1	입력이 모두 1일 때 80 nsec 내에 1
TC_REQ5_6	0	0	1	1	입력이 같지 않을 때 80 nsec 내에 Z
TC_REQ4_1	0	0	0	0	입력이 모두 0일 때 80 nsec 내에 0

Chapter 08

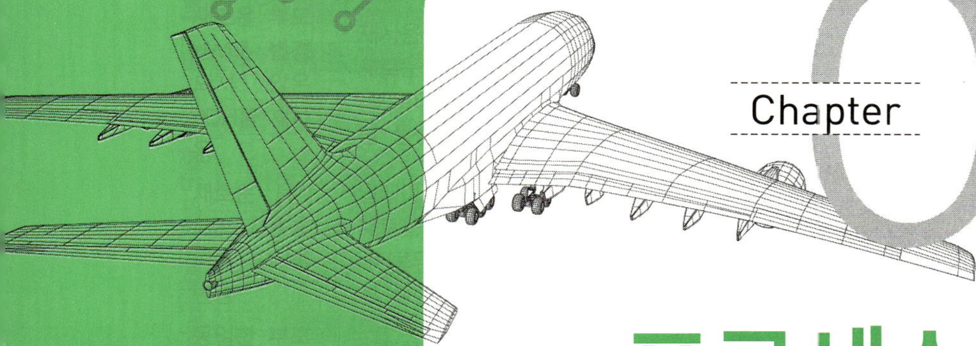

프로세스 보증

프로젝트 계획과 표준을 준수하는 것은 프로세스 보증에 의해서 확인된다. 프로세스 보증은 도면과 스펙에 일치하는지를 확인하기 위해 하드웨어와 그 산출물들을 조사한다. 라이프 사이클 프로세스로부터의 산출물들은 프로세스를 따랐고 레벨 A와 B 설계 보증에 대해서는 하드웨어 관리 계획에 명시된 전이 기준을 만족했다는 것을 확인하기 위해 감사된다.

프로세스 보증이 감사되는 활동들로부터 독립적으로 수행될 필요가 있지만, 독립된 조직이어야 하는 것은 아니다. 기업은 일반적으로 프로세스 보증 활동을 수행하기 위해 품질 조직의 대표자를 사용하고, 그것은 독립성 기준을 만족한다. 소규모 기업은 별도의 품질 혹은 프로세스 보증 조직 없이도 다양한 역할의 사람들을 사용할 수 있고 독립성 기준을 충족할 수 있다.

프로세스 보증을 위한 활동은 엔지니어링 스킬을 가진 인력 혹은 품질 보증 책무를 경험한 인력에 의해서 수행될 수 있다. 감사와 리뷰는 기술적인 설계 스킬이 필요하지 않지만, 비록 그렇더라도 기술적인 능력은 프로세스 보증의 깊이와 가치를 높일 수 있다. 프로세스 보증 엔지니어는 기술적인 문서의 동료 검토를 수행할 필요는 없다. 프로세스 보증 엔지니어에 대한 전형적인 역할은 동료 검토가 수행되었고 검토 기록이 형상 관리 시스템에 저장되었고 동료 검토에서 제기된 모든 이슈들이 해결되었다는 것을 보장하는 것이다.

프로세스 보증 활동은 적시에 수행되어야 하며 프로젝트의 마지막까지 남아서는 안 된다. 마지막에 데이터와 하드웨어를 승인하기 위한 인가로 프로세스 보증을 사용하는 것은 제품 품질, 프로젝트 인증 기준에 대한 준수 그리고 프로젝트의 궁극적인 인증을 손상시킬 수 있다.

프로세스 보증을 하는 사람이 항상 설계 엔지니어는 아닐 수 있지만, 그럼에도 불구하고 그들은 귀중한 팀멤버이다. 준수 프로젝트에서 프로세스 이슈를 일찍 발견하는 것은 수정 조치가 정의되고, 구현되며, 측정되는 것을 가능하게 한다. 또한 적시에 차이점을 처리하는 것은 프로젝트의 궁극적인 승인을 보장하는 것을 도울 것이다.

샘플링

프로세스 보증 활동은 작업물을 샘플링함으로써 수행되도록 의도된다. 100퍼센트 샘플링은 필요하지 않지만, 더 작은 샘플 사이즈는 가정되기보다는 얻어져야 한다. 이것이 실제로 의미하는 바는 엔지니어링 작업물에 대한 초기 감사는 프로젝트에 대한 각 개인의 작업을 살펴봐야 한다는 것이다. 가장 엄격하고 성실한 엔지니어로부터 샘플을 취하고 그것을 대표적인 샘플로 가정하거나 주장하는 것은 철저한 접근이 아니다.

예를 들면, 동료 검토를 감사할 때 감사는 리뷰를 수행하는 각자로부터 그리고 동료 검토의 각각의 유형으로부터 샘플을 취해야 한다. 요구사항의 동료 검토에 대한 뛰어난 작업이 테스트벤치의 동료 검토에도 똑같이 능숙했다는 것을 의미하지는 않는다.

경향이 긍정적이거나 부정적이라는 것이 샘플에서 검출될 때, 그 경향은 샘플 사이즈를 줄이거나 혹은 늘리는 것을 정당화하는 데 사용되어야 한다. 초기 감사는 라이프 사이클 데이터와 인력의 많은 샘플들을 커버하는 광범위한 것이 되어야 한다. 일단 조직이 준수 사례를 증명해 왔다면, 프로세스 보증은 더 작은 퍼센티지로 샘플링을 줄일 수 있다. 만약 그 프로젝트에서 나중에 문제가 발생하면 그 이슈가 어떻게 확산되는지를 밝히기 위해 샘플 사이즈는 다시 증가되어야 한다. 일단 수정 조치가 시행되고 작업물에서 품질과 능숙함이 다시 시작되면 감사 범위는 다시 줄어들 수 있다.

동료 검토, 문제점 리포트, 베이스라인, 릴리즈 등과 같은 작업물의 감사는 하부 공급업체 혹은 다른 조직으로 아웃소싱되는 작업을 포함해야 한다.

초도품 검사에 대해서는 샘플링 개념이 동일하지 않다는 것에 유의하라. 초도품 검사는 생산 데이터의 포괄적인 리뷰이다. 첫 번째 제품 품목이기 때문에 그것은 제조되는 품목들이 따라야 할 샘플이 된다. 제조 또는 제품 품질 컨트롤 시스템은 그 후에 생산되는 하드웨어가 첫 번째 품목과 동일하다는 것을 보장하기 위해 생산의 지속적인 측면을 이어받는다.

적합성

DO-254 Section 8.1 그리고 특히 Section 10.1.6은 프로세스 보증이 일치 혹은 적합에 대한 책임이 있다는 것을 암시할 수 있다. 프로세스 보증은 하드웨어가 도면과 스펙에 따라서 만들어졌다는 것을 보장하기 위해 하드웨어 조사를 수행할 수 있다. 하지만 FAA의 목적에 대한 적합성은 FAA 대표자 혹은 적절하게 위임된 개인(혹은 조직)에 의해서 수행되는 공식적인 프로세스이다. FAA 적합성은 적합성에 대한 요청, 적합성 위임, 적합성 검사 그리고 적합성 선언을 요구한다. 적합성 프로세스는 DO-254에 의해서 커버되는 측면과 같은 범위 혹은 심지어 시스템 통합의 더 높은 레벨일 수 있는 시스템 혹은 LRU 레벨에서 수행된다. 프로젝트 시스템 레벨 인증 계획은 일반적으로 적합성과 위임에 대한 계획을 기술한다.

FAA가 달리 적절하게 위임하지 않는 한 선임된 프로세스 보증 담당자는 FAA 적합성을 수행하지 않는다. 프로세스 보증 담당자는 FAA 적합성에 사용될 하드웨어가 도면과 일치하도록 제작되는 것을 확인하기 위해 하드웨어와 관련된 도면을 조사한다.

프로세스 보증은 또한 PLD 디바이스에 대한 사내 적합성을 수행할 수 있다. 그 활동은 디바이스 유형과 부품번호가 정확하다는 것, 프로그래밍가능한 디바이스에 대한 프로그래밍 데이터가 정확한 부품 번호와 버전을 가지고 있다는 것, 프로그래밍 절차가 문서화되고 따르고 있다는 것 그리고 프로그래밍 파일 체크섬과 같은 디바이스 프로그래밍 검증이 확실하다는 것을 확인해야 한다.

감사

프로세스 보증은 적어도 두 가지 서로 다른 유형의 감사를 수행해야 한다. 이벤트 혹은 활동에 연계된 감사 그리고 주기적인 감사이다. 이벤트에 해당하는 것은 단계 전이 기준이 만족되었을 때 수행되는 감사, 베이스라인 콘텐츠에 대한 감사 그리고 시험 준비에 대한 감사를 포함할 것이다. 주기적인 것은 형상 관리 활동과 차이점에 대한 감사를 포함할 것이다.

감사 기준을 포함하는 특정 체크리스트는 반복가능하고 문서화되는 감사를 수행하기 위한 좋은 방법이다. 하드웨어 프로세스 보증 계획은 기준을 나열하거나 직접 혹은 참조에 의한 체크리스트를 포함할 수 있다. 일단 체크리스트가 프로젝트를 위해 만들어지면, 그 내용과 기준은 인증 당국으로부터의 승인 없이 수정되어서는 안 된다.

프로젝트를 위한 하드웨어 프로세스 보증(HPA) 감사는 [표 8-1]의 예제에서 보이는 것처럼 요약될 수 있다.

표 8-1 프로세스 보증 감사

단계	진입 기준	활동	HPA 도구	출력	형상 관리 저장소	진출 기준
계획	• PHAC, HDP, HVP, HCMP, HPAP가 릴리즈됨 • 하드웨어 표준이 릴리즈됨	감사: HPA 계획 완수 체크리스트	Word, Excel, Visio	완료된 계획 완수 체크리스트	HC2로 컨트롤되는 계획 완수 체크리스트	계획 업데이트가 완료됨
요구사항 캡처	하드웨어 요구사항 문서가 릴리즈됨	감사: HPA 요구사항 체크리스트	Word, Excel, Visio	완료된 요구사항 체크리스트	HC2로 컨트롤되는 요구사항 체크리스트	요구사항 업데이트가 완료됨
개념 설계	모든 기능 구성요소의 개념 설계가 완료됨	감사: HPA 개념 설계 체크리스트	Word, Excel, Visio	완료된 개념 설계 체크리스트	HC2로 컨트롤되는 개념 설계 체크리스트	개념 설계가 완료됨
상세 설계	하드웨어 설계 데이터가 HC2로 컨트롤됨	감사: HPA 상세 설계 체크리스트	Word, Excel, Visio	완료된 상세 설계 체크리스트	HC2로 컨트롤되는 상세 설계 체크리스트	상세 설계가 완료됨
구현	• 하드웨어 형상 인덱스가 릴리즈됨 • 하드웨어 라이프 사이클 환경 형상 인덱스가 릴리즈됨 • 프로그래밍 파일이 릴리즈됨	감사: HPA 구현 체크리스트	Word, Excel, Visio	완료된 구현 체크리스트	HC2로 컨트롤되는 구현 체크리스트	구현이 완료됨
공식 시험	• 하드웨어 시험 절차가 릴리즈됨 • 프로그램된 디바이스 • 시험 장비 셋업	감사: HPA 공식 시험 체크리스트	Word, Excel, Visio	완료된 공식 시험 체크리스트	HC2로 컨트롤되는 공식 시험 체크리스트	공식 시험이 완료됨
생산 이관	• 하드웨어 형상 인덱스가 릴리즈됨 • 프로그래밍 파일이 릴리즈됨	감사: HPA 생산 이관 체크리스트	Word, Excel, Visio	완료된 생산 이관 체크리스트	HC2로 컨트롤되는 생산 이관 체크리스트	생산이 시작됨
전체	주기적인 감사의 진행	감사: PRs, CCB, 동료검토 기록, 형상 관리 기록	Word, Excel, Visio	완료된 주기적인 감사 체크리스트	HC2로 컨트롤되는 주기적인 감사 체크리스트	
전체	차이점이 감지됨	차이점과 수정 조치를 기록	Word, Excel, Visio	완료된 차이점 및 수정 조치 워크시트	HC2로 컨트롤되는 차이점 및 수정 조치 워크시트	

감사는 조사된 모든 라이프 사이클 데이터의 형상 식별을 기록해야 한다. 동료 검토에 대한 감사는 리뷰되었던 데이터 아이템과 관련된 동료 검토 체크리스트가 나열되어야 한다. 감사는 모든 서류 작업이 올바르게 채워졌고, 동료 검토 활동이 완료되었고 리뷰된 문서에 대한 동의된 업데이트가 동료 검토 코멘트와 일치하게 이루어졌는지를 체크해야 한다. 또한 감사자는 동료 검토 활동의 범위와 의도를 벗어나는 추가적인 변경이 없었다는 것을 확실히 하기 위해 동료 검토의 의제였던 데이터 아이템에 행해진 모든 추가적인 변경을 찾아볼 수 있다.

모든 프로젝트 감사, 그것들의 관련된 상태 그리고 완료된 감사 리포트로의 지시를 포함한 스프레드시트는 프로세스 보증 활동과 프로세스를 조직하고 추적하는 강력한 도구이다.

형상 관리의 감사

하드웨어 형상 관리 계획의 모든 측면은 프로세스 보증에 의해서 감사되어야 한다. 이는 다음을 포함한다.

- 라이프 사이클 데이터가 유일한 식별자를 가지고 있는지를 검증한다.
- 베이스라인 콘텐츠가 정확하고 안전한지를 확인한다.
- 변경 컨트롤 절차를 따르고 있다.
- 문제점 리포팅이 계획에 따라서 수행되고 있다.
- 라이프 사이클 데이터에 행해지는 변경이 리뷰된다.
- 릴리즈된 문서들이 각각 저마다의 저장소에 정확한 형태로 저장되어 있다.
- 프로젝트 데이터와 애플리케이션을 호스팅하는 서버에서 주기적인 백업이 수행되고 있다.
- 백업 데이터 혹은 재난 복구를 위해 별도의 저장소가 사용되고 있다.
- 데이터는 서버와 애플리케이션으로부터 가져올 수 있다.
- 데이터는 별도의 저장소로부터 가져오고 저장될 수 있다.
- 저장소에 있는 데이터는 장비가 항공기 운항에 사용되는 한 유지된다.
- 백업 혹은 저장을 위해 사용되는 테이프 혹은 디스크는 필요에 따라서 교체되거나 업데이트된다.
- 데이터 저장 시스템은 부정하게 조작할 수 없게 되어 있다.

위의 형상 관리 태스크들 중 일부는 회사 내의 정보 서비스 혹은 IT 조직에 의해서 수행될 수 있다. 프로세스 보증은 별도의 저장 설비로 전달된 백업 로그 혹은 테이프 목록을 살펴볼 수 있다. 감사를 위해 연간 혹은 반년마다의 방문 또한 수행될 수 있다.

문제점 리포트는 하드웨어 형상 관리 계획을 준수하기 위해 감사되어야 한다. 프로세스 보증은 정기적으로 예정된 변경 컨트롤 회의 미팅 과정에서 새로운 문제점 리포트를 살펴볼 수 있다. 문제점 리포트에 대한 더 상세한 조사는 문제점 리포트의 모든 필드가 정확하게 채워져 있고 그 작업이 해결을 향해서 진행되고 있다는 것을 체크해야 한다. 또한 문제점 리포트는 문제가 처음 검출되었을 때 그 문제에 의해서 영향을 받는 모든 라이프 사이클 데이터의 적절한 형상 식별이 기록되어 있는지를 확인하기 위해 체크되어야 한다. 그런 다음 프로세스 보증은 문제의 해결에 의해서 업데이트된 모든 라이프 사이클 데이터의 형상 식별이 기록되었다는 것을 나중에 체크할 수 있다. 문제점의 해결에 언급되는 동료 검토 혹은 재시험과 같은 검증 활동의 완료 또한 체크되어야 한다.

SOI 감사 예행 연습

프로세스 보증을 위한 또 다른 유용한 태스크는 인증 당국과의 공식 감사가 수행되기 전에 FAA SOI 감사의 예행 연습(Dry run)을 사내에서 지원하는 것이다. FAA 하드웨어 Job Aid로부터 각각의 SOI 감사 체크리스트가 개발의 단계를 위한 모든 활동들이 완료되었다는 것, 관련된 검증 활동들이 수행되었다는 것 그리고 모든 라이프 사이클 데이터가 형상 관리 시스템에 관리되고 있다는 것을 확인하기 위한 지침으로 사용될 수 있다. 당국이 감사 과정에서 문제를 발견하기 전에 수정 조치가 공식화되고 구현될 수 있다. 또한 예행 연습 활동은 프로세스 보증을 공식 감사에서 정통하고 유용한 자산으로 포지셔닝한다.

조사

하드웨어가 생산 환경으로 전환함에 따라 개발 라이프 사이클의 마지막 시점의 하드웨어 조사에 대한 가장 흔한 용어는 FAI(First Article Inspection)이다. FAI는 컴포넌트, 어셈블리 부품, 회로도 그리고 그것들의 도면을 검사하는 것이다. FAI에서의 첫 번째는 연속된 생산 사이클이 시작되기 전에 생산 프로세스로 만들어질 하드웨어 아이템을 참고하는 것이다.

다시 말하면, 이것은 생산 라인에서 벗어난 첫 번째 하드웨어이다.

FAI는 하드웨어의 제작과 연속적인 생산을 위해 필요한 문서가 정확하다는 것을 확인한다. 그 조사는 또한 하드웨어가 문서, 프로세스 그리고 절차에 따라서 만들어졌는지를 확인한다.

항공사와 고객은 FAI에 대한 상세한 요구사항을 가지고 있을 수 있다. 프로세스 보증은 고객 FAI 요구사항에 익숙해져야 하며 회사가 그 이벤트에 적응하고 준비하는 것을 도와야 한다.

차이점

합의되고 승인된 하드웨어 관리 계획 및 표준을 준수하지 않는 모든 것은 우선 검출되고, 그런 다음 동의되고 추적되어야 한다. 프로세스 보증은 차이점 프로세스의 감시원이다.

차이점은 필요에 따라서 엔지니어링과 관리에 의해서 기록되고 승인되어야 한다. 차이점의 해결에 정의된 수정 조치는 합의된 조치가 수행되는 것을 보장하기 위해 구현되고 추적되어야 한다.

또한 차이점은 수정 조치가 정의되지 않거나 수정 조치를 따르지 않을 때는 관리의 가시성을 강화하기 위해 합의된 에스컬레이션 프로세스를 가져야 한다. 프로세스 보증은 보복의 두려움 없이 관리자의 이슈를 주목하게 만드는 자율권을 가져야 한다.

항공사와 고객은 차이점에 대한 상세한 요구사항을 가지고 있을 수 있다. 프로세스 보증은 차이점에 대한 고객 요구사항에 익숙해져야 하며 회사가 그 기대를 따르는 것을 도와야 한다.

하부 공급업체 감독

작업 패키지 그리고 때로는 전체 개발 프로젝트조차도 일정 그리고/혹은 예산을 이유로 종종 다른 조직과 공유된다. 조직은 한 회사 내의 다른 부서이거나 혹은 전적으로 다른 회사일 수도 있다. 또한 회사는 서로 다른 도시에서부터 다른 주 혹은 다른 나라까지 지리적인 차이점을 가질 수 있다.

프로세스 보증은 엔지니어의 위치와 관계없이 프로젝트를 위해 수행된 작업의 감사에 관여할 필요가 있다. 일부 프로젝트는 다른 회사 혹은 한 회사 내의 다른 부서로 아웃소싱된 작업의 현장 감사를 수행하는 것에 대한 특정한 인증 요구사항을 가질 수 있다.

프로세스 보증 활동이 하부 공급업체에게 아웃소싱될 때, 원래 조직에서의 프로세스 보증은 여전히 하부 공급업체에서의 프로세스 보증을 감사하는 것에 관여할 필요가 있다. 하부 계층에서의 프로세스 보증 활동은 원래 조직의 하드웨어 프로세스 보증 계획을 사용할 수도 있고 혹은 자체적으로 보유한 하드웨어 프로세스 보증 계획을 가질 수도 있다. 어떤 계획이 사용되든, 혹은 어떤 조직이 감사와 조사를 수행하는 것에 관계없이 원래 조직에서의 프로세스 보증은 그들의 DO-254와 관련된 목표를 만족하는 것에 대한 책임과 의무를 가질 것이다.

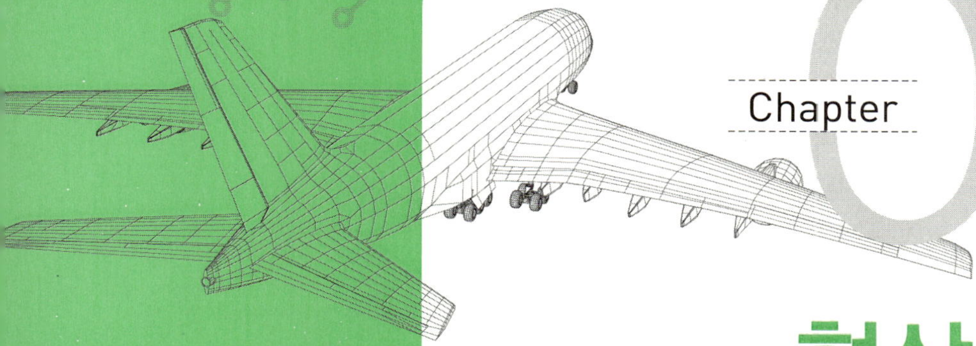

Chapter 09

형상 관리

- 왜 형상 관리인가?
- 데이터 컨트롤 분류
- 형상 관리 활동들
- 형상 식별
- 베이스라인
- 베이스라인 추적성
- 문제점 리포트
- 변경 컨트롤
- 릴리즈
- 복구
- 데이터 보존
- 승인되지 않은 변경에 대한 보호
- 매체 선택, 리프레시, 복제

형상 관리는 하드웨어 설계 라이프 사이클의 지원 프로세스 중 하나이다. 형상 관리는 계획 단계 중에 시작해서 하드웨어의 지속적인 생산을 거치고 하드웨어가 생산을 중단하고 오랜 시간이 지난 후까지 라이프 사이클 데이터의 장기간 보관으로 이어진다. 설계 보증의 다른 측면과 마찬가지로 형상 관리는 FAR(Federal Aviation Regulation)로부터 시작한다. FAR 14 CFR 25.1301은 설치된 장비는 반드시 자신의 식별자로 라벨링되어야 한다고 설명한다. 형상 관리의 목적을 위해서 하드웨어의 식별은 유일할 필요가 있다. 즉, 각 시스템은 고유의 부품 번호를 가져야 한다. FAR 14 CFR 21.31[1], 21.41[2], 21.49[3]는 라이프 사이클 데이터의 장기간 저장을 유도하며 아래에서 좀 더 설명될 것이다.

형상 관리 프로세스는 하드웨어 제조사가 하드웨어 아이템의 일관된 복제를 가능하게 한다. 이것은 부품 리스트와 어셈블리 도면으로부터 LRU(Line Replaceable Unit)의 제작, 인쇄 회로 카드의 특정 리비전 제작, FPGA로 프로그래밍 파일을 적용하거나 혹은 소스 HDL(Hardware Description Language) 파일로부터 FPGA를 위해 프로그래밍 파일을 재생성하는 것 그리고 동일한 프로그래밍 파일 체크섬을 생성하는 것이 될 수 있다.

또한 형상 관리 프로세스는 하드웨어 개발자가 하드웨어와 하드웨어 라이프 사이클 데이터의 질서 정연하고 통제된 변경을 가능하게 한다. 이것은 요구사항이나 기능의 변경 혹은 삭제, 하드웨어나 하드웨어 라이프 사이클 데이터 내의 문제 해결, 혹은 회로 카드에 설치된 하드웨어의 버전을 업데이트하는 것을 포함할 수 있다.

DO-254의 Appendix C는 형상 관리에 대한 두 파트의 정의를 가지고 있다. 첫 번째 파트는 형상 관리를 형상 식별 그리고 아이템과 그것들의 아이덴티티에 대한 변경의 적용으로 정의한다. 두 번째 파트는 형상 관리를 아이템의 기능적 그리고 물리적 특징을 식별하고 기록하기 위한, 그런 특징들에 행해지는 변경을 컨트롤하기 위한 그리고 변경 컨트롤의 상태와 구현을 리포트하기 위한 규칙으로 정의한다. 따라서 이 두 파트의 정의에서 두 번째 파트는 첫 번째 파트를 달성하는 방법을 설명한다.

DO-254 Section 7의 서두 단락에는 형상 관리의 정의가 사실상 좀 더 직접적이며, 일련의 목표를 통해서 형상 관리를 정의하는 추가적인 장점을 가지고 있다. 쉬운 말로 하면, 이들 목표는 다음과 같이 바꾸어 말할 수 있다.

- 모든 형상 항목에 유일한 식별자를 부여하고 그들을 계속 추적한다.

- 필요하다면 형상 항목 각각이 다시 만들어질 수 있다는 것을 확실히 한다.
- 모든 형상 항목에 대한 모든 변경을 컨트롤하고 문서화하는 방법이 있다.

그것들이 쉽게 표현되거나 혹은 공식적으로 표현되는 것과 관계없이 이들 목표는 일단 형상 관리의 기본 개념이 이해되면 실제로 상당히 간단하다. 이들 개념은 다음과 같이 요약될 수 있다.

- 라이프 사이클 데이터(아이템들의 모음을 포함한 파일, 문서, 설계 데이터, 검증 시험 케이스, 시험 절차, 시험 결과 등)의 각각의 아이템의 각각의 버전은 데이터의 다른 부분이 그것과 혼동되지 않을 수 있게 유일하게 식별되어야 한다.
- 유일하게 식별되는 각각의 형상 항목은 그것이 필요할 때마다 위치하도록 할 행적(물리적 혹은 전기적)으로 문서화되어야 한다.
- 라이프 사이클 데이터 각각은 손실로부터 안전한 환경에 보관되어야 한다.
- 라이프 사이클 데이터 각각은 승인되지 않은 변경으로부터 보호되어야 한다(보호 레벨은 데이터 유형과 DAL에 따라 다르다).
- 변경은 추적되고 문서화되어야 하며(보호와 마찬가지로 추적과 문서화 레벨은 데이터 유형과 DAL에 따라 다르다) 오직 문서화된 변경만이 만들어져야 한다.

왜 형상 관리인가?

대부분의 엔지니어들은 설계 혹은 문서의 버전을 계속해서 추적하는 것이 얼마나 어려울 수 있는지 그리고 버전이 뒤섞였을 때 얼마나 고통스러울 수 있는지를 직접 경험을 통해서 배운다. 그 고통과 어려움은 개발 속도가 빠르고 한 아이템의 여러 버전이 동시에 작업되고 있을 때 복잡해진다. 이상적으로는 한 번의 나쁜 경험이 엔지니어를 형상 관리의 전도사로 바꾸기에 충분하다.

엔지니어가 처음 공식적인 형상 관리를 소개받을 때, 그들은 그 이점을 충분히 인식하지 못할 수 있으며, 이는 저항으로 이어질 수 있다. 이것은 형상 관리의 개념이 처음이거나 혹은 형상 에러 비용을 전혀 경험해 보지 못한 엔지니어들에게는 공통적이자 정상적인 것이다. 엔지니어링은 형상 관리와 같은 프로세스와 활동에 의한 제약이 없을 때 훨씬 더 재미있다는 것이 잘 알려져 있다. 하지만 제약 없는 개발은 재미있으면서도 대부분 더 빠르지만 에러의 가능성이 높기 때문에 높은 무결성 설계 프로세스에는 적절하지 않다. 이 책의 DO-254에 대한 소개 챕터에서 언급한 것처럼, 설계 프로세스가 항공전자 시스템에 필요한 무결성 레벨을 달성하고 유지할 수 있게 하는 것은 형상 관리와 같은 지원 프로세스이다.

그래서 형상 관리는 형상 항목과 그것들의 버전에 대한 부정확한 식별, 분실 혹은 잘못 배치된 형상 항목, 승인되지 않은 변경, 부정확하게 구현된 변경 그리고 부적절하게 추적된 이슈로 인한 에러의 가능성을 최소화하는 지원 프로세스이다. 이와 같이 프로젝트와 그 데이터에 대해 다음 사항을 제공한다.

- 형상 항목의 각 버전을 추적하고 유일하게 식별
- 개발(검증을 포함), 인도된 하드웨어 그리고 생산을 위한 형상 항목의 알려진 상태를 제공
- 형상 항목의 모든 버전에 대한 반복성을 제공
- 형상 항목이 올바른 아이템이고 제대로 만들어진다는 확신을 제공
- 형상 항목과 함께 문제점 혹은 이슈들이 식별되고 추적되고 문서화되고 올바르게 해결되는 것을 보장
- 형상 항목에 이루어진 변경이 다음을 포함해서 적절하게 관리되고 컨트롤되는 것을 보장
  - 단지 승인된 변경만이 수행된다.
  - 형상 항목의 정확한 버전이 변경된다.
  - 변경은 시작부터 끝까지 추적된다.
  - 변경은 신중하고 컨트롤되는 방식으로 이루어진다.
  - 변경은 의도된 대로 구현된다.
  - 변경은 의도된 목표를 만족한다.
- 형상 항목의 모든 버전이 안전하게 저장되는 것을 보장
- 형상 항목의 모든 버전이 복구되거나 재생산될 수 있다는 것을 보장

DO-254에 의해서 요구되지는 않지만, 버전 컨트롤이 내장된 전자 파일 관리 시스템은 프로젝트 데이터를 구조화하는 것을 도울 수 있다. 이들 시스템은 흔히 데이터의 그룹 혹은 세트가 하나의 모음으로 태그되고 복구되는 것을 허용한다. 이러한 특성은 베이스라인의

형성과 하드웨어 빌드 절차를 지원한다. 파일 관리 시스템은 흔히 형상 항목의 특정 버전에 변경을 연결하는 문제점 리포팅(변경 요청) 도구와 백엔드 맞춤 및 통합을 가능하게 한다. 그러한 많은 전자 도구들이 프로젝트 관리 측면을 돕는 리포팅 특성과 검색 능력을 가지고 있다. 프로젝트가 진행됨에 따라 새로운 프로젝트가 단순히 데이터를 채우도록 하기 위해 표준 프로젝트 파일 디렉토리 구조가 설정될 수 있다. 데이터는 다음과 같이 구성되는 것이 추천된다. (1) 프로젝트, 그런 다음 (2) 릴리즈 혹은 베이스라인의 버전 그리고 다음으로 (3) 각각의 릴리즈 내에 형상 항목(들)이다. DO-254 프로젝트 과정에서 생성되는 많은 양의 데이터를 고려할 때 조직은 데이터를 저장하고 관리하기 위한 도구를 사용하는 것이 필요하다.

추적성과 이해의 용이성을 위해 표준 파일 네이밍 변환이 사용될 수 있다. 네이밍 변환은 전자 파일 관리 시스템과 연계해서 사용될 수 있다. 데이터 구성의 이러한 유형에 대한 예제는 다음과 같다.

• 요구사항 문서	HRD-13579-RevA
• 요구사항	HRD-123-456-789
• 시험 케이스 파일	TC-HRD-123-456-789.xls
• 시험 케이스 파일 내의 시험 케이스	TC-HRD-123-456-789_001
	TC-HRD-123-456-789_002
	TC-HRD-123-456-789_003
• 테스트벤치 (시뮬레이션)	TB-HRD-123-456-789.vhd
• 시험 절차 (하드웨어 시험)	TP-HRD-123-456-789.txt
• 시험 결과 로그	TR-HRD-123-456-789.log 혹은
	TR-HRD-123-456-789.wav(파형 캡처)
• 요구사항 동료 검토	PeerRvw-HRD-13579-RevA.doc
• 시험 케이스 리뷰	PeerRvw-TC-HRD-123-456-789.xls
• 테스트벤치 리뷰	PeerRvw-TB-HRD-123-456-789.vhd
• 시험 절차 리뷰	PeerRvw-TP-HRD-123-456-789.txt
• 시험 결과 리뷰	PeerRvw-TR-HRD-123-456-789.wav

데이터 컨트롤 분류

DO-254는 두 가지 데이터 컨트롤 분류를 정의함으로써 일부 형상 항목들이 다른 것들보다 설계 보증에 더 중요하다는 것을 인식한다. 이들 데이터 컨트롤 분류는 본질적으로는 DO-178에서 소프트웨어에 정의된 것들과 같지만 하드웨어와 그 프로세스에 적용된다. 사실, DO-178의 형상 관리 부분을 조사하면 하드웨어와 소프트웨어 형상 관리 및 활동 간에 상당한 유사성이 있다는 것을 보여줄 것이다.

설계 보증에 더 중요하고 그래서 더 엄격한 형상 관리와 컨트롤이 필요한 형상 항목은 하드웨어 컨트롤 분류 1(HC1)로 정의된다. 덜 중요한, 즉 다시 말하면 만약 어떤 방식으로든 손상된다면 설계 보증에 미치는 영향이 적을 형상 항목은 하드웨어 컨트롤 분류 2(HC2)로 정의된다.

형상 관리 활동들

DO-254 Section 7.2는 형상 관리 목표를 달성하기 위해 사용될 수 있는 활동들을 설명한다. DO-254에 설명된 모든 활동들처럼, 형상 관리 활동들은 목표를 달성하는 방법에 대한 권고이지만 요구되는 것은 아니며 목표를 달성하기 위해 유일하게 받아들여지는 방법도 아니다. 하지만 형상 관리가 무엇이고 형상 관리가 무엇을 달성해야 하는지의 기본 개념에 대한 형상 관리의 목표를 고려할 때, DO-254에 있는 활동들은 거의 틀림없이 형상 관리를 구현하는 가장 합리적인 방법이다.

형상 식별, 베이스라인, 문제점 리포트/추적, 변경 컨트롤 그리고 릴리즈/저장/복구의 다섯 가지 형상 관리 활동들이 7.2에 정의된다. 이들 활동의 각각이 DO-254 Section 7.2.1에서 7.2.5까지 자세히 설명된다.

Section 7.2.1에서 7.2.5까지의 활동들을 분석하기보다는 형상 관리의 이 논의에 대한 더 유용한 접근법은 DO-254의 Table 7-1을 조사하는 것이다. Table 7-1은 HC1 그리고 HC2 형상 항목에 대해서 적용되어야 하는 특정 형상 활동들을 식별한다(Section 7.2.1에서 7.2.5에 걸쳐). 이 테이블은 형상 관리 활동의 적용에 대한 많은 정보를 포함하고 있으며, 모든 DO-254 실무자는 형상 항목들이 어떻게 관리되어야 하는지를 정확하게 이해하기 위해 이 테이블과 참조되는 단락을 신중하게 연구해야 한다. DO-254 Table 7-1의 이해는 형상 관리의 기본적인 개념과 관행을 숙달하는 데 큰 도움이 될 것이다.

DO-254 Table 7-1은 11개의 구체적인 형상 관리 활동들을 나열하고 그것들을 정의하는 DO-254 단락을 참조하며, 그것들이 적용하는 하드웨어 컨트롤 분류를 식별한다. 달리 말하자면 모든 11개의 활동들이 HC1 데이터에 적용되기 때문에 테이블은 각각의 활동이 HC2 데이터에도 역시 적용되는지 여부를 정의한다. 따라서 DO-254 Table 7-1로부터의 HC1과 HC2 데이터에 대한 차이점은 HC1이 베이스라인, 문제점 리포팅, 기록/승인/변경의 추적성, 릴리즈 그리고 저장 매체 선택/리프레시/복제의 추가적인 활동이 필요하다는 것을 알 수 있다.

형상 식별

형상 식별은 각각의 형상 항목이 명확하게 식별되는 활동이다. 명확한 식별이 의미하는 것은 아이템과 버전을 식별하는 유일한 식별자(이름, 번호, 혹은 둘 다와 같은)를 각각의 형상 항목에 할당하는 것이다. 앞서 언급한 것처럼 이러한 식별자(ID)는 유일해야 하며, 이는 다른 형상 항목이 동일한 ID를 가질 수 없음을 의미하다. 형상 식별에서의 차이점은 많은 형태를 가질 수 있지만, 대부분의 경우 상용 컴퓨터 기반 형상 관리 도구를 사용할 때 각각의 데이터 아이템에 유일한 이름(혹은 번호)을 부여하고 형상 관리 도구가 아이템의 서로 다른 버전을 보존하고 관리하도록 하는 것으로 요약된다. 형상 관리 도구에서 형상 항목은 일반적으로 모든 것이 한 번에 보일 수 있는 아이템의 여러 인스턴스로 보이기보다는 그 버전의 모든 것이 도구의 데이터베이스에 저장된 단일 아이템으로 보일 것이다. 그 대신 형상 항목의 각각의 버전은 유일한 이름으로 할당된 분리된 실체로 관리될 수 있다. 어떤 접근법이 사용되는 것과 관계없이, 각각의 형상 항목의 각각의 버전은 어떤 데이터 아이템이든 두 개의 인스턴스가 동일한 ID를 가지고 있지 않도록 유일하게 식별되어야 한다.

형상 항목의 각 유형을 위한 유일한 형상 식별자를 제공할 규정이 만들어져야 한다. 문서, 도면 그리고 설계도는 전통적으로 네이밍 체계를 가지고 있고 유일한 정체성을 보장하지만, DO-254 프로젝트에서 많은 수의 다른 파일들과 데이터 또한 유일한 이름을 가질 필요가 있다. 다음 리스트는 유일한 식별자가 필요한 다양한 유형의 형상 항목을 열거하고 있다.

- 계획(PHAC, HDP 등과 같은 하드웨어 관리 계획)
- 표준(요구사항, 설계, 아카이브 그리고 검증/확인)
- 요구사항 문서
- 설계 문서
- HDL 파일
- 프로그래밍 파일
- 시험 케이스
- 시험 절차
- 시험 결과(하드웨어 시험)
- 테스트벤치(시뮬레이션)
- 시험 결과(시뮬레이션)
- 추적성 데이터(요구사항, 설계, 혹은 검증 문서와 분리되는 경우)
- 동료 검토 양식(템플릿)
- 완료된 동료 검토 양식
- 프로세스 보증 감사 및 리뷰 기록

파일 관리 혹은 버전 컨트롤 도구를 사용할 때, 파일이 유일하게 식별되는 것을 보장하기 위해 네임스페이스(즉, 유일한 이름)가 흔히 사용된다. 이 경우에 파일명은 서로 다른 프로젝트에서 사용되는 동일한 이름을 가진 파일들이 식별될 수 있도록 파일의 완전한 디렉토리 규격을 포함해야 한다. 일반적으로 파일명은 유일한 정체성을 제공하는 것을 돕기 위해 프로젝트에 특화될 수 있다. 그러나 top.vhd와 같이 공통된 이름이 설계의 이해를 높이는 경우에는 완전한 파일명이 식별자로 명시되어야 한다. 다른 프로젝트에 재사용되는 파일들은 새로운 디렉토리 경로를 가진 동일한 파일명을 가질 수 있다.

두 개의 형상 항목이 동일한 이름을 부여한 다음, 파일 혹은 버전 컨트롤 도구의 외부에 있는 워크스테이션, 노트북, 혹은 개인용 컴퓨터상의 다른 위치에 저장되는 것은 추천되지 않는다.

베이스라인

베이스라인은 형상 항목의 스냅샷을 취하고 그런 다음 그 스냅샷을 고유의 형상 ID가 주어지는 항목의 공식 버전(형상)으로 만드는 것이다. 베이스라인은 형상 항목의 각각의 중요한 버전에 대해서 설정되어야 하며, 이는 인증 신뢰의 일부 형식을 위해 사용될 각각의 버전을 의미한다. 예를 들면, 문서는 어떤 버전의 문서 혹은 형상 항목이 리뷰되었는지에 대해서 혼란이나 질문이 없도록 하기 위해 각각의 공식적인 동료 검토를 위한 베이스라인이 설정(형상 컨트롤 시스템에 저장)되어야 한다. 리뷰의 결과로 문서 혹은 형상 항목에 적용되어야 하는 모든 변경사항은 리뷰되었던 문서와 같은 버전에 적용되며 이를 통해서 리뷰와 업데이트 프로세스가 무결성을 유지하도록 보장한다.

또한 베이스라인은 LRU의 모든 계층적 레벨(LRU, 회로 카드, PLD 요구사항, 거기에 더해서 그들 간의 요구사항 추적성)을 위한 모든 요구사항 및 추적성의 베이스라인 그룹과 같은 데이터의 그룹에 대해서 구현될 수 있다. 이 예제에서는 HC1 아이템(요구사항)의 베이스라인을 생성하는 것은 HC2 데이터(요구사항 추적성) 또한 포함되므로 HC1 데이터를 위한 베이스라인이 생성되는 동안 베이스라인의 일부는 HC2 데이터를 포함할 수 있다는 점에 유의하라.

베이스라인 추적성

HC1 및 HC2 아이템 모두에 적용하는 베이스라인 추적성은 동일한 아이템의 두 베이스라인이 연계되는 활동, 즉 다시 말하면 두 베이스라인 간의 문서 흔적이 있는 활동이다. 이 추적성은 어떤 것으로부터 다른 것으로 가면서 구현된 모든 변경사항의 명백한 문서화를 포함해서 이전 베이스라인으로부터 새로운 베이스라인으로의 계보 혹은 혈통을 생성하기에 적절해야 한다. 목표로서, 추적성에 포착된 변경사항들은 어느 한쪽의 베이스라인이 다른 것으로부터 다시 생성되는 것이 가능할 만큼 잘 문서화되어야 한다.

DO-254 Table 7-1에 따라 베이스라인은 HC1 데이터 아이템에만 적용하지만 베이스라인 추적성은 HC1과 HC2 모두에 적용한다. 이 명백한 모순은 — 결국 HC2 아이템이 베이스라인을 사용하지 않을 때 HC2를 위한 베이스라인 추적성을 적용할 수 있는 방법 — Table 7-1

에 있는 각주 1에 의해서 설명되고 있는데, HC2 아이템이 단지 새로운 베이스라인의 일부로 사용된다고 해서 HC1 아이템으로 상향 조정해야 한다는 것을 의미하지는 않는다는 것을 설명하고 있다. 이것은 HC2 데이터(위의 그룹 요구사항 베이스라인 예제에서의 추적성과 같은)를 포함한 새로운 베이스라인은 두 베이스라인 모두에서 HC1 및 HC2 데이터 아이템 모두에 대한 이전 버전과 새로운 버전 사이에 추적성을 포함해야 한다는 것을 의미한다. 따라서 HC2 아이템들은 HC2 아이템 그 자체로는 베이스라인이 설정되지 않기 때문에 단일 아이템으로 얻어질 때 베이스라인 추적성의 대상이 되지 않지만, 그것들이 HC1 아이템의 일부로 베이스라인이 설정될 때는 추적될 수 있어야 한다.

베이스라인 추적성은 서로 다른 두 가지 레벨에서 설정될 수 있다. 처음 레벨은 HC1 형상 항목에 내재된 혹은 관련된 변경 히스토리를 통하는 것이다. 예를 들어, PHAC는 Revision A라는 최초의 릴리즈를 가질 수 있다. 다음 릴리즈는 Revision B이다. PHAC의 Revision A에서 변경 히스토리는 단순히 그 문서가 처음으로 릴리즈되고 있다는 것을 언급할 것이다. PHAC의 Revision B에서 변경 히스토리는 Revision A로부터 Revision B를 생성하기 위한 변경(혹은 문제점 리포트 혹은 변경 요청을 참고)을 나열할 것이다. PHAC의 Revision A와 Revision B 간의 추적성은 변경 히스토리와 문제점 리포트 혹은 변경 요청을 통해서 설정된다.

형상 항목들의 전체 그룹에 대한 베이스라인 추적성은 형상 인덱스로 설정된다. 형상 인덱스의 첫 번째 릴리즈는, 예를 들면 PLD에 대한 −001 버전이 될 수 있다. 형상 인덱스의 개정 히스토리는 단순히 그 문서가 처음으로 릴리즈되고 있다는 것을 언급할 것이다. 형상 인덱스의 변경 히스토리 섹션은 −001 버전이 하드웨어에 대한 첫 번째 릴리즈라고 언급할 것이다. 형상 인덱스의 다음 릴리즈는 PLD에 대한 −002 버전이 될 것이다. 형상 인덱스 문서의 Revision B에 있는 변경 히스토리는 Revision A로부터 Revision B를 생성하기 위한 변경(혹은 문제점 리포트 혹은 변경 요청을 참고)을 나열할 것이다. 형상 인덱스의 변경 히스토리 섹션은 하드웨어의 −002 버전에 포함되었던 문제점 리포트 혹은 변경 요청을 나열할 것이다.

LRU와 같은 형상 항목들의 전체 그룹에 대한 베이스라인 추적성은 PLD에 대한 형상 인덱스와 유사한 방식으로 최상위 레벨 도면으로 설정될 수 있다.

문제점 리포트

문제점 리포팅은 HC1으로 컨트롤되는 형상 항목에 대한 문제점 혹은 변경이 문서화되고 추적되며 해결되는 공식적인 프로세스이다. 문제점 리포트는 일반적으로 문제점 리포팅 시스템에서 전자적으로 유지되는 구조화된 기록이지만 발견에서부터 해결까지 문제점이 추적되는 것을 보장하기 위해 필요한 무결성을 시스템이 가지고 있는 한 문제점 추적의 다른 방법들 또한 허용된다. 하지만 문제점 리포팅 시스템이 전자적인 도구로 구현되든 혹은 인덱스 카드를 통해서 구현되든, 그 무결성은 결국 문제점 리포팅 절차의 품질과 그

그림 9-1 | **문제점 리포트 작업 흐름**

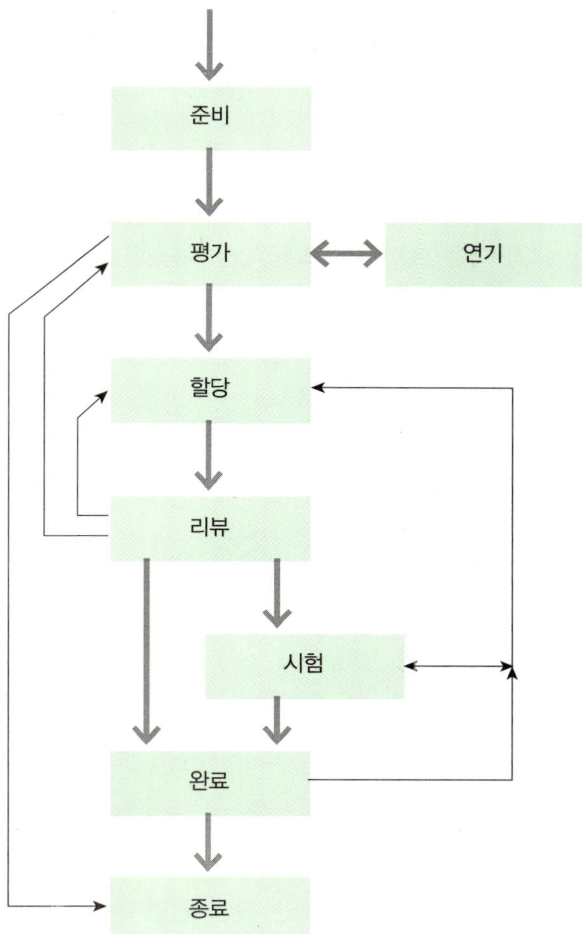

것을 사용하는 사람들이 그러한 절차를 성실하게 따를 것인가에 달려 있다. 또한 문제점 리포트는 변경 요청—실제 문제로부터 기인하지 않는 변경을 포함한다.

문제점 리포트는 일단 아이템이 릴리즈되면 HC1 형상 항목에 대해서 요청된다. 어떤 문제가 발견될 때 즉시 문제점 리포트에 기록되어야 하며 그래서 그 문제는 최후의 해결까지 추적될 수 있다. 문제점 리포팅 시스템은 문제가 작업되고 있으며 최종적으로 해결되는 것을 확인하기 위해 시작부터 종료까지 문제점 리포트(따라서 문제 자체)를 추적해야 한다.

또한 문제점 리포트는 아이템에 대한 변경을 승인하고, 문서화하며, 추적하기 위한 이상적인 메커니즘이기 때문에 변경 컨트롤 활동에서 필수적인 컴포넌트가 될 수 있다.

PR의 완료에 대한 다양한 단계를 가진 작업 흐름의 예가 [그림 9-1]에서 보이고 있다.

사용되는 시스템 혹은 자동화 수준과 관계없이 문제점 리포팅은 다음과 같은 몇 가지 기본적인 원칙을 준수해야 한다.

- 문제의 설명은 그 문제를 정확하게 재현하기 위해 필요한 모든 정보를 포함해야 한다.
  - 만약 하드웨어 고장 혹은 에러가 리포트되면 부품 번호 그리고 시리얼 번호를 포함하는 하드웨어 아이템
  - 문제를 설명하는 데 관여된 모든 라이프 사이클 데이터의 형상 식별자와 버전
    - 계획
    - 표준
    - 동료 검토
    - 시험 절차(만약 시험이 수행되었고 실패했다면)
    - 문제를 식별하는 시험 결과
    - 문제를 식별하는 시뮬레이션 결과
- PR은 그 문제가 어떻게 발견되었는지에 대한 설명을 포함해야 한다.
  - 리뷰를 통해서
  - 시험 과정에서
  - 고객에 의해서 리포트된
- 문제 혹은 에러의 정확한 성격을 식별하는 근본 원인 분석. 분석에 대한 설명은 독립적으로 복제되거나 리뷰되도록 충분히 상세해야 한다.

- 하드웨어 그리고/혹은 라이프 사이클 데이터를 위해 요구되는 변경을 식별하는 변경 영향 분석. 변경 영향 분석은 라이프 사이클 데이터 각각에 필요한 변경과 동료 검토의 재작업 혹은 시험이나 시뮬레이션의 재실행과 같은 반복될 필요가 있는 활동을 분명하게 설명해야 한다.
- 실제로 수행되었던 변경에 대한 상세한 설명, 혹은 그 정보를 찾을 수 있는 위치에 대한 참조

HCMP는 문제점 리포팅에 대한 단계 혹은 프로세스 흐름을 정의해야 한다. 문제점 리포트에 기록되는 각 단계에 대한 모든 데이터 또한 분명하게 기술되어야 한다. 문제점 리포트의 관리는 일반적으로 변경 위원회에 의해서 수행된다. 변경 컨트롤 위원회는 새로운 문제점 리포트를 리뷰하고, 문제점 리포팅 시스템이 올바르게 사용되고 있는지를 확인하며, 변경이 언제 포함될지를 결정하고, 문제에 대한 변경사항 혹은 해결책을 승인하며, 최종적으로 모든 것이 완료될 때 문제점 리포트를 종료한다. 또한 변경 컨트롤 위원회는 준수 승인 이후 연기된 모든 문제점 리포트가 시스템 레벨 영향과 잠재적인 항공기 안전 영향의 결정을 위해 적절하게 분석되도록 보장해야 한다.

PR은 문제의 시작점에 대한 완전한 설명으로 시작한다. 이것은 모든 라이프 사이클 데이터의 아이템 식별자와 개정을 포함해야 한다. 설명은 문지가 재현되기에 충분할 만큼 완전해야 한다. 예를 들면, 만약 문제가 요구사항이 충돌하는 것이라면 PR은 요구사항 문서 번호와 버전, 두 문서의 식별자 그리고 불일치의 설명을 명시할 것이다. 문제 설명은 문제를 설명하는 것에 제한되어야 하며, 분석과 근본 원인, 혹은 문제에 대한 해결책 혹은 수정에 관한 정보를 포함하지 않아야 한다. 만약 문제가 시험 실패라면 PR은 시험 대상인 하드웨어 아이템, 실행된 시험 절차 그리고 확보된 시험 결과를 식별해야 한다.

PR이 할당되고 문제의 정확한 특성과 내제된 근본 원인을 결정하기 위한 분석이 수행된다. 일단 근본 원인이 알려지면, 분석은 문제에 의해서 영향을 받는 혹은 무효화되는 모든 라이프 사이클 데이터와 활동들을 식별하는 것으로 확장할 수 있다.

변경 영향 분석은 하드웨어와 라이프 사이클 데이터에 필요한 변경을 설명해야 한다. 또한 분석은 어떤 검증 활동이 반복될 필요가 있는지를 언급해야 한다.

PR의 종료 단계는 문제 해결의 결과로 업데이트된 혹은 재작업된 모든 라이프 사이클 데

이터의 최종 버전과 실제 수정이 변경 영향 분석에 설명된 대로 정확하지 않을 수 있기 때문에 아이템이 업데이트되거나 재작업된 방법이 분명하게 나열되어야 한다. 이것은 요구사항, 설계, 시험 케이스/시험 절차/테스트벤치/시험 결과 그리고 모든 관련된 동료 검토를 포함할 수 있다. 일부 문제점은 모든 이어지는 라이프 사이클 데이터뿐만 아니라 계획과 표준의 재작업으로까지 확장될 수 있다.

문제점이 어떻게 발견되었는지를 기록하고 추적하는 것은 검증 활동이 얼마나 잘 수행되고 있는지를 식별하기 위한 훌륭한 방법이다. 만약 동료 검토가 문제를 거의 발견하지 못하고 모든 문제가 시험 단계에서 발생한다면, 라이프 사이클 초기에 문제를 잡고 제거하기 위해 리뷰 프로세스에 더 많은 훈련과 강조를 둘 수 있다.

DO-254 Section 7.2.3은 문제점 리포트에 문서화되어야 하는 단지 두 가지 유형의 데이터만 나열한다. 영향을 받은 아이템의 형상(해당 아이템과 버전에 대한 완전한 식별)과 이슈를 수정하기 위해 취해진 조치에 대한 설명이다. 하지만 그것이 그 두 가지 유형의 데이터가 문제점 리포트에 기록되어야 하는 유일한 정보 유형이라는 것을 의미하지는 않는다. 만약 전자식 문제점 리포팅 시스템을 사용하는 경우, 이슈와 해결책만을 문서화하는 것은 그런 시스템 잠재력의 상당 부분을 충분히 이용하지 않는 것이다. 최대의 잠재력으로 문제점 리포팅 시스템을 사용하기 위해 문제점 리포트는 발견에서부터 해결까지 문제의 모든 측면을 문서화하기 위해 사용될 수 있다. 문제점 리포트로의 이러한 접근법은 많은 장점을 가지며 문제점 리포팅 시스템이 문제 리포트와 추적의 기본적인 목적을 훨씬 뛰어넘는 방식으로 사용될 수 있게 한다.

문제점 리포트가 다음과 같은 정보를 포함할 때 그 가능성을 고려하라.

- 프로젝트, 하드웨어 아이템의 이름과 부품 번호, 문제 유형, 문제가 발견된 방법 그리고 문제의 매우 간략한 설명과 같은 문제의 중요한 측면들을 식별하는 키워드를 포함하는 헤드라인 혹은 타이틀. 이러한 방식으로 작성된 헤드라인은 그것을 열거나 읽을 필요 없이 각각의 문제점 리포트의 주제를 식별하는 것을 가능하게 만들 뿐만 아니라 문제점 리포트를 훨씬 쉽고 빠르게 식별하게 만들 것이다. 키워드는 문제점과 그것들의 특성에 대한 통계적인 데이터를 모으기 위해 필터 혹은 탐색과 함께 사용될 수 있으며 그렇지 않으면 발견하지 못할 수 있는 경향과 문제 영역을 사용자가 식별하게 만든다. 그것들은 또한 개별 아이템에 대한 성능과 신뢰도에 대한 통계를 모으기 위해

각 프로젝트, 하드웨어 아이템, 문제점 유형 등과 관련된 모든 문제점 리포트를 찾기 위해 사용될 수 있다. 문제점 리포트를 채우기 위해 표준을 생성할 때, 프로젝트 이후 교훈을 포함해서 미래에 가치가 있을 수 있는 통계적인 데이터의 유형을 위한 표준화된 키워드와 함께 표준화된 헤드라인 형식을 만드는 것을 고려하라.

- 문제에 대해서 알려진 모든 것을 문서화하는 문제점 설명. 이 정보는 작성자 이외의 누군가가 더 많은 정보에 대해서 작성자에게 묻지 않고 분석을 수행하고 문제를 재현하기에 충분할 만큼 상세하고 포괄적이어야 한다. 문제점 리포트의 이 부분은 문제를 가진 아이템의 명백한 식별(이름, 부품 번호, 버전 그리고 가능하다면 형상 관리 시스템에서의 위치를 포함해서), 무엇이 일어났는지(문제의 증상을 포함해서), 그 문제가 어떻게 발견되었는지(문제가 나타난 조건에 대한 모든 관련된 세부사항을 포함해서) 그리고 문제를 재현하는 방법을 포함해야 한다. 경험에 의하면 만약 누군가가 작성자에게 문제에 관해서 질문을 해야 한다면, 그 설명은 아마도 충분하게 완전한 것이 아닐 것이다. 문제점 설명은 문제 혹은 해결책의 분석에 대한 어떤 설명도 포함해서는 안 된다. 그것들은 주제에 따라서 분리된 정보를 유지하기 위해 문제점 리포트와 다른 곳에 문서화되어야 한다. 만약 문제점 설명이 문제점 리포트의 설명 필드에 비해서 너무 많다면 문제를 문제점 리포트의 설명 필드에 요약하고, 그런 다음 문제점 리포트에 첨부되는 파일에 상세한 설명을 넣어라. 대부분의 전자식 문제점 리포팅 시스템은 문서들과 다른 파일들이 첨부되는 것을 허용한다. 만약 이 특성이 문제점 리포팅 도구에 포함되지 않으면, 혹은 비전자식 시스템이 사용된다면, 그 문제점 설명은 형상 관리 시스템에 두어야 하며 문제점 리포트로부터 참조되어야 한다.
- 문제점을 재현하고 근본 원인을 결정하기 위해 수행되었던 모든 분석에 대한 설명. 그 분석은 문제점 설명에서의 정보로 시작해야 하며 거기서부터 문제점과 그 근본 원인이 이해되도록 하고 잠재적인 해결책이 개발되도록 하기에 충분한 추가적인 정보를 개발해야 한다. 분석에 대한 설명은 문제가 분석된 방법, 필요한 경우 분석을 재현하는 방법 그리고 문제에 대한 잠재적인 해결책을 독자가 이해하기에 충분할 만큼 상세하고 철저해야 한다. 그것은 또한 이슈의 영향과 그에 따른 변화가 모든 관련 항목과 프로세스에 미치는 영향을 분석하고, 초기 문제점과 그 해결책의 파급 효과의 일부로 영향을 받을 다른 아이템들, 문서 그리고 프로세스의 모든 것을 식별하고 문서화해야 한다. 이것은 다른 프로세스와 활동들에 필요할 수 있는 피드백을 포함한다. 하지만 문제가 실제로 어떻게 수정되었는지는 분석에 대한 설명에 문서화되어서는 안 되며, 가능한

해결책만 설명하는 분석이 되어야 한다.

- 문제의 해결책 혹은 처분에 대한 설명. 이 정보는 최종 해결책이 어떻게 결정되었고 어떻게 문제를 해결할 것인지, 그것이 구현되는 방법에 대한 상세한 설명, 해결책이 구현되었던 아이템과 버전의 완전한 식별 그리고 해결책의 유효성이 독립적으로 검증된 방법을 설명해야 한다.

문제점 리포트에 이처럼 많은 세부사항을 포함하는 이유는 두 가지이다. 첫 번째는 세부사항을 아끼는 것은 모든 독자가 그들이 필요한 정보를 위해서 다른 곳을 찾도록 강요함으로써 에러의 가능성을 증가시킬 뿐만 아니라 단지 문제점 리포트의 비용만 증가시킬 것이다. 두 번째는 모든 알려진 사실을 문제점 리포트에 넣는 것은 문제의 자체적인 히스토리를 만들 것이며 그것은 문제와 그 해결책에 관한 모든 정보가 단일 위치에 문서화될 것임을 의미한다.

변경 컨트롤

변경 컨트롤은 두 개의 컴포넌트들을 가진다. '무결성 및 식별' 그리고 '기록, 승인 및 추적성'이다.

변경 컨트롤의 첫 번째 컴포넌트 — 무결성 및 식별 — 는 HC1과 HC2에 모두 적용된다. 이 활동은 실제로 필요할 때만 아이템이 변경되는 것을 보장함으로써 변경이 필요할 때 형상 항목의 무결성이 보존되는 것을 보장한다. 이것은 두 가지 메커니즘을 통해서 달성된다. 첫 번째는 아이템이 정말로 그 변경이 필요한지를 결정하기 위해 아이템에 대한 각각의 잠재적인 변경이 평가되어야 하며, 두 번째는 아이템이 승인되었을 때만 변경되어야 한다. 이 활동의 마지막 결과는 아이템을 변경하는 것이 모든 점에서 받아들일 만한지를 확인하기 위해 형상 항목에 대한 모든 변경이 평가되어 온 것을 확인하는 것이다.

그것이 실제로 필요한지를 결정하기 위해 변경을 평가하는 것은 아이템에 대한 업데이트의 수를 최소화하는 방법이다. 업데이트는 시간이 걸리고 HC1 아이템에 대해서는 비용이 많이 들 수 있다. 그리고 HC1과 HC2 아이템 양쪽에 대해서 잦은 혹은 불필요한 업데이트는 만약 그것들이 잘 관리되지 않으면 형상 문제를 일으킬 수 있다. 모든 아이템은 단지 필요할 때만 업데이트되어야 하는 것이 이치에 맞다. 필요한 것을 측정하는 것은 아이템에 따라서 변할 것이며 변경이 연기되는 것과 반대로 언제 구현되어야 하는지에 대한 표준화된 지침은 없지만 일반적으로 변경이 아이템의 근본적인 특성을 바꾸지 않을 것이라면 그것은 아마도 나중으로 연기되는 것이 최선일 것이다. 예를 들면, 문서의 언어적인 혹은 기술적인 내용에 영향을 주지 않을 오타는 즉각적인 업데이트를 강요하는 대신 향후 릴리즈를 위해 대기열에 남아 있을 수 있다.

승인되지 않은 변경을 방지하는 것은 어떤 유형의 정보에 대해서도 이치에 맞으며, 데이터의 형상을 컨트롤하는 데 필수이다. 이것은 HC1과 HC2 아이템에 적용하며 DO-254는 누가 변경을 승인해야 하는지에 대한 지침 혹은 그 결정에 사용되어야 하는 기준에 대한 지침을 제공하지 않지만, 관례적으로는 이 활동에서 컨트롤 레벨은 HC2에 대한 것보다 HC1 아이템에 대해 상당히 더 엄격해야 한다는 것이다. HC1 아이템에 대해서 변경을 할 권한은 변경의 승인(오직 HC1 아이템에만 적용하는 변경 컨트롤의 두 번째 컴포넌트 중 일부)에 내포되어 있고, 그래서 HC1 아이템에 대한 이 활동은 아이템에 대한 모든 변경을 위해 문제점 리포트 혹은 변경 요청이 시작되고, 문제점 리포트 혹은 변경 요청이 변경 컨트롤 조직에 의해서 리뷰되고 승인되며, 후속 변경이 문제점 리포트에 의해서 관리되고 추적되는 것을 요구함으로써 문제점 리포팅 혹은 변경 컨트롤 활동에 연결될 수 있다. 반대로 HC2 아이템을 변경하는 것은 단순히 기술적 리더 혹은 동료 검토로부터의 동의를 필요로 할 수 있다. 어떤 프로세스와 기준이 사용되든 프로젝트를 위한 형상 관리 계획에 문서화되어야 한다.

변경 컨트롤의 두 번째 컴포넌트 — 기록, 승인, 및 추적성 — 는 HC1에만 적용하며 일단 첫 번째 컴포넌트(무결성 및 식별)가 변경이 식별되고 승인되는 것을 보장하면 변경의 무결성을 다루려는 의도이다. HC1 아이템은 변경 프로세스 동안에 더 높은 레벨의 무결성을 요구하며 이 활동은 변경의 진화 과정 전반에 걸쳐서 변경이 상세하게 관리되는 것을 요구함으로써 무결성을 제공한다.

DO-254는 이 활동에 대해서 다음과 같은 목표를 제공한다.

- 변경은 기록되고, 승인되며, 추적되어야 한다.
- 변경은 변경의 이유에 대해서 추적되어야 한다.
- 변경의 영향은 모든 파급효과를 식별하기 위해 평가되어야 한다.
- 영향을 받은 프로세스에 피드백이 제공된다.

이 지침은 변경을 관리하기 위해 무엇이 수행되어야 하는지를 아주 분명하게 언급하지만 반면에 각각의 활동과 목표를 위해 필요한 무결성의 레벨에 대해서 지침을 제공하지 않는다는 점에서 명백하면서도 모호하다. 무결성의 레벨은 분명히 하드웨어의 DAL에 어느 정도 의지하겠지만, 그런 지침조차도 분명한 방향을 거의 제공하지 않으며 거의 모든 것을 독자의 재량에 맡긴다.

대부분의 HC1 아이템이 형상 항목의 무결성에 영향을 줄 수 있다는 것을 감안할 때, 변경 컨트롤 활동이 DAL과 관계없이 높은 레벨의 무결성을 가져야 하는 것이 타당하다.

변경을 기록하는 것은 형상 항목에 대한 각각의 변경이 문서화되어야 한다는 것을 의미한다. 변경이 얼마나 잘 문서화되어야 하는지를 결정하는 것은 이 활동이 다른 모든 형상 관리 활동 및 그 목표와 일치해야 하기 때문에 다른 형상 관리 활동을 살펴보는 것에 의해서 결정될 수 있다. 변경 컨트롤과 밀접하게 관련된 형상 관리 활동의 한 가지는 베이스라인 추적성이다. 만약 베이스라인 추적성과 변경 기록의 목표가 함께 취해진다면, 변경 기록을 위한 적절한 무결성 레벨은 인접한 베이스라인이 서로 재생성될 수 있을 만큼 충분히 상세하게 변경을 문서화하는 것이다.

변경 승인은 위에서 논의한 변경 컨트롤의 무결성 및 식별 측면의 일부인 변경 권한과 유사하지만 변경 권한과 다르다. 변경에 대한 승인은 특정한 변경이 승인되었고 누군가가 승인된 변경을 수행할 권한을 가지는 것을 의미한다. 반대로 변경 권한은 누군가가 아이템을 변경하는 것을 허용하지만 어떤 변경이 만들어질지는 구체화하지 않는다. 또한 변경될 사항이 승인되고 요구된 것인지를 보장하지 않는다. 이것은 HC1 아이템에 대한 변경에 대해 더 좋은 무결성을 제공하는 변경 컨트롤의 중요한 측면 중 하나이다.

따라서 HC1 아이템에 대한 변경 컨트롤을 위해, 변경은 단지 권한이 주어지는 것과 반대로 승인되어야 한다. 실제적인 측면에서 이것은 HC1 아이템에 대한 모든 변경은 그것이 이루어지기 전에 승인되어야 한다는 것을 의미한다.

변경을 추적하는 것은 변경의 초기 인지로부터 최종 처분 그리고 검증까지 변경의 진화과정 전반에 걸쳐서 아이템에 대한 변경을 관리하고 모니터링하는 것을 의미한다. 추적은 변경 및 업데이트에 대한 주기적인 상태 미팅과 같은 절차적인 방법을 통해서, 혹은 문제점 리포팅 시스템과 같은 도구의 사용을 통해서 달성될 수 있다. 이 활동의 목표는 모든 변경이 승인되고 허용된 기간과 의도된 방식으로 구현되는 것을 확인하는 것이다.

변경에 대한 이유로 변경을 추적하는 것은 변경의 무결성을 보장하는 또 다른 도구이다. 이는 모든 것이 타당한 이유를 가지고 있고 어떤 것도 무작위로 혹은 임의로 수행되지 않는다는 것을 보장하도록 만들어진 모든 변경을 정당화한다.

인증 당국의 기대를 통해서 암묵적으로 요구되지 않더라도 변경 컨트롤을 위해 문제점 리포트를 사용하는 것은 대단히 권장된다. 앞서 언급한 것처럼 문제점 리포트는 특히 이 챕터에서 앞서 설명된 방식으로 사용된다면 변경의 기록, 승인 그리고 추적에 이상적으로 적합하다. 만약 이 챕터에 있는 문제점 리포트 지침을 따르고 문제점 리포트가 HC1 아이템에 대한 모든 변경에 대해서 생성된다면, 변경 컨트롤의 기록, 승인, 추적성 측면은 별도의 활동으로 다루어질 필요가 없다.

문제점 리포팅과 변경 컨트롤 사이의 상호 의존성은 DO-254에서 요구되는 것은 아니다. 이러한 연결에 대한 유일한 언급은 일부 변경이 문제점 리포트에 의해서 관리되는 이슈로부터 온 결과일 수 있기 때문에 그들 사이에 관계가 있다고 언급하는 주석이다. 하지만 변경 승인 프로세스의 일부로 문제점 리포트를 사용하는 것은 변경 컨트롤 양쪽 측면의 필요성을 만족하는 편리한 방법이다.

릴리즈

릴리즈는 아이템을 형상 관리하에 공식적으로 위치하고 흐름에 따른 프로세스와 활동들에 의해서 사용하기에 유용하게 만드는 조치 혹은 프로세스이다. 이것은 특히 검증과 제조를 위해 오직 승인된 데이터만 사용되는 것을 보장한다. 데이터를 릴리즈하는 것은 일반적으로 승인이 필요하며, 일단 릴리즈되면 아이템은 일반적으로 필요할 때 복구되지만 적절한 감독과 승인 없이는 변경되지 않도록 하는 형상 관리 시스템에 저장된다. 제조를 위해 사용되는 데이터 아이템은 사용에 앞서 반드시 릴리즈되어야 한다.

아이템을 릴리즈하는 것은 아이템의 베이스라인을 생성하는 것이지만 그것은 공식적인 베이스라인이고 승인이 필요하며 릴리즈된 버전은 형상/변경 컨트롤하에 위치한다는 점에서 베이스라인 활동과 다르다. 베이스라인은 형상 컨트롤을 벗어나서 생성될 수 있고 비공식적이 될 수 있다. 예를 들면, 요구사항은 요구사항 관리 시스템에서 베이스라인될 수 있고 HDL 설계는 형상 관리 시스템에서 베이스라인될 수 있지만 양쪽 케이스 모두 그 베이스라인은 공식적인 릴리즈 프로세스로 거칠 때까지는 비공식이다. 릴리즈 사이에는 또한 형상의 여러 베이스라인이 있을 수 있는데 릴리즈된 아이템이 변경되고 있을 때 발생할 수 있는 중간 업데이트와 동료 검토가 있을 수 있다.

복구

모든 형상 항목들은 그들의 저장 위치에서 복구가능해야 한다. 만약 그 안에 있는 정보가 접근될 수 없지만 동시에 그 데이터가 어떻게 접근가능해야 하는지에 대해서 지침이 없는 그리고 데이터를 복구할 수 있지만 엄청난 노력과 상당한 지연이 생기는 저장소를 구상하는 것이 가능하다는 것은 가치가 없기 때문에 이것은 스스로 증명되어야 한다.

저장된 데이터의 접근성은 항공기가 서비스를 시작한 이후 하나의 항공 장비가 항공기 비행대의 이륙을 막기에 충분할 만큼 심각한 고장을 경험하는 때와 같이, 데이터가 촉박한 통보와 스트레스 상태하에서도 반드시 복구되어야 할 때 부가적인 중요성을 갖는다. 그런 이벤트가 발생할 때 전체 프로젝트는 문제를 해결하고 그 문제가 수정된 것을 증명하며 수정된 하드웨어가 생산으로 들어가도록 하기 위해 매우 빨리 재구성될 필요가 있을 수 있다. 그런 이벤트로부터 발생할 수 있는 재무적인 부담이 상당할 수 있기 때문에 저장된 데이터를 복구하기 위해 걸리는 시간은 적절한 조건하에서 엄청난 영향을 미칠 수 있다.

저장되는 데이터의 유형 또한 복구의 용이함 혹은 적시성에 영향을 미칠 수 있다. 예를 들어, 설계와 검증 활동에 모두 사용되는 테스트 스탠드를 포함해서 개발 환경은 완전히 조립된 그리고 작동되는 하드웨어로 저장되거나 혹은 이러한 테스트 스탠드가 구축되는 도면 세트로 저장될 수 있다. 테스트 스탠드를 저장하는 것은 비싸고 공간 집약적이며 주기적인 교정 혹은 유지보수가 필요할 수 있는 반면에 도면을 저장하는 것은 훨씬 더 쉽고 편리할 것이다. 하지만 위에서 설명된 항공기 비행대의 이륙을 막는 시나리오에 설명된 극한의 조건하에서는 도면으로부터 테스트 스탠드를 복원하기 위해 필요한 시간이 복구 일정에 여러 주를 추가할 수 있고 따라서 함대가 지상에 머무는 시간이 여러 주 증가하게 된다. 만약 테스트 스탠드의 원래 컴포넌트 중 어떤 것이 쓸모 없게 되면 – 전자 하드웨어와 컴퓨터의 빠른 진화를 고려하는 시나리오 – 그 테스트 스탠드가 다시 만들어지는 것뿐만 아니라 다시 설계되는 것이 필요하기 때문에 그 지연은 훨씬 더 커질 것이다. 어떤 접근이든 저장과 복구에 대한 DO-254의 목표를 만족하겠지만 장기적으로는 훨씬 더 높은 위험이 따르게 된다.

복구되는 형상 항목을 설명하는 데이터 또한 복구 후에 그 데이터가 저장되었던 데이터와 동일한 것이 틀림없음을 의미하는 적절한 무결성을 가져야만 한다. 그래서 만약 데이터가 저장을 위해 압축되었다면, 그 저장과 복구 프로세스는 압축 해제 형식이 장기간이 지난 후에도 여전히 지원될 것인지, 혹은 압축 해제 소프트웨어가 압축된 데이터와 함께 저장되는 것인지를 확인해야 한다. 데이터 저장 시설의 오프라인 저장소에 저장되는 데이터에도 동일한 개념을 적용하는데, 특히 만약 그 시설이 다른 회사에 의해서 소유된다면, 그 저장 회사가 피해를 입거나 파산하더라도 데이터가 보호되고 복구될 것을 보장하도록 예방 조치를 해야 한다.

형상 항목을 복구하기 위한 지침과 절차는 형상 항목을 저장하고 보관하기 위해 사용된 각각의 방법에 대해서 수립되어야 한다. 워크스테이션 혹은 개인용 컴퓨터상에서의 로컬 저장 및 복구는 사용자에 의해서 유지된다. 네트워크 서버는 각각의 계정과 그 계정에 의해서 접근되는 디렉토리를 위해 생성된 접근 권한과 허용을 가질 수 있다. 전자식 파일 관리 시스템은 사용자 로그인 자격 증명과 권한을 가질 것이다. 일반적으로 전자식 파일 관리 시스템은 체크인된 모든 데이터의 복사본을 보유하며 새로운 버전이 체크인될 때 변경에 대해서 버전 번호를 강제한다. 생산 데이터 시스템은 일반적으로 일반 사용자는 형상 항목에 대해서 오직 데이터의 읽기 전용 버전을 보는 것을 허용한다. 생산 데이터 시스템은 변경될 수 없는 PDF 복사본 혹은 다른 형식을 사용자가 접근하는 것을 허용할 것이다. 오프라인 저장소의 장기 저장 혹은 보관 설비로부터 데이터를 복구하는 것은, 특히 여전히 종이 혹은 하드 카피 형식으로 되어 있을 수 있는 오래된 아이템들은 형상 항목에 대해서 좀 더 공식적인 요청을 사용해야 한다. 백업으로부터 데이터를 복구하는 것은 일반적으로 정보 서비스 부서와 함께 처리되며 문서화된 요청을 필요로 한다.

데이터 보존

데이터 보존 활동은 데이터가 필요한 동안(일반적으로 하드웨어 아이템이 서비스되는 한)에는 보관된 데이터가 온전하게 보존되는 것을 보장하기 위한 필요성을 이야기한다. 현대 항공기가 50년 이상 운항하는 것은 이상한 것이 아니며, 만들어진 지 75년 이상이 지나서도 여전히 세계 전역을 상용 서비스하고 있는 비교적 오래된 항공기(Douglas DC-3과 같은)가 아직도 있다. 그러한 항공기의 장비 하나가 항공기의 수명 동안 변경 없이 살아남을 수 있다면, 장비 제조사는 장비 설계자가 은퇴하거나 혹은 사망한 후 몇 세대 동안 장비의 라이프 사이클 데이터를 보관할 필요가 있다. 이 시나리오는 대부분의 전자 하드웨어에 대해서는 이상할지 모르지만, 현명한 아이디어로 그것을 계획하기에 충분할 만큼 여전히 가능성이 있다.

데이터 보관 요구사항 또한 규정으로 추적될 수 있다. FAR(Federal Aviation Regulation) 14 CFR 21.49는 형식 인증의 보유자는 인증을 FAA 혹은 NTSB(National Transportation Safety Board)의 요청으로 조사가 가능하도록 만들어야 한다고 명시한다. 형식 인증은 형식 설계, 운영 제약사항, 인증 데이터시트, FAA가 준수를 기록하는 적용가능한 규정 그리고 제품에 규정된 다른 조건 혹은 제약을 포함하도록 14 CFR 21.41에 정의된다. 14 CFR 21.31은 형식 설계를 다음과 같은 구성으로 정의한다.

- 제품에 적용할 수 있는 요구사항을 따르는 것을 보여주는 형상 및 제품의 설계 특성을 정의하기 위해 필요한 도면 및 스펙 그리고 그러한 도면과 스펙의 리스트
- 제품의 구조적 강성을 정의하기 위해 필요한 크기, 재료 그리고 프로세스에 대한 정보
- Part 23, 25, 26, 27, 29, 31, 33 그리고 35의 규정에 의해서 요구되는, 혹은 그렇지 않으면 FAA에 의해서 요구되는 그리고 14 CFR 21.17에 정의된 항공기의 특별한 클래스에 대해 적용가능한 감항 기준에 규정된 대로 ICA(Instructions for Continued Airworthiness)의 Airworthiness Limitations 섹션
- 주요 카테고리 항공기의 경우 만약 요구된다면 적절히 평가되고 훈련된 파일럿 소유자가 수행하도록 설계된 특별 검사 및 예방 정비 프로그램
- 동일 유형의 이후 제품의 감항, 소음 특성, 연료 배출 그리고 배기 방출에 대한 결정을 비교에 의해서 허용하기 위해 필요한 다른 데이터(적용가능한 경우)

요약하자면 형식 설계는 데이터(이 경우에는 설계 보증 데이터)로 구성되고, 형식 인증은 형식 설계를 포함하며, 형식 인증은 요청 시 사용가능해야 한다. 즉, 설계 보증 데이터는 요청 시 사용가능해야 한다.

승인되지 않은 변경에 대한 보호

승인되지 않은 변경에 대한 보호는 이 주제가 이미 데이터의 무결성이 승인되지 않은 변경에 대한 보호를 통해서 보존되어야 하는 변경 컨트롤의 첫 번째 컴포넌트에서의 논의를 통해서 소개되었기 때문에 친숙하게 들릴지 모른다. 하지만 여기에서의 승인되지 않은 변경에 대한 보호는 보관된 데이터의 상황에서 취해지는 반면 이전 사례에서는 현재 활성 데이터의 상황에서 논의되었다. 무결성을 유지하기 위해 승인되지 않은 변경으로부터 데이터를 보호하는 개념은 같지만 설정과 프로세스는 조금 다를 수 있다.

이 주제의 변경 컨트롤 버전과 같이 반드시 구현되어야 하는 컨트롤의 유형과 레벨에 대한 공식적인 지침은 없다. 얼마나 오래 보호가 유지되어야 하는지뿐만 아니라 보호의 적절성에 대한 최종 결정은 인증 당국에 의해서 만들어질 것이다. 하지만 데이터의 무결성은 현재 데이터와 마찬가지로 보관된 상태에서도 중요하며, 따라서 유사한 컨트롤을 구현하는 것이 타당하다.

매체 선택, 리프레시, 복제

승인되지 않은 변경에 대한 보호는 보관된 데이터의 무결성을 보장하는 단지 하나의 측면일 뿐이다. 그것은 데이터가 변경되지 않아야 할 때 변경되는 것으로부터 데이터를 보호하겠지만 보관 자체의 무결성을 보장하지는 않을 것이다. 보관의 무결성과 그에 따른 내용을 이야기하는 것은 매체 선택, 리프레시 그리고 복제 활동이다.

매체 선택은 상용 데이터 저장 시설, 사내 네트워크로 연결된 서버, 혹은 광학 저장 디스크를 사용하는 것과 같은 데이터 보관의 방법을 선택하는 프로세스이다. 각각의 매체는 장점과 단점을 가지며, 어떤 매체를 사용할지를 선택할 때 보관 프로세스는 그것들을 모두 고려해야 한다. 선택된 매체는 감항 요구사항뿐만 아니라 형상 관리 프로세스의 목표를 모두 만족해야 한다. 일부 하드웨어 아이템을 위한 데이터는 수십 년 동안 보관을 요구할 수 있기 때문에 특히 관심을 끄는 것은 데이터 보존에 대한 이슈이다.

매체 리프레시는 선택된 보관 매체가 보관을 위한 장기적인 데이터 보관 요구사항을 만족하기에 불충분한 저장 수명을 가지고 있을 때의 데이터 보존에 대한 이슈를 이야기한다.

장기적인 안정성을 가지고 있지 않은 매체가 선택된다면 보관 프로세스는 필요한 저장 수명보다 더 짧은 것을 완화하기 위해 보관을 갱신할 필요성을 예상해야 한다.

매체 복제는 보관된 데이터가 아카이브의 파괴 혹은 악화 때문에 상실되는 것으로부터 안전할 것임을 보장한다. 그것은 전자 하드웨어 설계에서 중복성 개념과 유사하다. 복제 혹은 복제 아카이브는 단일 모드 고장을 방지하기 위해 독립적이어야 하며, 다시 말하면, 보관된 데이터의 상실을 일으키는 것으로부터의 단일 이벤트를 막기 위해 한 개 이상의 복제본 보관이 독립적으로 유지되어야 한다.

또한 하나의 매체로부터 후속, 혹은 다음 세대의 매체로 데이터를 마이그레이션하기 위한 고려가 필요하다. 여러 해 전에는 종이 도면과 문서들이 저장되었다. 다음에는 저장 공간을 줄이기 위해 마이크로필름이 사용되었다. 요즘은 데이터를 저장하기 위해 전자 매체가 사용된다. 매체는 플로피 디스크로부터 테이프, CD-ROM, 블루레이, 플래시 드라이브 등으로 진화되어 왔다. 저장된 데이터에 대해서 보장기간 동안 제대로 관리하면 필요할 때 데이터에 접근할 수 있을 것이다.

참고문헌

[1] Code of Federal Regulations, Title 14: Aeronautics and Space, PART 21—CERTIFICATION PROCEDURES FOR PRODUCTS AND PARTS, Subpart B—Type Certificates, 21.31 Type design.

[2] Code of Federal Regulations, Title 14: Aeronautics and Space, PART 21—CERTIFICATION PROCEDURES FOR PRODUCTS AND PARTS, Subpart B—Type Certificates, 21.41 Type certificate.

[3] Code of Federal Regulations, Title 14: Aeronautics and Space, PART 21—CERTIFICATION PROCEDURES FOR PRODUCTS AND PARTS, Subpart B—Type Certificates, 21.49 Availability.

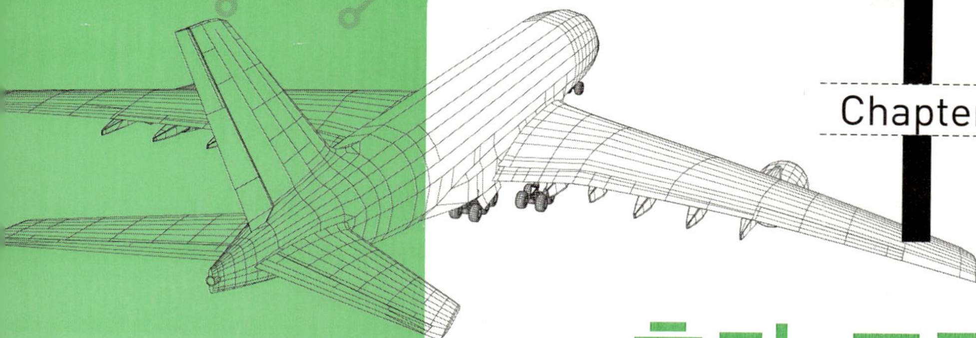

Chapter 10 추가 고려사항

이전에 개발된 하드웨어
COTS 컴포넌트 사용
제품 서비스 경험
도구 평가 및 인증

이전에 개발된 하드웨어

DO-254의 Section 11에 있는 다른 주제들과 같이 이전에 개발된 하드웨어(Previously Developed Hardware)는 선택된 인증 전략에 따라 프로젝트에 적용할 수도 혹은 적용하지 않을 수도 있다.

PDH는 일부 초기에 개발되었던 하드웨어를 재사용하려는 의도가 있는 경우 호출된다. 이전에 개발된 하드웨어를 재사용하기 위한 수많은 이유가 있지만 이 책의 목적상 가장 적절한 이유는 DO-254 준수와 하드웨어의 최종 승인으로 가는 경로(그리고 비용)를 단순하게 하고 단축하는 것이다.

대부분의 PDH는 다음 소스들 중 하나 혹은 그 이상으로부터 올 것이다.

- 상용(COTS) 하드웨어 혹은 컴포넌트
- 다른 표준으로 개발된 항공 하드웨어(예를 들면, 군 혹은 회사 표준)
- DO-254에 선행하는 항공 하드웨어
- 더 낮은 설계 보증 레벨(DAL)로 이전에 개발된 항공 하드웨어
- 다른 항공기를 위해 이전에 개발된 항공 하드웨어
- 이전에 개발되고 승인된 이후에 변경된 항공 하드웨어

PDH 자체는 전체 시스템부터 HDL 코드 프레그먼트에 이르는 모든 레벨의 하드웨어가 될 수 있다. 대부분의 PDH 아이템은 다음 중 하나일 것이다.

- 전체 시스템
- LRU 혹은 박스(소프트웨어 포함)
- LRU 혹은 박스(하드웨어만)
- 전체 회로 카드 어셈블리(소프트웨어 포함)
- 전체 회로 카드 어셈블리(하드웨어만)
- 회로 카드 어셈블리의 일부(CCA)
- 전체 PLD(디바이스 및 HDL)
- 전체 HDL 설계
- HDL 설계의 일부

이들 아이템 중 어떤 것이든 PDH로 사용될 때는 수정되거나, 새로운 타깃이 설정되거나, 더 높은 DAL로 업그레이드되거나, 혹은 새로운 방식으로 사용되어야 할지 모른다. 게다가 PDH를 변경하는 것은 새로운(혹은 더 새로운) 설계 도구의 사용이 요구될 수 있다.

PDH 재사용에 대한 몇 가지 일반적인 시나리오는 다음과 같다.

- 변경 없이 재사용되는 하드웨어 아이템(LRU/박스, CCA, 혹은 PLD)
- 새로운 사용을 위해 변경되는 하드웨어 아이템(LRU/박스, CCA 혹은 PLD)
- 업데이트되지만 원래 시스템과 응용을 유지하는 하드웨어 아이템(LRU/박스, CCA, 혹은 PLD)
- 새로운 PLD 디바이스로 타깃이 재설정되는 HDL 설계
- 위의 시나리오 중 어떤 것에 대해 DAL을 증가

DO-254 Section 11.1은 PDH에 대해서 네 개의 시나리오를 정의하는데 Section 11.1.1부터 11.1.4에서 모두 논의된다. 이전에 개발된 하드웨어의 변경(11.1.1), 항공기 설치의 변경(11.1.2), 응용 혹은 설계 환경의 변경(11.1.3) 그리고 설계 베이스라인을 업그레이드(11.1.4)이다. 이들 섹션의 각각은 단독으로 적용될 수 있는 PDH의 서로 다른 측면을 설명하지만 그중 하나 이상을 PDH의 주어진 사용에 적용하는 것이 더 일반적이다. 예를 들어, 만약 PLD가 항공기 모델 X를 위해 여러 해 전에 개발되었다면, 그것을 항공기 모델 Y에 사용하는 것은 PLD가 새로운 설치를 위해 변경(Section 11.1.1)될 필요가 있는, 변경을 만들기 위해 나중 버전의 설계 도구를 사용하는(Section 11.1.3), 더 높은 DAL로 업그레이드(Section 11.1.4)되는 그리고 다른 회로 카드 어셈블리로의 인터페이스(Section 11.1.3)를 요구할 수 있는 항공기 설치의 변경(Section 11.1.2)이 될 것이다.

이전에 개발된 하드웨어를 재사용하는 핵심 포인트는 이전 개발 프로그램으로부터 승인된 준수 데이터의 재사용을 최대화하는 것이다. 재사용될 수 있는 데이터의 양은 재사용되는 하드웨어의 레벨 혹은 유형에 따라 달라질 것이다. 재사용되는 하드웨어가 더 완전할수록 더 많은 데이터가 재사용될 수 있다.

새로운 설치에 현재 LRU를 재사용하는 것은 이전 개발 프로그램으로부터의 모든 준수 데이터가 재사용될 수 있기 때문에 최선이다. 만약 LRU가 새로운 설치에 사용되기 위해 변경되어야 한다면, 새로운 개발 및 검증 활동은 늘어나면서 재사용가능한 데이터의 양은

감소할 것이다.

PDH를 사용하기 위해 강화되거나 혹은 다시 수행되어야 하는 특정 아이템과 활동이 사례별 기준으로 결정되어야 한다. PDH의 모든 잠재적인 사용에 적용할 수 있는 포괄적인 지침을 제공하는 것은 비현실적이며 이것이 DO-254에 있는 지침이 현재의 내용보다 더 상세한 내용을 제공하려고 시도하지 않는 이유 중 하나이다. 하지만 PDH의 사용을 논할 때 DO-254가 암시하는 것이 무엇인지를 독자가 이해하는 것을 도울 수 있는 일부 추가적인 요약 지침을 제공하는 것이 가능하다.

PDH의 사용에 대한 전략은 하드웨어 아이템 자체, 데이터 그리고 부모 하드웨어 아이템으로의 인터페이스를 이야기해야 한다. 모든 AEH 아이템들은 궁극적으로 더 높은 레벨의 하드웨어 부품(흔히 **부모 하드웨어**로 불리는) 안에 있는 컴포넌트들이다. HDL 코드는 PLD 디바이스 내의 컴포넌트이다. PLD 혹은 다른 전자 컴포넌트는 CCA에 있는 컴포넌트 그 자체이다. CCA는 LRU 혹은 박스 내의 컴포넌트이다. 그리고 LRU 혹은 박스는 그것을 덮고 있는 시스템 혹은 항공기 자체 내의 컴포넌트이다. 이와 같이 어떤 AEH 아이템이 PDH로 사용될 때 그 성능과 기능성은 단독 아이템으로 그리고 또한 부모 하드웨어 아이템 내의 컴포넌트로서의 컨텍스트에 대해서도 이야기되어야 한다. 따라서 PDH 아이템의 설계 데이터(요구사항 및 설계)는 PDH 아이템을 표현하는 것으로 완료되어야 하지만, 또한 요구사항 추적성에 의해서 부모 하드웨어로 통합되어야 한다. 검증은 PDH 기능이 의도된 것이라는 것뿐만 아니라 부모 하드웨어로부터 할당된 모든 기능성을 수행하는지 그리고 부모 하드웨어에 설치되었을 때 정확하게 동작하는지를 확인해야 한다. PDH와 그 데이터에 수행되어야 하는 것을 결정할 때 기존 하드웨어와 데이터는 부모 시스템의 특별한 요구와 함께 DO-254 Section 11.1.1에서 11.1.4에 정의된 PDH 시나리오에 대해서 평가되어야 한다.

[표 10-1]은 이전에 개발된 하드웨어의 일부 공통 사용을 위해 수행되어야 할 수 있는 추가적인 활동과 함께 일반적으로 재사용될 수 있는 데이터를 요약한다.

[표 10-1]에 있는 정보는 단지 몇 가지 공통 가능성을 커버하는 것이며 포괄적이고자 하는 의도는 없고, PDH를 어떻게 사용하든 반드시 수행되어야 한다는 지침을 제공하는 것도 아니다. 대신 [표 10-1]에 있는 데이터와 활동은 DO-254가 설명하는 PDH 활동들에 대해서 일부 추가적인 통찰력을 제공하려는 의도이다.

표 10-1 PDH의 공통 사용과 재사용의 일반적인 레벨

PDH 활동	요구사항	설계 데이터	PDH HW	검증 & 확인 데이터	검증 & 확인 활동
새로운 부모 HW에 변경되지 않은 PDH를 재사용	• 재사용 • 새로운 부모 HW로의 추적성 생성	재사용	재사용	재사용	새로운 부모 HW로의 인터페이스 검증
새로운 HW에서 사용을 위해 PDH를 변경	• 업데이트 • 새로운 부모 HW로의 추적성 생성	업데이트	업데이트	변경에 대한 업데이트	• PDH 내의 새로운 기능성을 검증 • 부모 HW로의 인터페이스를 검증
동일한 부모 HW에서의 사용을 위해 PDH를 변경 (PDH 업데이트만 해당)	• 업데이트 • 필요에 따라서 부모 HW로의 추적성을 업데이트	업데이트	업데이트	변경에 대한 업데이트	• PDH 내의 새로운 기능성을 검증 • 부모 HW에서 새로운 그리고 관련된 기능성을 검증
DAL을 업그레이드	• 새로운 DAL을 만족하기 위해 필요에 따라 업그레이드 • 새로운 DAL을 만족하기 위해 필요에 따라 추적성을 업그레이드	• 새로운 DAL을 만족하기 위해 필요에 따라 업그레이드 • 새로운 DAL을 만족하기 위해 필요에 따라 추적성을 업그레이드 • 새로운 DAL을 위한 도구 인증을 해결	새로운 DAL을 만족하기 위해 필요에 따라 업데이트	• 새로운 DAL을 만족하기 위해 필요에 따라 업그레이드 • 새로운 DAL을 만족하기 위해 필요에 따라 추적성을 업그레이드	• 새로운 DAL을 만족하기 위해 필요에 따라 수행 • 새로운 DAL을 만족하기 위해 필요에 따라 추적성을 업그레이드 • 새로운 DAL을 위한 도구 인증을 해결
설계 환경의 변경	재사용	• 재사용 • 도구 인증을 해결	하드웨어에 대한 새로운 베이스라인이 필요할 수 있음	재사용	• PDH의 재검증이 필요할 수 있음 • 부모 HW로의 인터페이스에 대한 재검증이 필요할 수 있음 • 도구 인증을 해결
새로운 SW로의 변경되지 않은 PDH 인터페이스	재사용	재사용	재사용	재사용	새로운 SW로의 모든 인터페이스를 검증

PDH를 위한 의도된 전략은 PHAC에 언급되고 설명되어야 한다. 기존 하드웨어 및 데이터와 새로운 사용이 요구되는 것 사이의 갭을 식별하기 위한 분석이 수행되어야 한다. 식별된 모든 갭은 서비스 히스토리, 추가적인 검증, 혹은 리버스 엔지니어링으로부터의 데이터를 포함할 수 있는 새로운 데이터로 채워져야 한다. 변경 영향 분석이 수행되어야 한다. DO-254와 하드웨어 라이프 사이클의 모든 측면에 대한 영향을 고려해야 하며, 그것은 계획, 요구사항, 설계, 확인, 검증, 구현, 생산으로의 전이, 형상 관리 그리고 도구 인증을 포함할 수 있다. 변경 영향 분석은 PHAC와 함께 포함될 필요가 있을 수 있다.

PDH에 대한 모든 변경은 새로운 응용 혹은 설치에서 PDH의 사용이 그래야 하는 것처럼 시스템 안전성 평가에 미치는 그들의 영향을 평가해야 한다. 만약 시스템 안전성 평가가 PDH에 대해서 DAL의 증가를 나타낸다면, PDH와 그 데이터는 새로운 DAL을 위한 요구사항에 대해서 평가되어야 한다. 더 높은 DAL은 DO-254로의 PDH의 준수에 대한 모든 측면에 추가적인 변경을 요구할 수 있고, 그것은 다시 계획, 요구사항, 설계, 확인, 검증, 구현, 생산으로의 전이, 형상 관리 그리고 도구 인증을 포함할 수 있다.

PDH의 사용을 지원하기 위해 서비스 히스토리가 사용될 수 있다(하지만 요구되는 것은 아니다).

FAA와 PDH를 논의할 때 PDH에 대한 Order 8110.105로부터의 FAA 정의를 반드시 고려하라. FAA Order 8110.105는 PDH가 AC(Advisory Circular) 20-152(2005년 6월) 이전에 승인된 항공전자 하드웨어(단순 혹은 복합 PLD)라고 언급한다. 또한 PDH는 하드웨어 관리 계획이 AC 20-152(2005년 6월) 이전에 승인된 단순 혹은 복합 PLD에 대한 프로젝트를 포함한다. FAA는 AC 20-152 이전에 승인된 시스템에 대해서 "레거시" 시스템이라는 용어를 사용한다.

COTS 컴포넌트 사용

항공전자 하드웨어의 대부분은 가장 간단한 수동 컴포넌트부터 가장 복잡한 집적 회로에 이르는 상용 부품들로 구성되어 있다. 사실, 대부분의 시스템에서 자체 제작되는 것으로 간주될 수 있는 것은 거의 없다. 또한 COTS의 개념은 하위 부품, 프로그램된 PLD, PLD를 위해 상업적으로 획득한 IP(Intellectual Property) 및 라이브러리 기능 그리고 심지어 전체 시스템과 같은 컴포넌트들의 조립으로 확장된다. 하지만 시스템 내의 각각의 컴포넌트가 COTS 컴포넌트일 수 있지만 인증 프로세스는 그러한 COTS 컴포넌트들이 그들이 속한 기능이 검증될 때 다루어지기 때문에 개별적인 컴포넌트, 모듈, 혹은 하위 부품을 다루지 않는다고 DO-254 Section 11.2에서 언급한다. 즉, 다시 말하면 만약 AEH 아이템이 검증된다면 그것을 구성하는 컴포넌트들 또한 검증되는 것으로 가정한다. 따라서 대부분의 경우 개별 COTS 컴포넌트는 대부분 특별히 다루어질 필요가 없다.

하지만 DO-254 또한 COTS 컴포넌트를 사용하기 위한 기본은 설계 프로세스와 연계하여 ECMP(Electronic Component Management Plan)를 사용하는 것이라고 언급한다. 즉, 다시 말하면 ECMP를 사용하는 것은 AEH에 사용되는 모든 COTS 컴포넌트의 유래 및 신뢰성을 확립하고, 따라서 기능 혹은 시스템을 검증하는 것이 또한 COTS 컴포넌트의 정확성을 검증할 것이라는 가정을 뒷받침하기 위해 필수이다.

ECMP는 ECMP의 목표 혹은 목적으로 고려될 수 있는 DO-254 Section 11.2.1의 1에서 7의 항목들을 만족해야 한다. 이들 7개의 목표는 다음과 같이 바꾸어 말할 수 있다.

1. 모든 컴포넌트들이 높은 품질의 부품을 생산하는 것에 대한 증명된 추적 기록을 가진 그리고 컴포넌트 중 어떤 것도 출처가 의심스러운 점이 없는 회사에 의해서 생산되었다는 것을 보장하라. 예를 들면, 복제 컴포넌트들은 종종 실제 부품과 사실상 구분할 수 없지만 흔히 낮은 신뢰성 혹은 성능을 보일 것이므로 ECMP는 컴포넌트가 오직 신뢰할 만한 소스를 통해서 원래 제조사로부터 구매되었다는 것을 보장해야 한다.
2. 우수성에 대한 전반적인 평판의 일환으로 컴포넌트 제조사는 모든 컴포넌트들이 일관되게 높은 품질을 유지하며 항상 그들의 등급에 따른 스펙을 만족할 것임을 보장하기 위해 높은 무결성 품질 컨트롤 프로그램을 가진다.
3. AEH를 위해 선정되었던 각각의 컴포넌트는 실제 서비스 경험을 통해서 품질과 신뢰성을 성공적으로 만들어 왔다. 다시 말하면, ECMP는 그들이 실제 사용에서 그들의 신뢰성을 확립하기 전까지 새롭고 기발한 컴포넌트는 사용되지 않는다는 것을 보장해야 한다.
4. 각각의 컴포넌트는 신뢰성을 확립하기 위해 제조사에 의해서 자격을 갖추어 왔거나, 그렇지 않으면 AEH 제조사는 조달 후에 신뢰성을 확립하기 위해 컴포넌트에 대한

추가적인 시험을 수행해 왔다.

5. 컴포넌트의 품질 레벨은 제조사에 의해서 컨트롤되거나, 혹은 만약 이것이 설정될 수 없다면 컴포넌트가 적절한 품질을 가지고 있는 것을 확인하기 위해 컴포넌트 제조사 혹은 AEH 제조사에 의해서 추가적인 시험이 수행된다. 다시 말하면, 제조사는 모든 것이 스펙을 만족하거나 초과한다는 것을 적극적으로 인식시키기 위해 모든 컴포넌트를 시험해야 하며 만약 그들이 하지 않으면 AEH 제조사가 해야 한다.
6. AEH 내에 있는 각각의 컴포넌트는 환경, 전기 그리고 성능 파라미터를 포함해서 AEH 내에서 의도된 기능의 요구사항을 만족하거나 초과하기 위한 능력을 위해 선택되어 왔거나 혹은 모든 컴포넌트들이 AEH의 요구를 만족하거나 초과할 것을 확인하기 위해 추가적인 시험을 통해서 선별되었다. 따라서 AEH가 필요한 것을 초과하는 것으로 제조사에 의해서 평가되는 컴포넌트만 사용하는 것이 최선이지만 부족한 스펙을 가진 컴포넌트 또한 AEH의 요구를 만족하는 범위로 그들의 스펙을 초과하는 개별 컴포넌트를 식별하기 위해 시험될 수 있다.
7. 모든 컴포넌트는 고장 혹은 다른 비정상 동작을 빨리 식별하기 위해 지속적으로 모니터링되며 만약 어떤 것이 나타나면, 그 결함은 수정 작업을 위해 컴포넌트 제조사로 피드백될 것이다. 다시 말하면, 컴포넌트 성능을 계속해서 추적하고 고장 혹은 다른 요구되지 않은 동작에 특별한 주의를 해서 결함이 있거나 그들의 등급에 따른 스펙을 만족하지 않는 컴포넌트는 빨리 식별되고 제조사에 의해서 수정될 수 있다.

컴포넌트 관리 프로세스에 더해서, DO-254 Section 11.2.2는 조달 이슈와 관련하여 잠재적인 관심 분야를 논의한다. 조달 이슈는 단순히 가용성 및 노후화에만 제한되지 않고 생산 공정 간의 품질에서의 변수, 설계 보증을 훼손할 수 있는 방식으로 컴포넌트 성능에 영향을 미칠 수 있는 제조 개선 그리고 복잡한 것으로 간주되는, 혹은 그렇지 않으면 DO-254에 있는 지침의 준수를 요구하는 COTS 컴포넌트에 대한 설계 보증 데이터의 가용성과 같은 이슈들을 포함한다.

노후화는 컴포넌트 구매와 관련해서 좀 더 중요하고 만연하는 이슈 중 하나이다. 컴포넌트 제조사가 AEH 아이템에 사용되는 컴포넌트를 중단할 때 그 파급 효과가 상당하고, 비용이 많이 들며, 시간이 걸리고, 심지어 시스템의 설계 보증에 영향을 미칠 수 있다. 평판이 좋은 제조사는 일반적으로 고객이 컴포넌트 노후화에 대해 계획하도록 충분히 앞서 사전 통지를 제공하지만 충분한 통지가 있더라도 그 영향은 여전히 상당할 수 있다. 그것이 어떻게 관리되어야 하는지에 대한 공식적인 지침은 거의 없지만 상식적으로 ECMP는 (DO-254 Section 11.2.1의 아이템 1에서 7까지에 추가해서) 노후화를 경계해야 하며 그것이 선택되기 전 그리고 AEH가 생산에 들어간 후 모두 컴포넌트의 장기 가용성에 대해서 제조사에 문의해야 한다.

집적 회로는 제조 시기뿐만 아니라 실리콘 웨이퍼상의 각각의 다이의 위치에 따라 측정 가능한 성능 변화를 보이는 것으로 잘 알려져 있다. 하지만 제조사들은 특정 부품 번호로 라벨링된 부품이 여전히 컴포넌트 데이터시트에 명시된 보장 성능을 만족할 것을 보장하기 위해 성능에 따라 각각의 컴포넌트 다이를 정렬해야 한다. 따라서 성능에서의 변화들은 컴포넌트 관리에 대한 우려로 나열되지만 이 현상을 완화하는 것은 정확하게는 컴포넌트 관리 이슈가 아니라 어디에 정렬되는지와 관계없이 개별 컴포넌트들이 컴포넌트 데이터시트에 명시된 성능 영역에서 컴포넌트가 사용되는 전자 설계가 올바르게 동작할 것임을 설계자가 보장해야 하는 설계 이슈이다.

부품 번호가 동일하지만 제조 일자가 다른 집적 회로가 성능에서 상당한 차이를 보이는 것 또한 흔하며, 종종 성능이 개선되는 방향으로 나타나기도 한다. 그러한 차이의 공통된 원인은 반도체 디바이스에서 피처 사이즈의 축소인데, 그것은 종종 개선된 속도와 성능을 만들어낼 수 있다. 하지만 성능에서의 개선이 설계에 대해서 너무 잘 수행되면서 원래 디바이스를 사용할 때는 존재하지 않는 불안전성 혹은 다른 비정상적인 동작을 야기하는 디바이스가 나오는 것 또한 일반적이다.

어셈블리 혹은 사전에 프로그램된 PLD와 같은 좀 더 복잡한 COTS 컴포넌트의 일부는 인증 당국에도 우려를 불러일으킬 수 있는 그리고/혹은 만약 제조사가 하드웨어와 함께 데이터를 제공하지 않거나 혹은 제공하지 않을 예정이라면 부족한 설계 보증 데이터라는 결과를 초래할 수 있다. AEH 설계자는 그들의 설계에 COTS 디바이스를 사용할 때 이러한 가능성을 고려해야 한다. 같은 이슈가 HDL 기반 디지털 컴포넌트에 인기 있는 COTS IP 코어에 적용된다. IP 코어는 PLD를 위해서 사전 설계된 복합 기능성을 구매하는 매력적인 방법이 될 수 있지만, IP 코어를 획득할 때 그것이 사용되기 전에 설계 보증 데이터의 가용성과 생성이 신중하게 고려되어야 한다. 어떤 이유에서든 설계 보증 데이터를 이용할 수 없다면 DO-254의 설계 보증 목표와 다른 인증 지침을 만족하기 위해 리버스 엔지니어링되어야 할 수 있다.

DO-254는 COTS 컴포넌트의 사용에 대해서 완전한 지침을 제공하지 않는다. ECMP를 준비하는 데 더 많은 지침이 필요하다면 IEC(International Electronical Commission) 문서인 IEC TS 62239, Process management for avionics — Preparation of an electronic components management plan이 지침으로 사용될 수 있다.

제품 서비스 경험

제품 서비스 경험은 하드웨어가 안전하고 DO-254의 목표를 만족한다는 주장을 구체화하기 위해 서비스된 시간을 문서화하고 그 데이터를 사용함으로써 컴포넌트 혹은 AEH 하드웨어가 실제 운영에서 축적해 온 시간을 활용한다. 서비스 경험은 COTS 디바이스 혹은 이전에 개발된 하드웨어에 대한 DO-254의 목표를 보충하거나 혹은 심지어 완전히 만족하기 위해 사용될 수 있다. 양쪽 케이스에서 서비스 경험의 사용은 선택사항이다. 만약 그것이 활용가능하다면 사용될 수 있지만 DO-254의 목표를 만족하기 위해 필요한 것은 아니다. 만약 서비스 경험이 사용된다면, 그 사용은 인증 당국과 조정되고 PHAC에 언급되어야 한다.

서비스 경험의 사용은 하드웨어의 현재 그리고/혹은 이전 사용이 문서화되는 것을 요구한다. 얼마나 많은 시간이 문서화되어야 하는지는 완전하게 표준화되지 않았고 인증의 많은 다른 측면들처럼 서비스 경험은 인증 당국에 의해서 케이스에 따라 평가되므로 그것의 사용에 대해서 인증 당국과 일찍 그리고 자주 소통하는 것이 중요하다. 서비스 경험은 항공우주 응용으로부터 얻을 필요는 없지만, 논리적으로 서비스 경험이 의도된 응용에 더 가까울수록 그 경험이 더 관련될 것이고 그 경험이 더 신뢰를 고취할 것이다. 서비스 경험의 관련성은 수용가능성을 결정할 때 평가될 요소들 중 하나이다.

서비스 경험의 관련성과 수용가능성은 다음 네 가지 기준에 따라 달라진다.

1. 응용, 기능, 운영 환경 그리고 설계 보증 레벨에 의해서 정의된 대로 의도된 사용에 대한 서비스 경험의 관련성. 서비스 경험이 의도된 사용에 더 유사할수록 관련성이 더 높아지며 따라서 더 수용가능한 데이터가 되기 싶다.
2. 서비스 경험을 축적한 하드웨어가 의도된 응용을 위해 제안된 동일 버전 및 설정인

지 여부. 만약 그것들이 다르다면 서비스 경험의 사용을 정당화하는 것이 더 어려울 수 있거나 혹은 그것을 정당화하기 위해 추가적인 분석이 필요할 수 있다.

3. 서비스 히스토리 기간 동안 겉으로 드러난 설계 에러가 있었는지 여부 그리고 만약 그렇다면 그러한 에러가 만족스럽게 처리되었는지 여부. 각각의 에러의 처분은 에러의 제거, 에러 영향의 완화, 혹은 그 에러가 안전성에 아무런 영향이 없는 것을 보여주는 분석을 통해서 영향을 받을 수 있다.
4. 서비스 히스토리 과정에서 아이템의 고장률

이러한 기준은 서비스 경험을 평가하기 위해 사용되는 네 가지 활동들을 통해서 충족된다. 즉, 다시 말하면 서비스 경험이 앞서 제시한 네 가지 기준을 적절하게 만족하는지를 결정하기 위해 다음의 네 가지 활동들이 수행되어야 한다.

1. 서비스 히스토리가 의도된 사용에 얼마나 관련되는지를 평가하기 위해 아이템의 응용, 설치 그리고 환경에 대한 서비스 히스토리의 엔지니어링 분석을 수행하라. 이 분석은 서비스 히스토리가 어떻게 관련되는지를 결정하기 위해 스펙, 데이터시트, 애플리케이션 노트, 서비스 게시판, 사용자 서신 그리고 에러 통지를 포함해서 매우 다양한 데이터를 살펴볼 수 있다.
2. 새로운 응용을 위한 안전성 평가 프로세스에 미치는 영향에 대해서 아이템의 의도된 사용을 평가하라. 만약 서비스 히스토리 과정에서 발견된 설계 에러가 있었다면 이 평가는 가능하다면 에러의 영향을 완화하기 위해 이용될 수 있는 접근법들을 포함해야 한다.
3. 만약 설계 에러가 있었다면 에러에 대한 통계적 데이터가 안전성 평가 프로세스에 미치는 영향에 대해 평가되어야 한다. 만약 통계가 없다면 에러는 그 영향에 대해서 질적으로 평가될 수 있다.
4. 서비스 경험 과정에서 발견된 모든 에러와 이 에러가 어떻게 처리되었는지를 식별하기 위해 문제점 리포트를 평가하라. 해당 기간 동안 모든 에러를 수정하는 것이 선호되지만 나머지 에러들이 완화되는 그리고/혹은 아이템의 설계 보증에 영향을 미치지 않는다는 것을 보이는 동안에는 서비스 경험이 사용되도록 할 필요는 없다. 완화는 새로운 응용에서 아키텍처적인 방법을 통해서 혹은 에러가 새로운 응용에서 이슈가 되지 않을 것임을 보이기 위해 추가적인 검증을 통해서 구현될 수 있다.

일단 서비스 히스토리 데이터가 아이템에 대한 의도된 사용에 대해서 설계 보증을 생성하거나 보완하기에 충분하도록 평가되고 간주되어 왔다면, 데이터와 평가는 설계 보증에 대한 주장을 입증하기 위해 문서화되어야 한다. 서비스 경험 평가 데이터는 다음을 포함해야 한다.

1. 새로운 응용에서 DAL을 포함해서 아이템과 그 의도된 기능을 식별하라. 만약 아이템이 레벨 A 혹은 B 기능에서의 컴포넌트라면, 필수적인 설계 보증을 달성하기 위해 아키텍처적인 완화와 추가적인 혹은 진보된 검증의 사용과 같은 DO-254 Appendix B에 있는 추가적인 설계 보증 전략들이 어떻게 만족될지에 대한 설명이 있어야 한다.
2. 서비스 경험 데이터를 모으고 평가하기 위해 사용된 프로세스 그리고 그 데이터가 적절하고 유효했는지를 평가하기 위해 사용되었던 기준이 설명되어야 한다.
3. 서비스 경험 데이터는 반드시 문서화되어야 한다. 이 데이터는 평가되었던 서비스 히스토리 데이터, 모든 적용가능한 변경 히스토리, 데이터의 분석에 사용되었던 가정 그리고 분석 결과의 요약을 포함해야 한다.
4. 아이템이 새롭게 의도된 사용과 DAL에서 설계 보증을 수립하거나 보완하기에 적절한 이유에 대한 정당성

실질적으로 말하면, 서비스 히스토리는 동일한 부품 번호와 버전을 가진 동일한 컴포넌트에 기반해야 한다. 서비스 시간은 설계 보증 레벨에 의해서 요구되는 고장률과 일치해야 한다. 수백만 시간의 서비스 경험을 가진 PLD는 설계 보증 레벨 A와 B 응용을 위한 목적에 적합하다. 수천 시간의 서비스 경험은 DO-254 준수에 대한 많은 신뢰를 주지 못할 것이다. 비행 시험 프로그램으로부터의 서비스 경험은 항공기가 아직 인증되지 않았기 때문에 DO-254로의 준수를 증명하기에 적합하지 않다.

도구 평가 및 인증

도구 평가와 인증은 DO-254에서 더 많이 오해되는 측면 중 하나이다. 초심자들은 흔히 레벨 A DO-254 준수 하드웨어를 만들기 위해 사용되는 설계 도구가 "특별"해야 한다고 가정한다. 특별한 도구가 필요하지 않다는 소식은 일반적으로 안도감을 주지만, 반면에 "특별한" 도구의 사용을 피하기 위해 다른 것이 수행되어야 한다는 소식은 새로운 우려를 낳게

된다.

DO-254의 도구(일반적으로 "도구"는 상점에서 발견되는 기계적인 수공구가 아니라 컴퓨터 기반 설계 및 검증 소프트웨어, 혹은 전자 실험실에서 사용되는 전자 측정 도구를 말한다)로의 접근에 대한 근본적인 견해는 정확한 입력이 주어졌을 때 어떤 식으로든 항상 정확한 출력을 생성하지 않으면 어떤 도구도 신뢰될 수 없다는 것이다. 도구의 출력에 대한 정확성을 증명하기 위한 이러한 필요성을 만족하기 위한 많은 방법이 있고, 다행히도 그들 중 대부분은 도구가 "특별할" 것을 요구하지 않는다.

도구가 정확한 출력을 생성하는 것을 증명하기 위한 두 가지 기본적인 접근법이 있다. 첫 번째 접근법은 그것이 사용될 조건하에서 도구가 정확한 출력을 생성할 것임을 증명하기 위해 사용되기 전에, 도구를 포괄적으로 시험하고 분석하는 것으로, 다르게는 도구를 인증하는 것으로 알려져 있으며, 두 번째 접근법은 먼저 도구를 사용하고 그런 다음 생성되었던 출력이 주어졌던 입력에 대해서 정확했다는 것을 독립적으로 증명하기 위해 출력을 시험하는 것으로 다르게는 검증으로 알려져 있다. 두 가지 접근법은 모두 결국에는 동일한 결과를 생성하겠지만 그들의 사용에 대해서는 서로 다른 고려사항을 가지고 있다.

설계 도구를 인증하는 것은 도구에서의 신뢰가 그것이 생산 중인 하드웨어의 설계 보증 레벨과 부합해야 한다. 일반적으로 이것은 도구의 출력에 대한 보증이 적어도 최종 아이템 하드웨어만큼 높다는 것을 의미하며, 따라서 레벨 A 하드웨어에 대해서 설계 도구는 그것이 생성하는 레벨 A 하드웨어와 동일한 무결성 레벨을 가져야 할 것이다. 대부분의 하드웨어 설계 도구의 경우, 특히 엄청난 복잡성을 가지며 HDL의 논리를 변경하는 것에 의해서 고장 모드를 주입하는 것에 대한 경향이 알려진 합성 도구와 같은 PLD 설계 도구에게 이는 기념비적인 작업이 될 것이다(DATDP에 대한 챕터를 보라).

도구를 인증하는 장점은 도구의 출력이 신뢰될 수 있고 따라서 추가 조사로부터 면제된다는 것이다. 설계 도구의 경우, 그것은 인증 프로세스가 기본적으로 도구를 검증하기 때문에 도구의 출력이 검증될 필요가 없다는 것을 의미한다. 도구를 인증(즉, 검증)하거나 도구의 출력을 검증하는 것 모두 상당한 노력과 시간이 요구된다. 선택하게 되는 경로는 프로그램의 필요에 따라 달라지며 즉각적이면서도 장기적인 비교 이익의 철저한 분석이 선행되어야 한다. 도구 인증은 일단 인증되면 인증되었던 드구의 특정 버전과 설정은 그 순간부터 그리고 여러 프로젝트에 사용될 수 있다는 점에서 영구적이기 때문에 인증의 장기적인 이익을 평가할 때 도구에 대한 미래의 사용을 고려해야 한다.

도구를 인증하는 것의 불리한 점은 일부 도구의 경우 인증 비용이 엄청날 수 있으며, 종종 출력을 검증하는 비용과 시간을 초과할 수 있다는 것이다. 현재 프로젝트 이외에는 사용되지 않을 도구의 경우, 출력의 검증은 가장 효율적이고 가장 고통이 적은 옵션이 될 수 있다. 도구 인증의 비용 대 장점을 평가할 때 추가적인 고려사항은 만약 올바르게 관리되고 문서화된다면, 도구의 출력을 검증하는 것이 미래의 사용을 위한 도구의 인증 기준 일부 혹은 전체를 만족하는 방법으로 미래에 활용될 수 있다는 것이다. 따라서 만약 도구가 미래의 프로젝트를 위해 사용되는 것으로 알려진다면, 하나의 프로젝트를 위한 출력의 독립적인 평가를 문서화하는 것은 미래의 프로젝트를 위한 혹은 심지어 원래 프로젝트의 미래의 진화를 위한 도구의 인증을 지원하기 위해 사용될 수 있다.

도구는 두 가지 유형으로 나누어진다. 하드웨어 설계를 생성하기 위해 사용되는 설계 도구 그리고 설계를 검증하기 위해 사용되는 검증 도구이다. 또한 검증 시험의 완료를 평가하기 위한, 즉 다시 말하면 검증 프로세스가 설계의 개별 구성요소를 시험한 범위를 측정하기 위한 Elemental Analysis와 함께 사용되는, 일반적으로 검증 커버리지 도구로 알려진 검증 도구 하위 유형이 있다.

설계 도구의 예로는 HDL 설계를 PLD를 위한 프로그래밍 파일로 변환하기 위해 사용되는 합성과 배치 및 배선 도구, 혹은 회로 카드 설계를 위해 사용되는 스키매틱 캡처 및 회로 카드 레이아웃 도구가 있을 것이다. 검증 도구의 예로는 PLD를 위한 소스 코드와 포스트 레이아웃 모델에 대한 공식적인 시뮬레이션 검증을 수행하기 위해 사용되는 HDL 시뮬레이터, 혹은 LRU상에서 하드웨어 시험을 수행하기 위해 사용되는 자동화된 테스트 스탠드, 혹은 오픈 박스 형태의 검증 및 시험을 위해 사용되는 로직 애널라이저 및 오실로스코프를 포함할 것이다. 검증 커버리지 도구의 예로는 시뮬레이션 과정에서 HDL 소스 코드 각각의 라인이 어떻게 철저하게 실행되었는지를 측정하는 코드 커버리지 분석 도구가 있다.

설계 도구는 설계로 에러를 주입하는 능력을 가지고 있기 때문에 도구 인증에 대해서 가장 엄격하게 다루어지고 있으므로 도구에서의 결함은 설계에서의 에러에 대한 높은 가능성과 그에 따른 설계 보증의 감소를 가진다. 검증 도구가 수행할 수 있는 최악의 경우는 설계에 있는 에러를 검출하는 것을 실패하는 것이기 때문에 좀 더 관대하게 다루어진다. 검증 도구는 설계에 에러를 주입할 수 없고 설계 에러를 탐지하지 못하는 것은 검증 도구의 결함을 특정 유형의 설계 에러와 정렬하는 것이 필요할 것이다. 그래서 도구에서의 결함이 설계 보증을 낮출 수 있는 가능성은 설계 도구에 비해서 훨씬 더 낮다.

커버리지 도구는 그것이 할 수 있는 것은 설계가 검증 프로세스에 의해서 얼마나 철저하게 커버되어 왔는가를 평가하는 것뿐이기 때문에 하드웨어의 설계 보증을 실질적으로 낮출 수 없으므로 평가 혹은 인증이 필요없이 가장 관대하게 다루어진다.

도구 인증의 필수사항은 다음과 같이 요약될 수 있다.

- 설계 도구는 만약 다음과 같은 경우에는 인증을 받을 필요가 없다.
  - 출력이 독립적으로 평가되거나
  - 레벨 D 혹은 E 설계를 위해 사용되는 경우
- 검증 도구는 만약 다음과 같은 경우에는 인증을 받을 필요가 없다.
  - 출력이 독립적으로 평가되거나
  - 레벨 C, D 혹은 E 검증을 위해 사용되는 경우 혹은
  - 단지 검증 완료를 측정하기 위해 사용되는 경우

로직 애널라이저, 오실로스코프, 기능 발생기 그리고 유비쿼터스 휴대용 미터기와 같은 실험실 검증 도구들은 교정이 최신 상태이고 그들이 마주칠 신호 유형을 정확하게 측정할 수 있다는 것을 확인하기 위해 시험되는 한 공식적인 인증 고려로부터 면제된다. 이러한 도구들의 광범위한 사용과 함께 교정과 시험은 일반적으로 그것들의 출력에 대한 독립적인 평가로 충분할 것이다.

자동화된 테스트 스탠드는 자체적으로 얼마나 많은 것을 하느냐에 따라 인증이 필요할 수도 필요하지 않을 수도 있다. 입력과 출력 신호를 단순히 측정하고 기록하는, 그래서 수동으로 리뷰되는 테스트 스탠드는 일반적으로 다른 실험실 검증 도구를 위해 수행되는 것처럼 그것들이 측정될 유형의 대표 신호를 정확하게 측정하고 기록한다는 것을 보여주기 위한 제한된 시험으로 통과할 수 있다. 측정한 신호를 평가하고 pass/fail 결과를 독립적으로 결정하는 자동화된 테스트 스탠드 또한 인증을 받아야 할 것이다.

DO-254의 Figure 11-1은 도구 평가와 인증 프로세스를 위한 흐름도이다. 흐름도에서 각각의 블록은 해당 블록을 위해 수행되어야 하는 활동들을 설명하는 Section 11.4.1에 대응하는 단락을 가지고 있다. 대부분의 블록과 그들의 텍스트 설명은 쉽게 이해되고 대개 자명

하지만, 프로세스 각각의 단계와 관련된 활동들을 논의하는 것은 여전히 가치 있는 것이다. 도구 평가와 인증 프로세스로부터의 모든 정보는 도구 평가 및 인증 데이터에 문서화되어야 하며 그런 다음 필요하다면 리포트에 기록될 수 있다.

도구 평가와 인증 프로세스에서 첫 번째 단계는 도구 평가 및 인증 데이터에 문서화되어야 하는 도구 이름, 모델, 버전, 제조사 그리고 호스트 환경(컴퓨터 및 운영 시스템 유형)을 식별하는 것이다.

두 번째 단계는 도구가 지원하는 프로세스를 식별하는 것이고 그것은 도구의 특정한 응용이 도구를 설계 도구 혹은 검증 도구 중 하나로 식별하기 위해 사용되어야 한다는 것을 말하는 또 다른 방식이다. 예를 들면, 합성 도구는 PLD 설계 프로세스의 합성 단계 과정에서만 사용되고, 배치 및 배선 도구는 PLD 설계 프로세스의 레이아웃 단계에서만 사용되며, 따라서 두 가지 모두 설계 도구로 분류될 것이다. 경우에 따라서 하나의 도구가 설계와 검증 모두를 위해 사용될 수도 있다. 그런 상황에서는 도구는 각각의 사용 유형에 대해서 개별적으로 설명되어야 한다. 이 활동의 일부는 도구의 사용에 대한 범위를 식별하는 것과 같이 도구가 어떻게 사용되고 어떻게 사용되지 않을지를 정의하는 것이다. 예를 들어, 만약 단일 도구가 HDL 코드 합성과 설계를 배치 및 배선하는 두 가지 모두를 할 수 있지만 그 의도가 오직 써드파티 합성 도구와 함께 배치 및 배선 기능만 사용하는 것이라면, 이들 기능 중 어떤 것이 사용될지가 분명하게 되어야 한다. 마찬가지로 만약 도구가 제한된 능력을 가지고 있고 따라서 오직 특정한 기능만을 수행한다면, 그러한 한계 또한 문서화되어야 한다. 마지막으로 도구가 생성할 출력(예 : 합성 도구로부터의 HDL netlist, 배치 및 배선 도구로부터의 프로그래밍 파일, 스키매틱 캡처 도구로부터의 스키매틱 다이어그램, 시뮬레이션 도구로부터의 파형, 자체 점검 테스트벤치를 구동하는 시뮬레이터로부터의 텍스트 로그 파일, 등)이 식별되고 문서화되어야 한다. 이러한 모든 정보는 도구 평가 및 인증 데이터에 문서화되어야 한다.

이 단계에서 수집된 정보는 도구 인증 프로세스를 위해 수행될 필요가 있는 활동들과 직접적인 관련이 있다. 도구가 사용될 방법을 식별하는 것은 도구를 설계 혹은 검증 도구로 식별할 것이며, 그것은 도구 평가 및 인증 프로세스 과정에서 도구가 설명되어야 하는 방법에 영향을 미칠 것이다. 도구의 역할과 범위를 식별하는 것은 프로세스 과정에서 발생하는 모든 요구되는 평가 및 인증의 범위를 식별할 것이다. 도구의 출력을 식별하는 것은 도구의 출력을 검증하거나 혹은 도구를 인증하기 위해 수행되어야만 하는 특정 활동들을 정의할 것이다.

일단 이 정보가 문서화되면, 세 번째 단계는 도구의 출력이 독립적으로 평가될 것인지를 묻는다. 대부분의 프로젝트의 경우, 도구를 인증하는 것은 도구의 출력을 독립적으로 평가하는 것으로 회피될 수 있기 때문에 이것은 도구 인증 프로세스에서 가장 중요한 단계이다. 설계 도구의 경우, 도구의 출력을 평가하는 것은 하드웨어의 독립적인 검증을 통해서 달성될 수 있다. 검증 도구의 경우, 도구의 출력을 유사한 도구의 출력과 비교(수동으로도 수행)함으로써 출력에 대한 수동 리뷰를 통해서 달성될 수 있다.

PLD 설계의 경우, HDL 텍스트 편집기(텍스트 편집기가 설계 도구로 간주되는 것은 엔지니어에게는 때때로 놀라운 것이 될 수 있지만 HDL 설계를 생성하는 주요 방법으로 그것은 분명하게 자격을 갖는다) 출력은 HDL 코드 리뷰 과정에서 독립적으로 평가되는 HDL 텍스트 파일로 구성되며, 그래서 그 도구에 대한 더 이상의 조치는 요구되지 않는다. 합성 도구는 감소된 그리고 최적화된 로직을 설명하는 HDL netlist를 생성하며 수동으로 리뷰할 때 이 netlist는 본질적으로 이해할 수 없으며, 그래서 합성 도구의 출력을 평가하는 것은 실제 의미가 없다. 마찬가지로 배치 및 배선 도구의 출력인 프로그래밍 파일은 인간이 읽을 수 있는 내용을 가지고 있지 않으며, PLD 디바이스 프로그래밍 도구로의 입력 이외의 의미를 가지고 있지 않기 때문에 출력을 평가하는 것 또한 의미가 없다. HDL을 netlist에 비교할 수 있고 그것들이 동일한 기능성을 표현하는지를 검증할 수 있는 설계 등가 비교 도구가 있지만, 그러한 도구들이 공식적인 평가 프로세스의 일부로 사용된다면, 그것들 역시 도구 인증 프로세스를 따라야 할 것이므로 그것들을 사용하는 것은 길게 보면 가성비가 없을 수 있다. 합성 도구 그리고 배치 및 배선 도구의 출력을 독립적으로 평가할 수 없다는 것은 그것들의 출력을 평가하고 인증에 대한 필요성을 완화하는 데 장애가 되는 것처럼 보일 것이다. 하지만 DO-254는 만약 완료된 설계에 수행되는 독립적인 검증이 설계가 의도된 기능성에 충실하다는 것을 나타낸다면, 그 설계를 생성한 도구 체인은 정확하게 동작하는 것으로 가정될 수 있다는 것을 언급함으로써 이 난처한 상황을 해결한다. 그래서 사실상 PLD 설계 도구 체인에 있는 모든 도구들(합성 도구, 배치 및 배선 도구 그리고 소자 프로그래밍 도구 그리고 심지어 텍스트 편집기까지도)은 각각의 도구의 출력이 개별적으로 평가되지 않더라도 검증 프로세스에 의해서 동시에 커버된다. 이런 상황에서는 만약 완성된 제품(프로그램된 PLD)이 정확하다는 것이 검증되고 증명된다면 HDL과 합성된 netlist 간의 동등성은 사실상 관계가 없기 때문에 심지어 설계 등가 비교 도구는 필요하지도 않다. 이러한 도구는 합성 도구의 성능에 추가적인 신뢰도를 제공하기 위해 비공식적으로 사용될 수 있고 그런 목적을 위한 사용은 권장되어야 하지만 도구 평가와 인증 프로세스에서의 공식적인 단계로서의 사용은 불필요하다. 설계 등가 비교 도구는 설계를 리호스팅하거나 혹은 FPGA를 ASIC으로 변환하기 위해 사용될 때 그러한 목적을 위해 평가되어야 한다.

DO-254에 정의된 설계 및 검증 프로세스는 설계 도구를 인증하기 위한 필요성을 제거하기 위해 필요한 모든 프로세스와 활동을 포함하며, 그래서 거의 모든 프로젝트에 대해서 설계 도구를 인증하는 것은 (앞서 논의된 것처럼) 미래에 도구를 사용하는 것과 같은 별도의 프로젝트 고려사항에 의해서 추진되는 선택적인 태스크가 될 것이다.

반면에 검증 도구는 그렇게 쉽게 평가되지 않는다. 검증 및 검증 도구는 일반적으로 설계 도구를 인증하기 위한 필요성을 제거하는 데에 큰 역할을 하지만, 검증은 설계를 따라가고 설계 도구에 대한 평가를 제공하는 반면, 검증 도구에 대해서 동일한 서비스를 제공할 수 있는 검증을 따라가는 프로세스가 없다. 검증 도구의 평가는 검증 프로세스의 일부로 수행되어야 하며, 혹은 설계 및 검증 프로세스 모두에 독립적인 분리된 활동으로 수행되어야 한다.

DO-254는 검증 도구의 출력을 평가하는 방법에 대해서 두 가지를 제안한다. 도구의 출력을 수동으로 리뷰하는 것, 혹은 비교할 만한 (그러나 비유사성을 가진) 도구의 출력에 대해서 도구의 출력을 비교하는 것이다. 도구의 출력을 수동으로 리뷰한다는 첫 번째 제안의 경우, 하나의 예시는 회로 내 하드웨어 시험 과정에서 캡처된 파형에 대해서 PLD 시뮬레이션으로부터의 파형을 수동으로 리뷰하는 것이 될 것이다. 비교할 수 있지만 비유사성을 가진 도구로부터의 동등한 출력에 도구의 출력을 비교하는 두 번째 제안의 경우, 하나의 예시는 두 개의 비유사성 시뮬레이터로 PLD 시뮬레이션의 동일한 세트를 실행하고 파형을 비교하는 것이 될 것이다.

만약 이전 단락에서 논의된 것처럼 도구의 출력이 독립적으로 평가된다면 추가적인 조치는 필요하지 않다. 평가의 근거와 결과를 포함해서 도구의 평가는 도구 평가 및 인증 데이터의 일부로 문서화되어야 한다.

만약 도구의 출력이 독립적으로 평가되지 않으면, 도구 평가 및 인증 프로세스의 네 번째 단계는 도구가 지원할 기능의 설계 보증 레벨을 식별한다. 만약 도구가 레벨 D 혹은 E 설계 도구, 레벨 C, D 혹은 E 검증 도구라면, 혹은 만약 도구가 검증 완료를 측정하기 위해 사용된다면, 평가 혹은 인증이 필요하지 않다. 만약 도구가 레벨 A, B, 혹은 C 설계 도구라면, 혹은 레벨 A 혹은 B 검증 도구라면, 추가적인 평가가 필요하다. 기능과 DAL에 따른 도구의 지정은 도구 평가 및 인증 데이터에 문서화되어야 한다.

프로세스의 다섯 번째 단계에서 그들의 출력이 독립적으로 평가되지 않는 레벨 A, B, C 설계 도구 그리고 레벨 A 및 B 검증 도구는, 만약 중요한 관련 히스토리를 가지고 있다면 더 이상의 평가 및 인증을 피할 수 있다. 관련 히스토리는 도구 인증에 대한 매력적인 대안이거나 혹은 어떤 경우에는 그리고 도구에 따라서, 도구의 인증에 대한 일부 혹은 전부로써 사용될 수 있다. 하지만 동시에 관련 히스토리에 호소하는 기준은 DO-254에 분명하게 정의되어 있지 않다. DO-254는 만약 도구가 이전에 사용되어 왔고 받아들일 수 있는 결과를 만들어내 왔다면 더 이상의 평가는 필요하지 않다고 언급한다(혹은 프로세스의 이 부분에 도달한 도구가 평가되지 않은 경우, DO-254는 실제로 평가가 필요하지 않다고 언급하고 있다). 이 지침은 관련 히스토리로 간주되는 정량적인 기준을 포함하지 않고 인증 당국의 결정에 남겨둔다는 점에서 다소 (그러나 당연히) 모호하다. 다음으로 FAA Order 8110.105 CHG 1, Section 4-6이 관련 히스토리가 정당화되는 방법에 대해서 인증 당국에 지침을 제공하고 있고, 이 지침이 DO-254보다는 좀 더 구체적이기는 하지만 여전히 수락 가능성의 결정을 인증 당국의 처분에 맡기고 있다.

DO-254와 FAA Order 8110.105 CHG1에 따라서, 관련 히스토리는 만약 그것이 사용될 예정이라면 다음의 기준을 만족해야 한다.

- 도구 히스토리는 항공기 혹은 비항공기의 사용이 될 수 있다.
- 도구 히스토리는 그 관련성과 신뢰도를 입증하는 데이터로 문서화되어야 한다.
- 도구 히스토리에 대한 정당성은 도구의 히스토리와 제안된 도구의 사용에 대한 관련성의 논의를 포함해야 한다. 이 문맥에서 "관련성"은 도구가 사용되었던 방식, 설계되고 검증된 하드웨어의 DAL, 생성된 혹은 측정된 데이터 유형 그리고 사용되었던 도구의 특정 기능성을 말한다.
- 도구 히스토리는 도구가 정확한 결과를 만들어낸다는 것을 증명해야 한다.
- 도구 히스토리의 사용은 프로젝트 PHAC에 문서화되어야 한다.
- 도구 히스토리의 사용은 프로젝트에서 일찍 정당화되어야 한다.

만약 관련 히스토리가 요구된다면, 도구 평가와 인증 데이터는 히스토리가 위에 나열된 기준을 만족하는 방법을 포함해서 히스토리에 대한 철저한 논의를 포함해야 한다. 도구의 어떠한 사용이든 관련 히스토리를 위해 나중에 사용될 수 있기 때문에 도구가 유사한 응용을 위해 다시 사용되는 것이 가능하다면, 관련 히스토리로서의 사용이 이미 결정된 것처럼 현재 사용의 상세한 내용이 조심스럽게 문서화되어야 한다. 문서를 생성하는 것은 시간이 거의 들지 않을 것이며 미래의 프로그램, 혹은 심지어 설계에서 변경을 구현하기 위한 동일한 프로그램의 후속 진화를 위한 상당한 노력을 덜 수 있다.

만약 관련 히스토리가 적용가능하지 않거나 요구되지 않을 것이라면, 도구는 도구 평가 및 인증 프로세스의 6단계에서 설명된 것처럼, 도구를 위한 베이스라인을 생성하는 것으로 시작하고 도구 및 그것의 인증을 위한 문제점 리포팅 시스템을 설치하면서 인증 프로세스에 종속되어야 한다. 이것은 도구의 특정 버전 및 형상이 형상 관리 시스템에 위치하고 명확한 형상 식별의 할당을 포함해서 형상 관리 데이터의 다른 부분과 같이 취급되어야 한다는 것을 의미한다. 이 정보는 도구 평가 및 인증 데이터에 문서화되어야 한다.

일단 도구가 베이스라인이 설정되면, "기본적인" 도구 인증이 수행되어야 한다. 이 활동은 기본적으로 (사용자의 매뉴얼에 있는 것처럼) 문서화된 성능 및 기능성에 대해서 도구를 시험한다. 그것은 검증되어야 할 요구사항으로 도구의 문서화된 기능성과 성능을 사용해서 기본적인 도구 인증 계획 및 절차가 생성되고 수행되는 것을 요구한다. 이 정보는 도구 평가 및 인증 데이터에 문서화되어야 한다. 추가로 만약 실제 설계 혹은 검증 활동을 위해 사용되는 도구가 베이스라인이 설정된 다음에 인증된 도구와 다르다면, 도구 평가 및 인증 데이터는 다른 버전을 사용하는 것에 대한 정당성과 그렇게 할 수 있었던 이유를 증명하는 데이터를 포함해야 한다. 예를 들어, 만약 HDL 시뮬레이터가 검증이 시작되기에 앞서 인증되었고, 인증받았던 버전이 공식적인 시뮬레이션을 위해 사용될 수 없지만 다음의 증가된 버전이 사용될 수 있다는 것이 밝혀졌다면, 인증을 반복하지 않고 새로운 버전을 사용하는 것이 정당화되어야 한다. 정당성의 예는 변경이 이루어졌던 모든 것을 정확히 가리키는 도구 제조사로부터의 에러시트를 포함해서 두 버전 사이의 변경이 앞선 버전의 사용을 막는 문제를 수정했지만 도구의 능력과 기능성의 다른 측면에는 영향을 미치지 않았다는 것이 될 수 있다. 도구 평가 및 인증 데이터는 기본적인 도구 인증 계획, 검증되었던 도구 요구사항 및 그것들을 검증한 시험 절차, 인증 결과, 인증 과정에서 독립성이 유지되었던 방법 그리고 인증 결과를 지원하는 결과에 대한 해석을 포함해야 한다.

기본적인 인증은 모든 검증 도구와 레벨 C 설계 도구에 대해 전반적인 도구 인증 활동을 구성하는 반면에 레벨 A 및 B 설계 도구는 "완전한" 도구 인증 프로그램의 대상이 되어야 한다. DO-254는 그 다양성 때문에 도구 인증의 이러한 유형에 대한 지침을 제공하지 않으며 각각의 도구마다 고유하기 때문에, 대신 지원자에게 프로세스가 어떻게 수행되어야 하는지에 대한 일반적인 방향을 가리키는 몇 가지 일반적인 지침을 제공한다. 시작점으로서 그것은 DO-254 Appendix B에 있는 지침과 DO-178의 도구 인증 지침, 추가로 인증 당국에서 받아들일 수 있는 다른 방법들의 사용을 제안한다. 따라서 실제적인 관점에서 만약 지원자가 설계 도구 인증을 시도하기를 원한다면 그것은 모든 용어, 조건 그리고 요구사항이 적절한 인증 당국과 협의되어야 하는 꽤 많이 오픈된 영역이다.

이러한 유형의 도구 인증은 매우 드물게 시도되고 대부분의 경우에는 비용 효율이 높은 방법이 아니다. 하지만 만약 설계 도구가 인증되어야 한다면 본질적으로 공식적인 검증 노력을 위해 수행되고 문서화되는 것과 같은 ― 수행 계획, 절차, 리포트, 분석, 추적성, 문제점 리포트 등과 함께 고도로 공식화되고 구조화된 인증 활동이 필요할 것이다. 인증 프로세스의 엄격함은 부분적으로 도구의 특성에 의해서 결정되며 하드웨어의 설계 보증 레벨에 비례할 것이다. 설계 도구 인증 활동은 또한 제조사가 제공하려고 하지 않을 수 있는 독점적인 설계 정보에 대한 접근을 포함해서 도구 제조사로부터 상당한 참여가 필요할 수 있다. 도구 달성 요약은 도구 인증 활동의 결과를 문서화하기 위해 사용될 수 있다.

기본적인 그리고 완전한 도구 인증 모두 모든 기능에 대해서 도구를 검증해야 하는 것이 아니라, 사용될 기능으로만 범위가 제한될 수 있다. 예를 들면, 합성 도구가 인증받을 예정이고 VHDL을 합성하기 위해서만 사용된다면, 도구의 Verilog 기능성은 인증받을 필요가 없다. 마찬가지로 시뮬레이터가 VHDL과 Verilog 모두 시뮬레이션할 수 있다면 그리고 Verilog만 시뮬레이션된다면 기본적인 인증(혹은 관련된 도구 히스토리)은 단지 Verilog 기능만 커버가 필요하다.

종합적으로 설계 도구 인증에 대한 가장 일반적인 접근법은 도구를 인증하는 대신 공식적인 검증을 수행하는 것이며, 검증 시뮬레이션 도구(레벨 A 및 B 하드웨어에 대한)의 출력을 평가하기 위한 가장 일반적인 옵션은 다음과 같다.

- 기본적인 도구 인증을 수행한다.
- 만약 존재한다면 관련된 히스토리를 사용한다.

- 두 개의 비유사성 시뮬레이터에서 시뮬레이션을 실행하고, 결과를 비교하고, 불일치를 정당화한다.
- 시뮬레이션 및 회로 내 하드웨어 시험에 대해 동일한 시험 케이스(입력 및 예상 결과)를 사용한다.
  - 시뮬레이션과 전기적인 시험으로부터의 결과를 비교하고 불일치를 정당화한다.
- 그리고 언제나처럼 인증 당국에 의한 고려를 위해 다른 방법이 PHAC에 제안될 수 있다.

[표 10-2]는 도구 유형, DAL, 독립적인 출력 평가 그리고 받아들일 수 있는 관련 히스토리에 따라서 가능한 도구 인증 결과의 개요를 제공한다.

표 10-2 도구 인증 결과

도구	DAL	출력이 평가됨	관련 히스토리	인증
설계	전체	Yes	N/A	필요하지 않음
검증	전체	Yes	N/A	필요하지 않음
설계	A, B	No	No	설계 도구 인증
설계	A, B	No	Yes	필요하지 않음
설계	C	No	No	기본 인증
설계	C	No	Yes	필요하지 않음
설계	D, E	N/A	N/A	필요하지 않음
검증	A, B	No	No	기본 인증
검증	A, B	No	Yes	필요하지 않음
검증	C, D, E	N/A	N/A	필요하지 않음
검증 완료	N/A	N/A	N/A	필요하지 않음

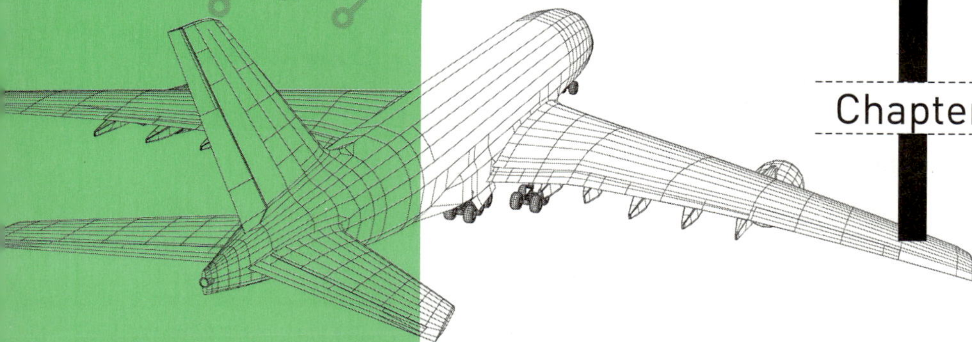

Chapter 11

요약

수사관이 용의자에게 협조하는 쉬운 길과 저항하는 어려운 길 중 하나를 택할 수 있다고 말하는 오래된 텔레비전 방송에서의 상투적인 표현을 DO-254 준수에도 적용할 수 있다. 경험에 따르면 DO-254 준수의 쉬운 길은 저항하고 가능한 한 준수를 피하기 위한 노력으로 빠져나갈 구멍을 찾는 것과는 반대로 거의 항상 협조를 통해서 그리고 배우고, 적응하고, 따르려는 성실한 욕망을 통해서 이루어진다는 것을 보여왔다. 사실 DO-254를 그냥 끌어안고 순응하는 것보다 DO-254를 피하는 데 더 많은 시간과 노력이 들 수 있다는 점에서 DO-254를 피하고자 하는, 겉으로 보기에 끝이 없어 보이는 그러한 추구는 아이러니한 것이다.

어려운 길 혹은 쉬운 길을 택하는 것은 선택이며, 모든 항공전자 하드웨어(AEH) 개발자들이 궁극적으로 직면하는 것이다. 최종적으로 만들어지는 선택은 그 결정을 만드는 조직의 구체적인 고려사항에 기반할 것이다. 그 선택이 무엇이든, 그것은 옳고 그름이 아닐 것이다. 그것은 단지 그 조직이 따르기를 원하는 경로를 반영하며 오직 그것이 그들에게 얼마나 잘 작동할 것이냐에 따라 판단되어야 한다. 일부 선택은 다른 것들보다 더 잘 작동할 것이고 쉬운 방법을 선택하는 것이 더 나은 방법이 될 수도 있지만, 그것이 유일한 방법은 아니며 "올바른" 방법도 아니다.

이 책의 Chapter 1에서 설명한 것처럼, DO-254는 AEH 산업에 의해서, 특히 세상에서 가장 높은 품질과 안전한 항공기를 생산하는 것으로 알려진 회사들에 의해서 시도된 그리고 적용된 진정한 엔지니어링 모범 사례들의 요약이다. 그렇기 때문에 장기적으로 볼 때, 그것은 더 적은 문제를 야기할 수 있는 많은 유용한 정보를 포함하고 있으며, 이는 결국 더 낮은 위험과 심지어 더 낮은 전체 비용으로도 이어질 수 있다. DO-254의 프로세스를 이해하고 채택하는 이점은 엔지니어링 프로세스와 문화를 개선하고자 하는 기업 그리고/혹은 AEH 시장에 진출하고자 하는 기업에게 특히 유용할 수 있다. 이러한 기업들은 DO-254를 높은 무결성 엔지니어링 문화를 만드는 방법에 대한 교과서로 사용하는 것이 좋을 것이다. DO-254를 단순히 수용하고 DO-254가 제공하는 것을 배우는 것보다 동등한 기술을 스스로 배우려고 노력하는 것이 훨씬 더 어렵고 시간이 많이 걸릴 것이다.

DO-254의 상당 부분은 기본적인 엔지니어링 지식이다. 예를 들어, DO-254의 Section 5의 설계 프로세스는 수 세대에 걸쳐 엔지니어의 기본적인 도구 상자의 일부가 되어왔다. 그것에 관해서 새롭거나 신비로운 것은 없으며, 거의 틀림없이 설계 활동을 수행하기 위한 가장 좋은 방법이라는 것을 수 세대에 걸쳐 스스로 증명해 왔고, 따라서 그것은 일반적인 지식일 수 있지만 여전히 업계의 모범 사례 중 하나이며, 따라서 DO-254에 당연히 포함되어 있다. 반면 DO-254 역시 좀 더 난해하거나 혹은 심지어 불가사의한, Appendix B의 대부분을 포함해서 다른 기법들을 담고 있지만, 그것들 또한 시스템 혹은 컴포넌트의 설계 보증을 강화하는 역할을 가지고 있고, 그래서 그것들 역시 당연히 DO-254에 속한다. 따라서 최종적으로 분석하자면 DO-254에는 설계 보증을 지원하는 역할을 하지 않는 것이 거의 없다.

만약 DO-254가 약점을 가지고 있다면 아마도 가장 중요한 것은 설계와 검증 프로세스에 대한 요체로서 요구사항에 대한 의존일 것이다. 좀 더 현실적으로는 설계와 검증 모두를 위해 요구사항을 사용하는 것은 기능성을 표현하고, 구현하고 검증하기 위한 가장 효과적이고 신뢰할 수 있는 방법 중의 하나이기 때문에 약점은 요구사항에 의존하는 것이 아니다. 약점은 오직 설계와 검증 프로세스가 부족한 품질의 요구사항에 기반할 때 나타난다. 요구사항은 DO-254에서 프로세스로의 입력이고 그래서 부족한 품질의 요구사항을 사용하는 것은 출력(전자 하드웨어)의 무결성을 약하게 하고 훼손시킬 것이다(일지도 모른다가 아닌). 아이러니하게도 많은 엔지니어링 환경에서 엔지니어링의 가장 약하고 가장 부실하게 관리되는 측면이 요구사항이고, 동시에 그것들은 개선하기 가장 어려운 것들이다. 만약 쉽게 사라지지 않는 나쁜 습관의 완벽한 예시가 있다면, 나쁜 요구사항 사례들이 시종일관 그 타이틀에 대한 주요 경쟁자가 될 것이다.

그래서 만약 DO-254 설계 및 검증 프로세스의 요체가 훌륭한 요구사항이라면 요구사항이 높은 품질이라는 것을 확인하는 것만이 유일하게 논리적이다. 하지만 DO-254는 그 프로세스를 위해 최적인 높은 품질의 요구사항의 특징에 대한 상세한 지침을 제공하지 않고 단지 요구사항이 전자 하드웨어의 의도된 기능성을 정의해야 한다는 지침만을 제공한다. 이 책이 요구사항과 확인 챕터에서 설명하려고 하는 것은 의도된 기능성으로부터 최적화된 요구사항으로 전환하는 것이다. 그러한 챕터들은 요구사항이 DO-254에 반하기보다는 어떻게 DO-254와 함께 할 수 있는지에 대한 소개를 제공하지만, 그러한 챕터들은 그것에 대해서 배워야 하는 모든 것을 엔지니어들이 배우는 것을 가능하게 할 대단히 상세한 처방을 제공할 수 없다. 그러한 요구사항 기술들을 마스터하게 만드는 완전한 처방을 제공하는 것은 그 자체로 또 다른 책이 필요할 것이며 어쨌든 이 책의 범위를 벗어난다. 요구사항의 특성이 DO-254의 프로세스에 중요할 수 있지만, 그것들은 사실 DO-254의 영역 안에 있지 않으며, 실무자들이 상당한 돈, 시간 및 좌절을 잠재적으로 절약할 수 있는 추가적인 지침으로 이 책에 포함되어 있다. 또한 그것은 DO-254에 있는 프로세스가 어떻게 작동하려는 의도인지에 대한 이해를 용이하게 할 수 있다.

만약 상당히 효과적이고 효율적이며 생산적인 설계 프로그램의 특성이 나열된다면 그것은 DO-254의 다음 내용들과 유사하게 보일 것이다.

- 다음을 보장하기 위해 프로젝트의 모든 측면을 계획한다.
  - 위험이 최소화된다.
  - 제품이 올바로 만들어지고 제시간에 전달된다.
  - 고객이 만들어진 것에 동의한다.
  - 인증 당국이 프로젝트와 제품에 동의한다.
- 다음과 같은 설계 프로세스를 사용한다.
  - 가능한 한 많은 에러를 드러내기 위해 독립된 리뷰를 사용한다.
  - 기능성을 하향식으로 체계적으로 분해하고 분해된 기능성을 추가 요구사항과 추적성에 기록한다.
  - 설계를 작성된 요구사항에 기반하면 모든 사람이 전자 하드웨어가 무엇을 해야 하는지에 대해 동의할 것이다.
  - 요구사항이 실제로 올바른지 확인한다.
  - 설계가 제대로 개발되고 있다는 것을 설계 프로세스 내의 여러 단계에서 확인함으로써 가능한 한 일찍 에러를 잡는다.
  - 설계가 요구사항의 모든 것을 만족하는 것을 보장하기 위해 설계를 요구사항과 비교한다.
- 다음과 같은 검증 프로세스를 사용한다.
  - 설계를 만들기 위해 사용되었던 동일한 요구사항 세트와 비교함으로써 설계가 정확한지를 확인한다.
  - 설계가 설계하려 했던 것이 아니라 수행해야 하는 것을 하는지를 확인한다.
  - 반복가능하고 문서화가 가능한 방법으로 설계를 시험한다.
  - 설계가 완전하게 검증되었다는 것을 확인한다.
- 다음을 확인하기 위해 설계와 그 데이터를 컨트롤한다.
  - 모든 데이터 아이템의 모든 버전이 추적되고 보호된다.

- 어떤 데이터도 잘못 식별되거나 손실되지 않을 것이다.
- 아무도 승인되지 않은 변경을 할 수 없다.
- 모든 문제가 문서화되고 종료될 때까지 추적된다.

- 모든 사람이 룰을 따르고 잠재적으로 손상을 줄 수 있는 지름길을 선택하지 않는 것을 보장하기 위해 프로젝트를 모니터링한다.
- 비용과 위험을 줄이기 위해 가능한 한 이전에 설계된 전자 하드웨어를 재사용한다.
- 부품 노후화와 신뢰할 수 없는 공급업체로부터의 위험을 최소화하기 위해 전자 컴포넌트를 관리한다.
- 도구가 항상 정확한 출력을 생성하는지를 확인한다.

이러한 속성은 가능한 한 많은 오류 원인을 해결하기 위한 시도에서 가장 일반적인 오류 원인을 다룬다.

적절한 계획은 가능한 한 많은 위험 소스를 식별하고 완화하기 위해 필수이다. 기술적인 그리고 안전성과 관련된 위험을 설명하는 것(설계 보증을 설명하기 위한 또 다른 방법)은 AEH 프로그램을 위해 특별히 중요하며, 사실상 DO-254 준수의 본질이다. 그것은 또한 항공기 제조사와 인증 당국에게 전체 프로그램으로의 투명성을 제공해서 높은 무결성과 신뢰할 수 있는 전자 하드웨어를 생산할 뿐만 아니라 모든 방면에서 인증 기준을 준수하는 방식으로 AEH가 개발되고 시험되고 제작될 것을 그들이 알게 될 것이다. 계획 프로세스 동안에 계획과 표준을 작성하는 것은 DO-254 목표를 만족하는 것에 관한 것이 아니다. 계획 프로세스에 의해서 제공되는 초기의 투명성은 AEH 공급업체, 항공기 제조사 그리고 인증 당국 사이에 신뢰를 형성하기 위해 중요하다. 그 계획은 또한 수행될 태스크와 그들 중 어느 누구도 경로에서 너무 멀리 떨어져서 헤매는 것을 막을 수 있는 세 당사자 모두의 기대치에 대해서 세 당사자 간의 합의를 형성한다. 그래서 AEH 공급업체의 관점에서 계획과 표준은 고객이나 혹은 감독기관이 추가적인 설계 보증 관련 부담을 부과하는 것, 혹은 프로젝트가 어떻게 수행될 것인지에 대해서 그들의 마음을 바꾸는 것을 제한하는 계약으로 접근되어야 한다. 다시 말해서, 올바른 관점으로 접근되었다면 계획 프로세스는 AEH 공급업체의 친구이며 가능한 한 오래 미루지 않아야 한다.

엔지니어들은 구조화된 설계 프로세스와 처음 직면했을 때 때때로 반대하지만 대부분은 일단 그 이점을 보게 되면 결국은 돌아설 것이다. 엔지니어의 고정 관념은 논리적인 사고

방식이 때때로 설계 프로세스가 제공하는 종류의 구조와 순서를 추구하기 때문에 설계 프로세스를 받아들이는 것에 대해서 이러한 초기의 주저함은 상충되는 것처럼 보인다. 하지만 하드웨어를 설계하는 것은 설계 프로세스의 제약 없이 수행될 때 좀 더 재미있어 보일 수 있다(일하는 것과는 반대로). 문제는 AEH를 설계하는 것이 적절한 상황에서 진지한 AEH 설계를 생성할 수 있는 재미있는 비즈니스가 되기보다는 적절한 상황에서 재미있을 수 있는 매우 진지한 비즈니스라는 점이다. 차이점은 강조점이 어디에 있느냐이고 정확한 강조점은 그것을 생성하는 즐거움보다는 AEH 설계에 있다. 그것은 AEH를 설계하는 것이 만족스럽고 충족시키는 경험이 될 수 없다는 것을 의미하는 것은 아니며, 대부분의 엔지니어들에게 그러하지만, 이는 AEH의 안전이 우선되어야 하며, 그 우선순위가 설계 프로세스의 기반이 되어야 한다는 것을 의미한다.

DO-254 준수의 다른 측면과 마찬가지로 구조화된 설계 프로세스를 준수하는 것은 선택에 따라서 상황을 더 쉽게 혹은 더 어렵게 만들 수 있는 생활 양식의 선택이다. 게다가 설계 프로세스가 준수되는 방식은 그 프로세스가 얼마나 쉽게 혹은 어렵게 될 수 있는지에 대해서 훨씬 더 많은 차이를 만들 수 있다. 이 책은 DO-254를 준수하는 것을 어떻게 가능한 한 쉽게 만들 수 있는지에 대한 다음과 같은 지침을 포함한다.

- 계획을 우선하라.
- 의도된 방식과 순서 내에서 활동을 수행하라.
- 불필요한 재작업을 줄이기 위해 그리고 모든 활동을 가능한 한 효과적으로 만들기 위해 활동들을 결합하라(예를 들면, 요구사항 캡처, 기능 분해, 추적성을 동시에 수행).
- 높은 무결성 기능 표현을 제공하고 DO-254의 프로세스와 가능한 한 많은 조화를 이룰 요구사항 작성에 크게 투자하라.
- 효과적인 검증을 이용하되 여전히 검증이 필요하지 않을 높은 품질의 설계를 생성하는 데 초점을 맞추어라(즉, 에러가 발생하면 검증 프로세스가 그것들을 발견할 것이라는 가정하에 설계를 빈약하게 함으로써 일종의 안전망으로 검증을 사용하지 마라).
- 별도의 활동이 아니라 그것들이 권장되도록 연동하고 상호 작용하는 프로세스들의 통합된 그물망이 되는 더 높은 관점으로 DO-254에 있는 프로세스들을 접근하라.
- 잠재적인 에러를 막는 데 초점을 둔 높은 무결성 설계 철학을 사용하라(DATDP).
- 항상 형상 관리에 주의를 기울여라.

검증은 때때로 설계 엔지니어링보다 다소 열등한 것으로 취급되는 프로세스들 중 하나이다. 검증을 반드시 수행해야 한다기보다는 그러는 게 낫기 때문에 수행되는 지엽적인 활동으로 취급하고 설계로부터 완전히 분리하려는 유혹이 있을 수 있다. 독립적인 관점에서는 좋을 수 있지만, 설계와 검증 사이의 이러한 분리는 도가 지나치게 되면 해로울 수 있다. 독립성은 분리를 요구하지 않는다. 사실 설계와 검증 활동 사이의 긴밀한 협력, 소통 그리고 동기화는 그들 사이에 벽을 쌓는 것보다 훨씬 더 효율적이고 효과적이다.

검증은 설계의 파트너로서 받아들여져야 하며 가능한 한 철저하게 수행되어야 한다. 심지어 이 책에서 제시된 지침에 따라서 최적화될 때조차도 비싸고 시간을 소모하게 될 수 있기 때문에 검증을 최소화하려는 유혹이 있을 수 있지만 속성 검증으로 유혹될 때 **하드웨어의 모든 부분은 항상 어떤 식으로든 완전하게 검증될 것이다**라는 사실이 고려되어야만 한다. 실험실에서 시험되지 않은 것은 결국 항공기에서 시험될 것이다. 실험실에서 검증되지 않은 것은 비행 중에 검증될 것이기 때문에 얼마나 많은 검증이 수행되어야 하는지에 대한 질문은 재앙 수준의 고장가능성을 포함해서, 서비스에서 에러를 발견하는 잠재적인 영향에 대한 완전한 고려가 있은 후에만 답변되어야 한다. 어떠한 검증 프로그램도 가능한 모든 고장 메커니즘을 발견할 수는 없지만, 프로그램은 종종 가장 불명확한 시험 조건(즉, 강건성 검증)하에서 가장 흥미롭고 잠재적으로 심각한 고장 소스를 발견한다. 아이러니하게도 가장 생산성이 낮다고 여겨지는 것은 모호한 시험 조건이며, 그래서 버리려는 유혹이 가장 크다.

형상 관리는 가장 매력적이거나 흥미로운 프로세스는 아니지만 AEH가 충실하게 그리고 가능한 한 에러가 없게 설계되고 시험되고 생산되는 것을 보장하는 데 중요한 역할을 한다. 그것이 없으면 심각한 에러에 대한 가능성이 상당히 높아질 것이다. 마찬가지로 프로세스 보증은 백그라운드에서 작동할 수 있지만 설계 보증에 대한 그 영향은 지대할 수 있다.

이전에 개발된 하드웨어를 재사용하는 것은 훌륭한 비즈니스 모델이며 적은 비용으로 더 높은 설계 보증 레벨을 가진 더 높은 품질의 하드웨어를 가져올 수 있다. 이것은 비즈니스, 설계 보증 그리고 인증 관점에서 이상적이므로 재사용은 가능한 곳에 적용되어야 한다.

DO-254는 그것이 제공하는 지침을 따르는 것을 만족할 필요가 있는 총 34개의 목표를 가지고 있다. 34개 목표 중 하나는 요구사항으로부터 설계를 개발하는 것이다. 그 영향을 고려해 보자. DO-254에 있는 목표의 1/34, 즉 2.94%가 엔지니어들이 행하는—전자 하드웨어를 설계하는 것을 훈련받고 교육받고 경험하는 것과 정렬된다. 다른 33개의 목표, 즉 DO-254의 97% 이상이 요구사항 및 설계 그리고 관련된 데이터를 계획, 관리, 표준화, 검증, 확인하는 것을 수반한다. DO-254에서 목표의 압도적으로 많은 부분이 설계를 생성하는 것 이외의 주제에 관한 것이다. 우리는 엔지니어링 설계 기술 자체만큼이나 정교해진 설계 보증의 다른 측면에 필요한 기술을 배우고 개발하고 가치를 부여해야 한다.

어떤 프로세스도 모든 오류를 제거할 수 없으며 모든 오류의 원천을 완전하게 막을 수도 없지만 공통된 오류 원천에 대해서 대응책을 적용하는 것은 여전히 오류를 조금씩 제거할 수 있고 제품의 설계 보증을 현저하게 개선할 수 있으며, 결과적으로 우리의 항공기에서 AEH가 가능한 한 안전하다는 것을 보장할 수 있다. 결국, 그것이 DO-254의 전부이다.

| 찾아보기 |

| 저자약력 |

Randall Fulton은 소프트웨어와 전자 하드웨어 개발 및 검증에 중점을 둔 36년 이상의 전기 공학 경험을 가진 FAA 컨설턴트 DER이다. Randall은 펜실베이니아 주립대학교에서 전기공학 학사를 받고 Boeing Commercial Aircraft에서 일하는 동안 소프트웨어 및 프로그래머블 로직 디바이스에서의 FAA(Federal Aviation Administration) DER(Designated Engineering Representative) 자격을 얻었다. DER로서 Randall은 1997년 이후 프로그래머블 로직 디바이스에 대한 승인 권한을 보유해 왔고 FPGA(Field Programmable Gate Array), ASIC(Application-Specific Integrated Circuits) 그리고 소프트웨어가 포함된 수많은 Part 23과 Part 25 인증 프로그램에서 일해왔다. Randall은 Roy Vandermolen과 함께 2006년부터 2009년까지 워싱턴DC에 있는 RTCA에서 DO-254 훈련 과목을 가르쳤다. 또한 Randall은 오클라호마시에서 Federal Aviation Administration Academy의 Airborne Electronic Hardware Job Functions 클래스를 가르쳐 오고 있다. Randall은 현재 그의 SoftwAir Assurance, Inc.라는 회사를 통해서 컨설턴트 DER로서 일하고 있다.

Roy Vandermolen은 진공관에서부터 프로그래머블 로직 디바이스에 이르기까지 전자 기기분야에서 35년 이상의 경험을 가지고 있는 전자 기기 설계 엔지니어로서 그 시간의 대부분을 그것들을 사용하는 프로그래머블 로직 디바이스와 회로카드를 설계하고 검증하는 데 전념해 왔다. Roy는 MIT(Massachusetts Institute of Technology)의 전기공학분야 이학사를 가지고 있고 현재는 Moog Aircraft에서 전자 기기 비행 컨트롤 시스템에 대한 Staff Engineer이자 Certification Manager이며, Boeing Commercial Aircraft를 위한 항공전자 하드웨어 OBAR(Outside Boeing Authorized Representative)이다. Roy는 연구소, 교육기관, 군 R&D 시설 그리고 상업용 항공기 비행 컨트롤 제조사를 포함한 다양한 엔지니어링 환경에서 일해왔다. Moog Aircraft에서의 그의 경력에서 Roy는 수많은 Level A 비행 컨트롤 시스템의 설계, 검증 그리고 인증에 관여해 왔다. Randall Fulton과 함께 Roy는 2006년부터 2009년까지 워싱턴DC에 있는 RTCA에서 DO-254 훈련 과목을 가르쳤다.

| 역자약력 |

정수영

- 수담연구소 대표이사/연구소장
- 2020년: DO-178C/DO-254 SOI #2, 3 외부 감사 수행
- 2020년: DO-178C(& DO-330) POST-SOI #4 QA 활동(with DER)
- 2019년: DO-178C(& DO-330), SOI#3, SOI #4 QA 활동(with DER)
- 2019년: DO-178C/DO-254 SOI #1, 2 컨설팅 및 외부감사 수행
- 2017년~2018년: DO-178C SOI #1, 2 컨설팅 및 QA 활동(with DER)
- 2017년~2018년: DO-178C SOI #1~4 컨설팅 및 외부 감사 수행
- 2013년~2016년: DO-178C QA 활동(with DER)
- 2020년: 항공전자 소프트웨어 DO-178 인증 실무 가이드 번역본 출간(Leanna Rierson, 도서출판 청람)
- 2016년: DO-178 인증 지침서 번역본 출간(KAI 이진섭 부장 공역, 비매품)
- DO-178/DO-254 인증 관련 교육, 컨설팅, QA 활동

- 이메일: mysudam@sudamlab.com
- 네이버 블로그: https://blog.naver.com/mysudam, 티스토리: https://innow.tistory.com/
- 홈페이지: www.sudamlab.com

항공전자 하드웨어 DO-254 인증 실무 가이드

2021년 2월 15일 1판 1쇄 인쇄
2021년 2월 20일 1판 1쇄 발행

저　　자 | Randall Fulton, Roy Vandermolen
역　　자 | 정수영
발 행 인 | 이수영
발 행 처 | 도서출판 청람
서울시 마포구 독막로 288(대흥동, 세양상가 109호)
전　　화 | 02) 3272-2601~2
팩　　스 | 02) 3272-2603
홈페이지 | http://www.crbooks.co.kr
이 메 일 | crbooks@daum.net
등　　록 | 2000년 8월 26일 제6-0509호

ISBN 978-89-5972-795-7 93000　　[정가 25,000원]